Prometheus
技术秘笈

百里燊　编著

人民邮电出版社

北　京

图书在版编目（CIP）数据

Prometheus技术秘笈 / 百里燊编著. -- 北京：人民邮电出版社，2019.12（2023.4重印）
ISBN 978-7-115-52156-9

Ⅰ. ①P… Ⅱ. ①百… Ⅲ. ①计算机监控系统 Ⅳ.
①TP277.2

中国版本图书馆CIP数据核字（2019）第220248号

内 容 提 要

Prometheus 是一款当前迅速崛起的新兴监控系统。本书主要以 Prometheus 2.5.0 版本为基础进行介绍。全书分为 11 章，从 Prometheus 的基础入手，系统地介绍了 Prometheus 配置、Prometheus TSDB、scrape 模块、storage 模块、HTTP API 接口、PromQL 语句、Rule 配置、Discovery、AlertManager 以及 Client 等内容，读者阅读本书后，将会全面了解并掌握 Prometheus 的原理与应用，并在实际场景中进行实践。

本书适合监控运维人员 、Prometheus 二次开发人员 、Golang 工程师以及时序数据库开发人员阅读。

◆ 编　著　百里燊

　　责任编辑　陈聪聪

　　责任印制　焦志炜

◆ 人民邮电出版社出版发行　　北京市丰台区成寿寺路 11 号

　　邮编　100164　　电子邮件　315@ptpress.com.cn

　　网址　http://www.ptpress.com.cn

北京九州迅驰传媒文化有限公司印刷

◆ 开本：800×1000　1/16

　　印张：23.5　　　　　　　　　2019 年 12 月第 1 版

　　字数：423 千字　　　　　　　2023 年 4 月北京第 3 次印刷

定价：89.00 元

读者服务热线：(010)81055410　印装质量热线：(010)81055316
反盗版热线：(010)81055315
广告经营许可证：京东市监广登字 20170147 号

前言

无论是在互联网公司还是在传统IT公司，监控系统都占有非常重要的地位。运维人员通过监控数据以及告警通知可以实时了解系统的运行状态，开发人员可以通过监控数据快速定位系统的性能瓶颈。

目前在市场上除Zabbix等老牌的监控系统之外，新兴监控系统也逐步崛起，例如本书将要介绍的Prometheus、小米公司开源的Open-Falcon等。另外，很多时序数据库（如InfluxDB和OpenTSDB等）也被作为自研监控系统的存储层。相信读者即使在生产实践中没有接触过时序数据库，也一定对其有所耳闻。例如，在2016年，百度云在其物联网平台上发布了国内首个多租户的分布式时序数据库产品TSDB；阿里云在"2017云栖大会·上海峰会"上发布了面向物联网场景的高性能时间序列数据库HiTSDB等。时序数据库作为物联网中的基础设施之一，得到了各个互联网巨头企业的重视，其热门程度可见一斑。

与其说Prometheus是一个监控系统，不如说Prometheus提供了一个完备的监控生态。本书将会深入介绍Prometheus生态中的核心组件，例如Prometheus TSDB、Prometheus Server、AlertManager和Client等，并且详细剖析这些核心组件的工作原理以及核心实现。

如何阅读本书

由于篇幅限制，本书并没有详细介绍Go语言的基础知识，但为了便于理解Prometheus的实现细节，需要读者对Go语言的基本语法有一定的了解。

本书共分为11章，主要从源码角度深入剖析Prometheus各个组件的核心原理和代码实现。各章之间的内容相对独立，对Prometheus有一定了解的读者可以有目标地选择合适的章节开始阅读，当然也可以从第1章开始向后逐章阅读。本书主要以Prometheus的2.5.0版本为基础进行介绍。

第1章首先介绍了 Prometheus 在时序数据库以及监控领域所处的地位，然后详细介绍了 InfluxDB、Graphite、OpenTSDB 和 Open-Falcon 的架构特点及其优缺点。接下来对 Prometheus 生态的核心架构和关键组件的功能进行概述，对其各个核心组件的功能进行了简要说明。最后还介绍了 Prometheus 的安装流程、源码环境的搭建流程以及 Grafana 接入 Prometheus 的操作步骤。

第2章介绍 prometheus.yml 配置文件中核心的配置项，其中结合示例介绍了各核心配置项的含义和功能。

第3章介绍了 Prometheus TSDB，它是 Prometheus 本地时序存储的实现，也是 Prometheus 的核心模块。这里首先阐述 Facebook Gorilla 论文的核心思想，该思想是 Prometheus TSDB 实现的基础。之后介绍了 Prometheus TSDB 在磁盘上的目录与文件的组织方式、含义和功能。随后详细分析了 Prometheus TSDB 时序存储的核心实现，其中介绍了 Chunk 接口实现、Meta 元数据结构以及读写时序数据用到的 ChunkWriter 和 ChunkReader 的实现等内容。

接下来介绍的是 Prometheus TSDB 中的 index 文件，深入剖析了 index 文件中各个部分内容的读写流程。之后对 Prometheus TSDB 使用的 WAL 日志文件的物理结构和逻辑结构进行了深入分析，同时详细分析了 Checkpoint 机制的相关内容。随后介绍了 Prometheus TSDB 如何通过 tombstones 文件实现"标记删除"功能。

在第3章中还对 Prometheus TSDB 的压缩计划生成以及具体压缩操作的执行逻辑和实现进行了全方位的剖析。最后，深入介绍了 Prometheus TSDB 中内存 Head 窗口涉及的基础组件以及内存 Head 窗口中数据的存储方式、读写等内容。

第4章介绍了 Prometheus 中的 scrape 模块，主要涉及 scrape 模块如何根据 prometheus.yml 文件中的配置信息周期性地从客户端、exporter 或 PushGateway 抓取时序数据，以及 Relabel 操作的具体实现。

第5章介绍了 Prometheus Server 中的 storage 模块，该模块的核心功能是对本地存储和远程存储进行封装和适配。

第6章介绍了 Prometheus Server 中 V1 版本的 HTTP API 接口，该版本主要提供了执行 PromQL 语句、查询时序元数据、根据 Label Name 查询 Label Value、查询 target 和查询 Rule 的功能。另外，HTTP API 接口还提供了一些 Admin 管理的功能。

第7章详细介绍了 PromQL 语句的执行流程，其中涉及 PromQL 的解析、抽象语法树中每个节点的执行流程等内容。

第8章介绍了Prometheus Server中与Rule相关的模块。首先介绍了Recording Rule配置以及Alerting Rule配置在内存中的抽象，以及Prometheus如何管理这些Rule配置；然后介绍了Recording Rule以及Alerting Rule的执行流程；最后分析了notifier模块的实现，它的核心逻辑是将Alerting Rule产生告警的时序信息发送到AlertManager集群。

第9章介绍了Prometheus Server中discovery模块的核心接口和实现。discovery模块负责接入多种服务发现组件，让Prometheus Server能够动态发现target信息以及AlertManager信息。

第10章介绍了AlertManager。首先介绍了AlertManager中核心模块的功能以及整个AlertManager的核心架构；随后的章节深入分析了AlertManager中每个核心模块的工作原理和具体实现。

第11章介绍了Prometheus Client（Golang版本）的核心原理以及相关实现。首先介绍了Prometheus Client中的4种基本数据类型的特点和使用场景；然后以Gauge为例，深入分析了Prometheus Client记录监控的思想以及涉及的核心组件；接下来以Node Exporter为例介绍了Exporter大致实现原理。

如果读者在阅读本书的过程中，发现任何不妥之处，请将您宝贵的意见和建议发送到邮箱shen_baili@163.com，也欢迎读者朋友通过此邮箱与我进行交流。

关于作者

百里燊，硕士研究生毕业，小时候想成为闯荡江湖的侠客，结果着迷于代码，最终成为辛勤工作的程序员。目前关注各种开源时序数据库，期待与大家共同进步。联系邮箱：shen_baili@163.com。

致谢

感谢人民邮电出版社的陈聪聪老师，是您的辛勤工作让本书的出版成为可能。同时还要感谢许多我不知道名字的幕后工作人员为本书付出的努力。

感谢三十在技术上提供的帮助。

感谢三白和陈默同学对我的鼓励和支持。

感谢冯玉玉同学和李成伟同学，你们是我生活中的灯塔。

感谢我的母亲，谢谢您的付出和牺牲！

资源与支持

本书由异步社区出品，社区（https://www.epubit.com/）为您提供相关资源和后续服务。

提交勘误

作者和编辑尽最大努力来确保书中内容的准确性，但难免会存在疏漏。欢迎您将发现的问题反馈给我们，帮助我们提升图书的质量。

当您发现错误时，请登录异步社区，按书名搜索，进入本书页面，点击"提交勘误"，输入勘误信息，单击"提交"按钮即可。本书的作者和编辑会对您提交的勘误进行审核，确认并接受后，您将获赠异步社区的100积分。积分可用于在异步社区兑换优惠券、样书或奖品。

扫码关注本书

扫描下方二维码，您将会在异步社区微信服务号中看到本书信息及相关的服务提示。

与我们联系

我们的联系邮箱是 contact@epubit.com.cn。

如果您对本书有任何疑问或建议，请您发邮件给我们，并请在邮件标题中注明本书书名，以便我们更高效地做出反馈。

如果您有兴趣出版图书、录制教学视频，或者参与图书翻译、技术审校等工作，可以发邮件给我们；有意出版图书的作者也可以到异步社区在线提交投稿（直接访问www.epubit.com/selfpublish/submission 即可）。

如果您是学校、培训机构或企业，想批量购买本书或异步社区出版的其他图书，也可以发邮件给我们。

如果您在网上发现有针对异步社区出品图书的各种形式的盗版行为，包括对图书全部或部分内容的非授权传播，请您将怀疑有侵权行为的链接发邮件给我们。您的这一举动是对作者权益的保护，也是我们持续为您提供有价值的内容的动力之源。

关于异步社区和异步图书

"**异步社区**"是人民邮电出版社旗下IT专业图书社区，致力于出版精品IT技术图书和相关学习产品，为作译者提供优质出版服务。异步社区创办于2015年8月，提供大量精品IT技术图书和电子书，以及高品质技术文章和视频课程。更多详情请访问异步社区官网 https://www.epubit.com。

"**异步图书**"是由异步社区编辑团队策划出版的精品IT专业图书的品牌，依托于人民邮电出版社近30年的计算机图书出版积累和专业编辑团队，相关图书在封面上印有异步图书的LOGO。异步图书的出版领域包括软件开发、大数据、AI、测试、前端、网络技术等。

异步社区

微信服务号

目录

第1章

Prometheus 基础入门

Prometheus 是一款时下比较先进的时序数据库，也被认为是下一代的监控系统。在时序数据库 2019 年 3 月的排名中，Prometheus 排名已经超越老牌时序数据库 OpenTSDB，跃居第 5 名的位置，如图 1-1 所示。

Rank			DBMS	Database Model	Score		
Mar 2019	Feb 2019	Mar 2018			Mar 2019	Feb 2019	Mar 2018
1.	1.	1.	InfluxDB	Time Series	16.17	+0.41	+5.53
2.	2.	2.	Kdb+	Time Series, Multi-model	5.60	+0.19	+2.50
3.	3.	↑4.	Graphite	Time Series	3.07	+0.12	+1.00
4.	4.	↓3.	RRDtool	Time Series	2.75	+0.05	-0.33
5.	5.	↑6.	Prometheus	Time Series	2.72	+0.21	+1.67
6.	6.	↓5.	OpenTSDB	Time Series	2.28	+0.04	+0.26
7.	7.	7.	Druid	Multi-model	1.57	+0.08	+0.58
8.	8.	↑16.	TimescaleDB	Time Series	0.91	+0.03	+0.82
9.	9.	↓8.	KairosDB	Time Series	0.66	+0.14	+0.21
10.	↑11.	↑13.	FaunaDB	Multi-model	0.52	+0.16	+0.41

☐ include secondary database models　　30 systems in ranking, March 2019

图1-1

1.1 时序数据库对比

下面将从数据存储和监控系统两个层面介绍一下常见的时序数据库和监控系统，帮助读者迅速了解它们的特性，方便读者根据自己的使用场景进行选型。

1.1.1 InfluxDB 简介

InfluxDB 是使用 Golang 语言编写的一款时序数据，目前较新的版本为 2.0 Alpha 版本，稳定版是 1.7.5 版本。InfluxDB 在时序数据库方面的市场占有率较大，其热度之所以如此之高，与以下特点有着直接关系。

1. 读写性能

InfluxDB 在时序数据写入、数据压缩以及实时查询等方面的表现都非常出众。InfluxDB 官方网站将 InfluxDB 与 Cassandra、Elasticsearch、MongoDB、OpenTSDB 进行了性能以及磁盘占用量的比较，结果表明 InfluxDB 在时序数据读写性能方面，较市面上其他的数据库产品有较大的优势。

2. 支持多种接口

InfluxDB 提供了多种通用接口，例如 HTTP API 和 GRPC 等；也支持多种时序数据库协议，例如 Graphite、Collectd 和 OpenTSDB 等。这就方便了时序数据的写入以及 InfluxDB 与其他时序产品之间的数据迁移。

3. 支持类 SQL 的查询语句

用户可以通过书写 InfluxQL 语句来查询 InfluxDB 中的时序数据。InfluxQL 是一种类 SQL 的查询语言，这就降低了 InfluxDB 的使用门槛；同时 InfluxQL 也支持多种函数和表达式，方便用户实现一些高级功能。

4. 数据压缩

对于近期的时序数据，InfluxDB 会保存其原始数据；对于较久的时序数据，InfluxDB 会进行 Downsampling 处理，对数据进行聚合处理，聚合之后的时序数据精度会降低，但数据量会减少，这样就可以降低磁盘占用量，这也算是 InfluxDB 在数据精度和磁盘使用量之间的折中设计。另外，InfluxDB 可以开启定期清理过期数据的功能，进一步释放磁盘空间。

单从时序数据的存储方面来看，InfluxDB 已经非常先进，Prometheus TSDB 在某些方面的设计与 InfluxDB 非常类似。从一个监控系统的角度来看，InfluxDB 之前的相关生态比较匮乏，但是近几年 InfluxData 以 InfluxDB 为中心，打造了很多配套组件，形成了一个完整的生态系统，也被称为 "TCIK Stack"，如图 1-2 所示。

这里简单介绍一下 InfluxDB 相关组件的功能。

- Telegraf：Agent 组件。Telegraf 用于收集各个系统产生的时序数据以及事件信息，并将其 push 到 InfluxDB 进行持久化。

- Kapacitor：流处理引擎。Kapacitor 可以从 InfluxDB 或是 Telegraf 获取时序数据或时

事件信息，然后根据用户自定义逻辑进行处理，处理结果可以写回InfluxDB存储，也可以发送到外部的报警模块用于报警处理。另外，Kapacitor的开源版本有一些功能上的缺失，感兴趣的读者可以参考InfluxDB的官方文档。

- Chronograf：可视化管理平台。Chronograf提供了可视化的查询界面以及插件化的Dashboard，虽然其可视化功能比Prometheus强大，但是与发展成熟且插件众多的Grafana相比还是有一定差距。

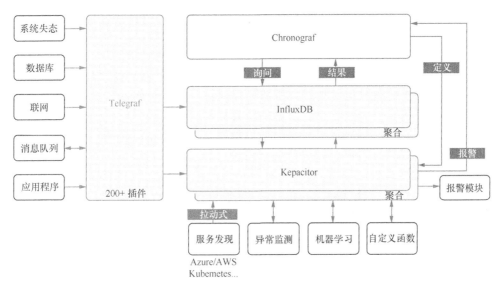

图1-2

InfluxDB的高可用以及集群方案目前并不开源，用户只能在企业版或是InfluxCloud上付费使用，且价格不菲，这也是很多企业放弃使用InfluxDB的原因之一。有些用户在InfluxDB单机版本之上，根据自身业务通过Sharding的方式建立了InfluxDB集群，但这种方式并不通用。目前市面上还没有开源的通用InfluxDB集群方案。

1.1.2　Graphite简介

Graphite 是一个企业级的监控工具，能够在配置较低的硬件上运行。Graphite一般用于监控机器指标，例如CPU使用率、内存使用量、I/O利用率和网络延迟等，当然Graphite也可以用于记录应用监控。

Graphite与InfluxDB类似，本身并不收集时序数据，只提供了写入时序数据的接口。常与Graphite搭配使用的采集工具是Collectd。Collectd于2012年被Graphite作为其采集时

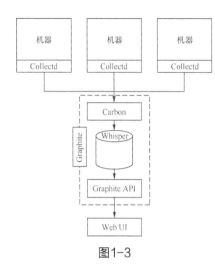

图1-3

序数据的插件吸收到项目中。Collectd的功能非常强大，可以捕获几乎全部的机器信息，目前也支持获取Java应用的基础信息以及Redis的监控信息。

Graphite的架构如图1-3所示。

下面来简单介绍一下Graphite的核心模块。

- Carbon：监控数据的接收服务。Carbon实际上是一个守护进程，当Carbon接收到监控数据时，会调用Whisper进行存储。

- Whisper：Whisper是RRD格式的数据库，它期望时序数据按照固定间隔写入。每一条时序数据都会被存储在一个独立的文件中。在系统运行一定时间之后，新的时序数据会覆盖旧的数据，用来持久化收集的时序数据。

- Graphite API：支撑Graphite的Web UI，Graphite Web UI会通过该RESR API接口从Graphite中获取数据并进行展示。多数情况下，会直接使用Grafana作为可视化系统，而不是直接使用Graphite自带的Web UI。

作为一个历史悠久的时序数据库，Graphite拥有众多的插件、庞大的社区支持、完备的文档和资料。此外，其集群方案比较成熟，安装使用也相对简单。但是Graphite也有一些缺点。

- RRD格式的存储要求时序数据写入间隔固定，在某些场景中，需要进行一些额外操作，处理乱序到达的数据。

- 查询时序的接口比较简单，不支持类SQL的查询语言。

- 缺乏复制和一致性的保证。

- 时序数据的读写效率不高。

- 报警等功能缺失，当然，这可以通过其他开源插件和服务进行弥补。

- RDD格式的数据库一般都是单指标单文件的设计，也都面临I/O消耗较高，磁盘资源使用量较大的问题。

1.1.3 OpenTSDB简介

　　OpenTSDB是一款基于HBase存储的时序数据库。时序数据在OpenTSDB中的逻辑模型与Prometheus基本类似，两者都是通过metric以及tag（label）标识一条时序。图1-4展示了OpenTSDB的核心架构。

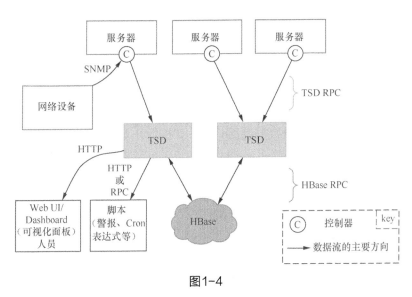

图1-4

　　OpenTSDB本身是无状态的，可以部署多个节点以实现高可用，底层存储依赖于HBase进行持久化，由于HBase自身就拥有多副本、高可用的特性，因此OpenTSDB不必再关注这些问题。但是，OpenTSDB也并不是一个完美的解决方案，它自身也是有一些问题的。

- 底层依赖的Hadoop和HBase本身也会引入一些复杂性。

- 在OpenTSDB的 HBase RowKey设计中，会将metric和tag字符串转换成UID之后进行拼接，同时也加入了salt字段。如果某个metric出现大量时序，则会造成HBase的热点问题。

- OpenTSDB没有针对时序数据的特性进行压缩，而是依赖底层的HBase对数据进行压缩。

- OpenTSDB不支持类SQL的查询语句，而且OpenTSDB支持的函数较少。

- OpenTSDB没有自动聚合以及自动Downsampling的功能，也不支持预定义聚合规则，而是在查询时进行聚合或是Downsampling处理，这就可能导致查询请求的返回时间较长。

● 自带的Web UI功能单一，实践中一般使用Grafana作为UI界面。

● OpenTSDB不提供报警的相关组件。

1.1.4 Open-Falcon简介

Open-Falcon是由小米开源的一套监控系统，在国内很多互联网企业中都有应用。从本质上来说，Open-Falcon并不仅仅是时序数据库，还是一套完整的监控方案。Open-Falcon是一个比较大的分布式系统，总共有十多个组件。如果按照功能划分，这十几个组件可以划分为基础组件、存储组件和报警链路组件，其架构如图1-5所示。

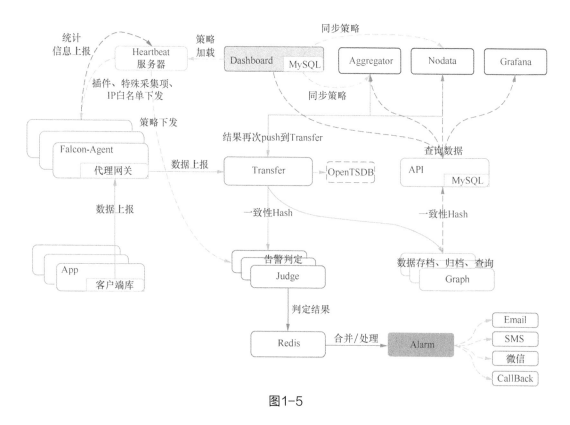

图1-5

下面简单介绍一下Open-Falcon中各个核心组件的功能。

● Falcon-Agent：Falcon-Agent用于采集机器的基础监控指标，例如CPU指标、机器负载和 Disk 利用率等，每隔 60s 的时间 Falcon-Agent 会将收集到的监控信息推送（push）到 Transfer。

● Transfer：Transfer 是监控数据的转发服务。它会接收 Agent 上报的时序数据，然后按照哈希规则进行数据分片，并将分片后的数据分别推送给 Graph 和 Judge 等组件。另外，Transfer 也可以将监控数据推送到其他存储中进行扩展。

● Graph：Graph 是存储时序数据的组件。它会将 Transfer 组件推送的监控数据进行持久化处理，同时也会处理 API 组件的查询请求。Graph 使用 RRDTool 保存时序数据，与 Whisper 类似，Graph 也会为每个指标生成一个独立的 RRD 文件。同时，Graph 还会对时序数据进行采样，计算最大值、最小值和平均值，并保存历史数据的归档，这样既可以节省存储空间，又可以防止查询长时间段的时序数据时一次返回数据量过大的情况发生。

● API 组件：API 组件提供了统一的 Rest 接口。API 组件接收到上层发送的查询请求时，会按照一致性 Hash 算法到相应的 Graph 实例查询不同 metric 的数据，在获取时序数据之后进行汇总，并返回给上层模块。

● Aggreggator：Aggreggator 负责聚合集群中所有机器的某个指标值，提供一种集群视角的监控试图。

● Judge：Judge 用于告警判断，Transfer 在将监控数据转发给 Graph 组件进行持久化的同时，还会将其转发给 Judge 用于判断是否触发告警。在监控数据量较大的场景中，一个 Judge 实例很难及时处理所有报警，因此 Transfer 会通过一致性哈希（Hash）来进行分片，每个 Judge 实例只需要处理一小部分时序数据即可。

● Alarm：Judge 会将告警的判定结果暂存到 Redis 集群中。Alarm 模块从 Redis 中读取判定结果并进行处理，然后通过不同渠道的进行发送。Alarm 处理告警时会对高级别的告警进行优先处理，同时将告警记录保存到 MySQL 中，后续可用于生成相应报表。另外，告警合并等功能也是在 Alarm 模块中完成的。

Open-Falcon 涉及的组件虽然很多，但是其中绝大多数都是无状态的，可以进行水平扩展。Open-Falcon 依赖的存储，例如 MySQL、Redis 等，也都有成熟的高可用方案。但 Open-Falcon 的缺点也比较明显。

● Graph 实际上是以 RDD 格式进行存储，当监控数据量逐渐变大的时候，磁盘的 I/O 就会出现瓶颈，"高需求低产出"的评价也多次出现在 Open-Falcon 的社区中。当然，有一些开发人员开始尝试借鉴 Facebook Gorilla 思想对其进行优化，但在

Open-Falcon 0.2.2版本中，我未找到相关的优化信息。

● 精确的历史数据保存时间短，不利于历史的现场回放。

● Open-Falcon整个架构中最大的问题在于Alarm是一个单点。

● Open-Falcon自身有一些Bug和性能问题需要优化，例如Graph写入瓶颈的问题、Hash不均匀导致数据在多个Graph实例之间分布不均匀的情况等。

1.2 Prometheus架构概述

本节开始介绍本书的主角——Prometheus。有人说Prometheus是一个时序数据库，也有人说Prometheus是一套监控方案，我觉得Prometheus更像是一个完备的监控生态系统，图1-6来自Prometheus官方文档，展示了Prometheus整个生态中的核心组件。

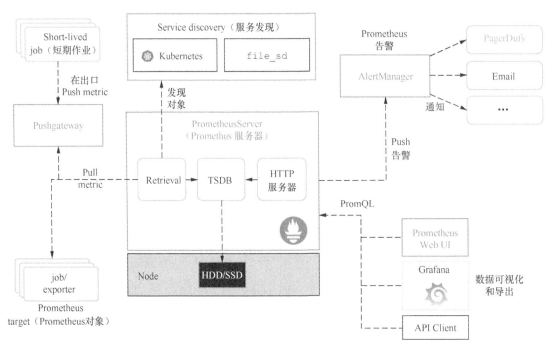

图1-6

在Prometheus的配置文件中，用户可以指定具体监控的对象（见图1-6中的Prometheus target），这些target可以有多种类型，具体如下。

- 对于长时间运行的 job，可以使用 Prometheus Client 记录并暴露监控。Prometheus Client 中提供了多种指标类型，其中 Histogram 和 Summary 两种类型都包含了统计含义。

- 对于机器监控、MySQL 等第三方监控，Prometheus 官方提供了很多 exporter，用户可以通过部署 exporter 将第三方的监控数据按照 Prometheus 的格式暴露出来。在后面介绍 Prometheus Golang 版本客户端的章节中，会选取众多 exporter 组件中的一个进行深入分析。

- 对于短时间执行的 job，可以先将监控数据通过 push 方式推送到 Pushgateway 中缓存。另外，当 target 与 Prometheus 之间有网络隔离的时候，也可以利用 Pushgateway 来进行中转。

Prometheus Server 中的 scrape 模块会周期性地从上述 3 类客户端组件中拉取（pull）监控数据，那么 Prometheus Server 如何知道这些客户端暴露的地址呢？用户可以在 prometheus.yml 配置文件中静态配置，也可以使用 Prometheus 支持的服务发现组件（图 1-6 中的 discovery 模块）动态获取，针对每个 job 的抓取周期也可以在 prometheus.yml 配置文件中进行指定。

Prometheus Server 在抓取监控数据之后会将其进行持久化处理，Prometheus 同时提供了本地存储和远程存储，后续会详细分析 Prometheus 本地 TSDB 存储的原理和核心实现。Prometheus 本地 TSDB 存储的读写能力以及对时序数据的压缩能力都非常好，但整个系统的吞吐量上限、伸缩性、高可用等方面最终还是受限于单台服务器。Prometheus 通过支持远程存储来解决这个问题，用户可以通过配置同时使用多个远程存储，也可以指定每个远程存储只读、只写或同时支持读写。目前 Prometheus 支持的远程存储包括 CrateDB、Elasticsearch、Graphite、InfluxDB、Kafka、OpenTSDB、PostgreSQL、TimescaleDB 和 TiKV 等。至于远程存储的使用方式，请读者阅读后面的内容之后，参考 Prometheus 官方文档中 <remote_write> 和 <remote_read> 两部分的相关内容进行学习。

Prometheus Server 持久化监控数据之后，客户端就可以通过 PromQL 语句进行查询了。PromQL 是 Prometheus 提供的结构化查询语言，支持 Instant vector（瞬时值查询）、Range vector（范围查询）、多种 function 以及多种聚合操作，可以帮助用户轻松实现复杂的查询逻辑，后面会专门来介绍 PromQL 的实现。

为了方便用户查询监控数据，Prometheus Server 自带了一个 Web UI 界面，实际工作中更多的是使用 Grafana 作为前端展示界面，用户也可以直接使用 Client 请求 Prometheus Server 读取时序数据。

在某些特殊场景中，用户需要频繁执行一条复杂的 PromQL 语句来获取监控数据，这条 PromQL 语句可能会涉及多条时序以及一些复杂的聚合操作或函数操作，其执行时间也会比较长。为了解决此类问题，Prometheus 提供了自定义 Recording Rule 的功能，用户可以将上述复杂的 PromQL 语句定义成一条 Recording Rule。Prometheus 会根据 Recording Rule 的配置定期执行该 PromQL 语句，并将其结果作为一条新的时序数据进行持久化。之后，用户在查询过程中就不用实时执行这条复杂的 PromQL 语句了，直接查询 Recording Rule 对应的时序即可得到正确结果。

AlertManager 是 Prometheus 生态中的告警组件，Prometheus 可以配置多个 AlertManager 实例以形成一个 AlertManager 集群，Prometheus 可以通过 Discovery 模块动态发现 AlertManager 集群中各个节点的上下线，这就避免了单点的问题。AlertManager 组件的核心实现以及 AlertManager 集群中多个实例之间的通信，在后面会专门进行分析，其中还会将 Prometheus AlertManager 与其他告警组件进行简单对比，帮助读者进行选型。当前版本的 AlertManager 组件支持多种方式的告警通知方式，实践中常用的有 Email、WeChat 和 Webhook 等。

本章剩余的内容将介绍 Prometheus 的安装、Prometheus 源码环境的搭建以及 prometheus.yml 配置文件中核心配置的含义。

1.3　快速安装 Prometheus

Prometheus 的安装、配置操作相对于前面介绍的时序数据库（以及监控系统）来说是非常重要的。首先，可以从 Prometheus 官网下载 Prometheus 的二进制包，这里以 Mac 版本的 Prometheus 2.8.0 版本为例，并执行如下命令进行解压。

```
tar xvfz prometheus-2.8.0.darwin-amd64.tar.gz
cd prometheus-2.8.0.darwin-amd64
```

在解压之后的目录中，找到一个名为 prometheus 的二进制包，执行如下命令可以看到其相关参数。

```
prometheus --help
```

在该目录下，可以找到 Prometheus Server 的核心配置文件——prometheus.yaml，这里简单看一下安装包中自带的 prometheus.yaml 配置文件内容以及各个配置项的含义。

```
# 默认配置文件中有 3 个部分，分别是 global、rule_files 以及 scrape_configs
# global 部分进行了 Prometheus Server 全局配置
global:
  # scrape_interval 指定了 Prometheus Server 抓取一个 target 的时间间隔，在后面介绍 target 配置
  # 的时候会看到，每个 target 都可以覆盖定义该配置
  scrape_interval:    15s
  # evaluation_interval 指定了计算 Recording Rule 的时间间隔，在后续介绍的每条 Recording Rule 配
  # 置中可以覆盖该全局配置
  evaluation_interval: 15s
# rule_files 部分指定了定义 Recording Rule 的相关文件，后面讲述 rule 模块的时候会详细介绍
# 其具体配置
rule_files:
  # - "first.rules"
  # - "second.rules"
# scrape_configs 部分指定了 Prometheus Server 抓取的 job 信息。
# Prometheus Server 会在 9090 端口暴露自身的监控信息，在默认配置文件中会将其作为一个 target 进行
# 抓取
scrape_configs:
  - job_name: prometheus
    static_configs:
      - targets: ['localhost:9090']
```

下面执行如下命令启动 Prometheus Server。

```
./prometheus --config.file=prometheus.yml
```

Prometheus 正常启动之后，可以访问 http://localhost:9090/graph，该地址是 Prometheus 提供的默认查询界面，如图 1-7 所示。

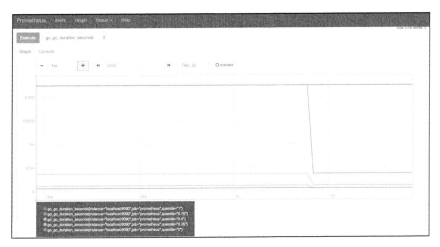

图 1-7

还可以访问 http://localhost:9090/metrics，该地址返回 Prometheus Server 状态的相关监控信息，其大致格式如图1-8所示。

```
# HELP go_gc_duration_seconds A summary of the GC invocation durations.
# TYPE go_gc_duration_seconds summary
go_gc_duration_seconds{quantile="0"} 1.8375e-05
go_gc_duration_seconds{quantile="0.25"} 3.4324e-05
go_gc_duration_seconds{quantile="0.5"} 4.0923e-05
go_gc_duration_seconds{quantile="0.75"} 5.0942e-05
go_gc_duration_seconds{quantile="1"} 0.003033757
go_gc_duration_seconds_sum 0.028591953
go_gc_duration_seconds_count 371
# HELP go_goroutines Number of goroutines that currently exist.
# TYPE go_goroutines gauge
go_goroutines 36
# HELP go_info Information about the Go environment.
# TYPE go_info gauge
go_info{version="go1.11.1"} 1
# HELP go_memstats_alloc_bytes Number of bytes allocated and still in use.
# TYPE go_memstats_alloc_bytes gauge
go_memstats_alloc_bytes 2.970704e+07
# HELP go_memstats_alloc_bytes_total Total number of bytes allocated, even if freed.
# TYPE go_memstats_alloc_bytes_total counter
go_memstats_alloc_bytes_total 2.079674e+09
```

图1-8

感兴趣的读者可以体验一下 Grafana，在安装完 Grafana 之后，需要将 Prometheus 设置成 Grafana 的数据源，然后就可以创建 Dashboard 并执行 PromQL 查询时序数据了。

1.4 Prometheus 源码环境的搭建

从 Prometheus 的 GitHub 中可以看到其中有很多项目，如图1-9所示，其中 tsdb 是 Prometheus 的本地持久化存储，alertmanager 是前面介绍的告警模块，prometheus 是前面介绍的 Prometheus Server，pushgateway 以及各种 exporter 项目这里没有列出。

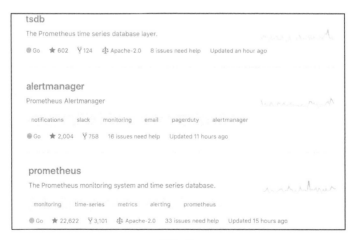

图1-9

这里以Prometheus Server的源码环境搭建为例，其他项目的环境搭建过程类似。首先是安装Golang的运行环境，这个过程比较基础，这里直接跳过。接下来执行go get命令下载Prometheus Server代码。

```
go get github.com/prometheus/prometheus
```

这里使用Goland IDE阅读代码，将Prometheus Server代码导入Goland中，如图1-10所示。

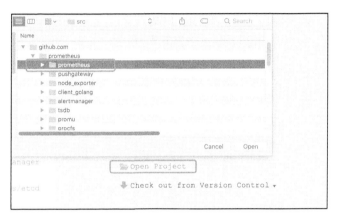

图1-10

之后配置main函数入口，如图1-11所示，其中File输入框需要指定main.go文件所在位置，Program arguments指定"--config.file=./prometheus.yml"命令行参数。

图1-11

最后，执行go build main.go即可启动Prometheus Server。

1.5 时序数据可视化

Prometheus Web UI的界面比较简单，功能也相对单一，一般只用于简单的测试。在实践中一般会使用Grafana作为Prometheus的数据可视化面板。Grafana是一个开源的可视化平台，支持多种时序数据库作为其数据源，同时也可以通过添加插件的方式扩展其功能。当前版本的Grafana已支持将Prometheus作为其数据源。

Grafana的安装非常简单，其官方网站也给出了各个系统下的详细安装方式。以macOS系统为例，使用homebrew进行安装的话，只需执行如下3条命令即可。

```
brew update
brew install grafana
brew services start grafana
```

安装完成之后，Grafana默认监听3000端口，通过地址http://localhost:3000即可进入其主页。Grafana默认的管理员账号和密码都是admin，登录之后，需要将Prometheus添加成为其数据源之一。首先找到"Data Sources"选项卡，如图1-12所示。

图1-12

进入"Data Sources"页面之后，选择"Add data source"添加Prometheus类型的数据源。如图1-13所示，将URL设置为Prometheus监听的IP和端口，默认是localhost:9090。填写完成之后，可以单击"Save&Test"按钮检测Grafana是否正常访问前面启动的Prometheus实例。

完成DataSource的配置之后，回到Grafana的主页，开始添加自定义Dashboard，如图1-14所示，单击"Dashboard"。

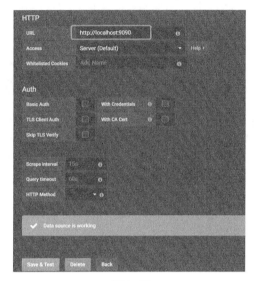

图1-13　　　　　　　　　　　　　　　　　图1-14

接下来单击"New panel"以及"Add Query"创建新的查询Panel，如图1-15所示。

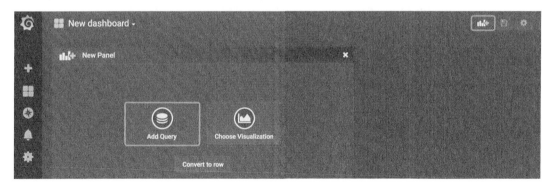

图1-15

如图1-16所示，将Prometheus指定为新增Panel的数据源，然后添加PromQL语句即可看到时序数据。

这样，Grafana接入Prometheus数据源的基本操作就全部完成了，读者可以根据实际需求添加自定义的Panel和Dashboard。

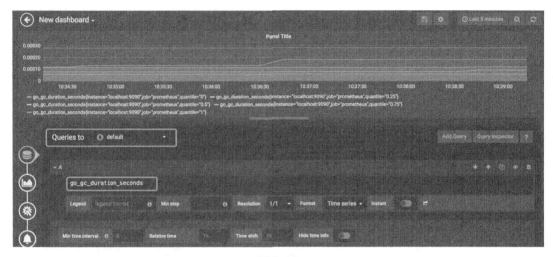

图1-16

1.6   本章小结

本章首先介绍了 Prometheus 在时序数据库以及监控领域所处的位置，然后详细介绍了 InfluxDB、Graphite、OpenTSDB 以及 Open-Falcon 的架构特点及其优/缺点，希望读者能够通过这部分内容快速了解它们的特性，与后续介绍的 Prometheus 进行比较，然后根据自己的实践场景做出合适的选型。

接下来本章对 Prometheus 生态的核心架构和关键组件的功能进行概述，对监控数据的抓取组件、存储组件、查询功能以及告警组件等进行了简要说明。本章最后还介绍了 Prometheus 的安装流程、源码环境的搭建以及 Grafana 接入 Prometheus 的操作步骤，为后续深入分析 Prometheus 原理和实现打下基础。

第2章
Prometheus 配置详解

完成 Prometheus 的安装以及源码环境的搭建之后，本章将详细介绍 prometheus.yaml 配置文件中各个部分的含义和功能，这里将会以 Prometheus 源码中提供的 demo 配置文件为例进行分析，该 demo 配置文件的具体路径是 prometheus/config/testdata/conf.good.yml。

2.1 global 配置

首先来看 conf.good.yml 配置文件中的 global 部分，其中定义了一些全局配置信息，例如配置两次抓取的时间间隔、抓取超时时间、计算 Rule 的时间周期等。在后面的每个 job 配置中都可以覆盖 global 配置。global 部分的配置项如下。

```
global:
  scrape_interval: 15s # 配置了 Prometheus 抓取 target 的时间间隔，默认值 1min 抓取一次
  scrape_timeout: 10s # 抓取 target 的超时时间，默认值为 10s
  evaluation_interval: 30s  # 指定 Prometheus 计算一个 Rule 配置的时间间隔

  # 在外部系统进行传输时，会将 external_labels 中指定的 Label 添加到时序上，前提是
  # 时序上没有冲突 Label，如果存在冲突的 Label，则不会添加该配置中的 Label。
  external_labels:
    monitor: codelab
    foo:     bar
```

2.2 scrape_config 基础配置

接下来看 scrape_config 部分，其中可以定义多个 job 项，但一般情况下，每个 scrape_

config下只配置一个job。可以在每个job中自定义抓取周期和超时时间，这些自定义配置会覆盖上面介绍的global全局配置。在一个job中可以配置多个抓取地址（HTTP URL）、抓取时的http参数以及这些target的公共Label等信息。下面是scrape_config部分中比较重要的几个配置项。

```
scrape_configs:
# job名称，Prometheus会将该名称作为Label追加到抓取的每条时序中
- job_name: prometheus

  # 这里的scrape_interval和scrape_timeout配置会覆盖global部分的同名配置，且只对该job生效
  scrape_interval: 1m
  scrape_timeout: 5s

  metrics_path: /metrics  # 抓取时序数据的http path，默认值为/metrics
  scheme:  http  # 抓取时序数据时使用的网络协议，默认是http

  # 抓取时序数据时，请求携带的相关参数
  params:
    test: test
```

下面将要介绍的是job配置项下相对比较复杂的配置项。

2.2.1　static_configs配置

在static_configs部分中，可以通过静态方式配置该job要抓取的target地址，每个地址对应一个target。另外，在static_configs下还可以为这些target配置公共的Label，从上述targets抓取到的全部时序都会被添加进这些公共Label。下面是static_configs部分的配置示例。

```
# 用静态方式配置该job要抓取的地址，每个地址对应一个target
static_configs:
  - targets: ['localhost:9090','localhost:9191']
    labels: # 上述target的公共Label，从上述targets抓取到的全部时序都会被追加进这些公共Label
      my:  label
      your: label
```

2.2.2　file_sd_configs配置

Prometheus Server除了通过static_configs配置target的地址之外，还可以通过服务发现

的方式获取target的地址。这里以基于文件的服务发现方式进行介绍，可以将target的配置信息写入单独的JSON或YAML配置文件中，然后将这些配置文件添加到file_sd_configs配置项中，Prometheus Server会定期检测这些文件是否变化，若发生变化，则会重新配置target信息。同时，Prometheus Server也会定期全量加载这些配置文件中的target信息。下面是file_sd_configs配置项的示例。

```
# 重新加载
file_sd_configs:
  - files: # 下面的文件中配置了相关的target信息
  - foo/*.slow.json
  - foo/*.slow.yml
  - single/file.yml
  refresh_interval: 10m # Prometheus每隔10min会重新加载上述配置文件，更新其target信息
```

2.2.3 其他服务发现

除了基于文件的服务发现之外，Prometheus还支持多种常见的服务发现组件，例如Kubernetes、DNS、ZooKeeper、Consul、Azure、EC2和GCE等，这里不再一一列举对应的配置项，感兴趣的读者可以参考Prometheus官方文档。

2.2.4 honor_labels配置

honor_labels配置项决定Prometheus如何处理时序数据中出现的Label冲突。例如，某个时序中已经包含了job这个Label，而Prometheus 默认会将target在配置中对应的job_name信息追加到时序数据中作为job Label，这样两者就产生了冲突。如果honor_labels配置项的取值不同，则Prometheus处理这种冲突的行为也会有所不同。

- 若honor_labels被设置为true，则会保留时序原有的Label，忽略Prometheus Server端追加的冲突Label。

- 若honor_labels被设置为false，则在时序原有的Label Name前追加"exported_"标识。例如前面示例中的"job"就会被改写成"exported_job"，Prometheus Server端追加的Label不变。

另外，external_labels配置项中定义的Label并不会受该配置的影响。

honor_labels配置项的示例如下。

```
honor_labels: true
```

2.2.5 relabel_configs配置

relabel_configs部分主要用于配置Prometheus的Relabel操作，Relabel操作的主要目的是修改Label信息。在Prometheus中有多个核心方法会触发Relabel操作。

这里简单介绍一下加载target配置信息流程涉及的Relabel操作，在其触发Relabel操作之前，Prometheus会做如下准备工作。

- 将每条时序的job Label的value值设置成配置文件中指定的job_name值。

- 将 __address__ label的value值设置成target的<host>:<port>。

- 将 __scheme__ label的value值设置成配置文件中指定的scheme值。

- 将 __metrics_path__ label的value值设置成配置文件中指定的metrics_path值。

- 将 __param_<name> label的value值设置成配置文件中指定的params值。

- 添加以 __meta_ 为前缀的Label信息，使用不同的服务发现机制，对应添加的Label信息会有所不同。

默认情况下，如果Label Name以"__"开头，则该Label是Prometheus内部使用的。例如，后面深入分析scrape模块时可以看到，其中的target结构体就记录了 __address__ label等内部Label，通过这些Label即可在抓取操作中获取target的URL地址。这些内部Label不会持久化到时序数据中，用户通过PromQL查询时序数据时是察觉不到这些Label的存在的。

但是，可以利用这些内部的Label实现一些需求，如果时序的Label集合中不包含instance label，则Prometheus默认会将 __address__ label的value值设置成instance label的value值，这其实与用户自定义的Relabel操作一样。

现在回到relabel_configs配置项，在relabel_config部分可以配置多个Relabel操作，而且这些Relabel操作是顺序执行的。如果一个Relabel操作需要产生临时Label给下一个Relabel操作使用，则一般会用"__tmp_"作为Label Name的前缀。临时Label类似编程语言中的临时变量，不会追加到时序数据中。

下面是relabel_configs配置的示例。

```
relabel_configs:
  # source_labels配置指定了参与该Relabel操作的Label Name，如果指定多个Label Name，
```

```
    # 默认按照逗号分割
  - source_labels: [job,__meta_dns_name]
    # regex 配置了一个正则表达式，只有符合该正则的 Label Value，才能被该 Relabl 操作处理
    regex:(.*)some-[regex]
    # 经过该 Relabel 操作处理的 Label Value 值会被写入 target_label 指定的 Label 中
    target_label:  job
    # 如果 Label Value 符合 regex 指定的正则，则会被替换成 replacement 指定的格式，
    # 其中 $1 即为原 Label Value
    replacement:   foo-${1}
    # action defaults to 'replace'
  - source_labels: [job]
    regex:         (.*)some-[regex]
    action:        drop # 如果 Label Value 符合 RelabelConfig 指定的正则表达式，则过滤掉该时序
  - source_labels: [__address__]
    modulus:       8
    target_label:  __tmp_hash
    # 计算参与 Relabel 操作的 Label Value 的 hash 值并取模，然后生成新的 Label 记录该计算结果
    action:        hashmod
  - source_labels: [__tmp_hash]
    regex:         1
    action:        keep # 如果 Label Value 不符合 RelabelConfig 指定的正则表达式，则过滤掉该时序
    # 匹配全部 Label Name，符合指定正则表达式的 Label Name 会根据指定的模板生成新的 Label Name，
    # 此过程中的 Label Value 不变
  - action:        labelmap
    replacement:   k-${1}
    regex:         1
  - action:        labeldrop # 如果 Label Name 符合指定的正则表达式，则将该 Label 删除
    regex:         d
  - action:        labelkeep # 如果 Label Name 不符合指定的正则表达式，则将该 Label 删除
    regex:         k
```

这里简单介绍了 Relabel 操作中各个 action 的含义，在后面介绍 Relabel 操作的具体实现代码时，还会更加详细地分析这些 action 的功能。

到此为止，scrape_config 部分常用且核心的配置项就介绍完了。

2.3　Rule 的相关配置

在第 1 章中提到，Prometheus 支持用户自定义 Rule 规则。Rule 分为两类，一类是 Recording

Rule，另一类是 Alerting Rule。Recording Rule 的主要目的是预先计算那些比较复杂的、执行时间较长的 PromQL 语句，并将其执行结果保存成一条单独的时序，后续查询时直接返回该结果即可。通过 Recording Rule 这种优化方式可以降低 Prometheus 的响应时间。

在 rule_files 配置项中可以指定 Rule 配置文件的位置，其配置如下。

```
rule_files:
- "first.rules"
- "my/*.rules"
```

在 Recording Rule 配置文件中，可以包含多个 Rule Group 配置，而一个 Rule Group 下可以包含多个 Recording Rule 配置，下面是 Recording Rule 配置文件的简单示例。

```
groups:
  - name: test  # Rule Group的名称
    interval: 30s   # 该组Rule的计算周期，该配置会覆盖global中的 evaluation_interval配置
    rules:  # 可以定义多条Recording Rule
    - record: "new_metric" # Record Rule的名称，其实就是metric名称
      # PromQL语句
      expr: |
        sum without(instance)(rate(errors_total[5m]))
        /
        sum without(instance)(rate(requests_total[5m]))
      labels: # 该配置项中的Label将会被追加到新生成的时序中，如果出现Label冲突，则会进行覆盖
        abc: edf
```

Alerting Rule 的主要目的是进行告警的判定。Alerting Rule 会定义一条 PromQL 语句，然后定时执行该 PromQL 语句并根据执行结果判断是否触发告警。Alerting Rule 配置文件与 Record Rule 配置文件相同，也需要添加到 rule_files 配置项下才能被 Prometheus 加载。

Alerting Rule 配置文件的具体内容与 Recording Rule 类似，可以包含多个 Rule Group 配置，同时一个 Rule Group 下可以包含多个 Alerting Rule 配置，但是具体的配置项有细微差别。下面是 Alerting Rule 配置文件的简单实例。

```
groups:
  - name: example # Rule Group的名称
    interval: 30s   # 该组Rule的计算周期，与Recording Rule配置相同，会覆盖全局配置
    rules:
      - alert: HighErrorRate # 告警名称
        # PromQL语句,Alerting Rule通过该PromQL告警触发条件，其计算结果表示是否满足触发告警的条件
        expr: job:request_latency_seconds:mean5m{job="myjob"} > 0.5
```

```
    for: 10m # 告警触发的等待时间，只有告警条件被触发的持续时间超过这里配置的时长，才会真正
             # 向AlertManager发送通知
    labels: # 用户自定义Label，这些Label会被追加到告警信息中
      severity: page
    annotations: # 在告警产生时，会将annotations作为附加信息一并发给AlertManager，
             # 这里支持模板配置
      summary: High request latency
      description: description info
```

2.4　AlertManager相关配置

从第1章介绍的Prometheus架构图（见图1-6）中可以了解到，Prometheus是依赖AlertManager实现告警通知的。Prometheus Server通过前面配置的Alerting Rule判断相关时序是否触发了告警条件，具体发送告警通知的操作是由AlertManager完成的。

在prometheus.yml配置文件中，可以通过alerting配置AlertManager的相关信息，其中主要配置AlertManager的URL地址以及Prometheus Server与AlertManager实例通信的协议。alerting配置项的简单示例如下。

```
alerting:
  - alert_relabel_configs: # 在Prometheus Server向AlertManager发送请求之前，也会触发一次
                           # Relabel操作，其具体配置与前面介绍的relabel_configs相同，不再重复
  - alertmanagers: # 配置AlertManager的相关信息
    - scheme: https # Prometheus Server向AlertManager发送请求时使用的schema
      static_configs: # 静态配置AlertManager的地址，与静态配置target地址的方法类似
      - targets:
        - "1.2.3.4:9093"
        - "1.2.3.5:9093"
```

除了可以使用static_configs静态配置AlertManager的URL地址之外，还可以依赖服务发现组件令Prometheus Server动态识别AlertManager地址。依赖文件的服务发现配置在前面已经详细介绍过了，这里不再重复。

2.5　远程存储相关配置

虽然Prometheus的本地TSDB存储已经可以满足大部分监控场景，但是单纯使用本地

存储受限于单机资源的限制，无法长时间存储大量的监控数据，在进行数据迁移或扩容时都会比较棘手。

为了解决这一问题，Prometheus在将时序数据存储到本地的同时，还会将其存储到远程存储中，读取数据时也是一样。目前Prometheus支持多种远程存储，例如InfluxDB、Graphite、OpenTSDB和TimescaleDB等。用户可以在prometheus.yml配置文件中通过remote_wirte和remote_read配置远程存储，这里以remote_write配置为例进行介绍。

```
remote_write:
  - url: http://remote1/push  # 写入远程存储的地址
    write_relabel_configs:  # 在写入远程存储之前，会触发Relabel操作
  - queue_config: # 写入远程存储时会使用队列进行缓冲，下面是队列的相关配置
      [ capacity: <int> | default = 10000 ] # 队列的最大容量，超过该容量之后，时序点就会被抛弃
      [ max_samples_per_send: <int> | default = 100 ] # 每次发送的时序点的上限个数
      [ batch_send_deadline: <duration> | default = 5s ] # 一个时序点在队列中等待的最大时长
      [ max_retries: <int> | default = 3 ] # 出现异常时的重试次数
      [ min_backoff: <duration> | default = 30ms ] # 两次重试的时间间隔介于这两个backoff
                                                    # 之间
      [ max_backoff: <duration> | default = 100ms ]
```

remote_read的相关配置这里就不展开分析了，感兴趣的读者可以参考官方文档进行学习。

2.6 本章小结

本章重点介绍prometheus.yml配置文件中核心的配置项，其中结合示例介绍了各核心配置项的含义和功能。希望通过本章的阅读，读者能够了解Prometheus的基本配置，并根据实践场景完成相应配置。

第3章
深入Prometheus TSDB

InfluxDB、Graphite、RRDtool和OpenTSDB等都是时下流行的TSDB实现。不同的时序数据库底层选择的存储也有所不同，但基本上都是类似LSM-Tree的存储，例如，OpenTSDB底层使用HBase或Cassandra等分布式存储持久化时序数据；InfluxDB自身实现了TSDB存储；Graphite默认使用Whisper Database（Graphite默认的内置DB，可更换）实现持久化；而很多其他的监控系统，例如小米开源的OpenFalcon，则直接使用RRDtool作为其底层存储。

Prometheus 1.0之前重度依赖LevelDB（V2版本存储实现），Prometheus 2.0版本之后，推出了V3版本存储实现，也就是这里要介绍的Prometheus TSDB项目。Prometheus TSDB的写入性能非常出众，其原理博客中提到，Prometheus TSDB在单机上可以支撑每秒百万级时序点的写入。下面就开始对Prometheus TSDB进行分析。

3.1 Gorilla简介

Prometheus TSDB实现参考了Facebook 2015年发表的论文"*Gorilla: A Fast, Scalable, In-Memory Time Series DataBase*"，其中详细介绍了Gorilla时序数据库的原理，英文阅读吃力的读者可以参考一些翻译文章。

Facebook Gorilla中的很多设计思路都非常值得借鉴，而且也已被应用于其他的时序数据库技术中，其核心主要在于对timestamp和时序数据value值的高压缩，下面将详细介绍这两方面的内容。

相信读者在实际工作中会涉及很多通用的压缩算法，常见的有GZIP、LZO、Zippy和

Snappy 等，我使用的 HBase 集群就采用 Snappy 算法对数据进行压缩，而 Kafka 集群支持 GZIP、Snappy 等多种压缩算法来压缩消息。这些压缩算法在数据量比较大的时候压缩率较高，但对少量数据进行压缩时效果则不太理想。

在时序场景中，每个时序点的核心是一对 64 位的值，其中一个表示该点的 timestamp，另一个则表示该点的 value 值。Prometheus TSDB 借鉴了 Facebook Gorilla 论文的压缩方式。

- delta-of-delta 方式压缩时序点的 timestamp。

- XOR 方式压缩时序点的 value 值。

按照上述压缩方式，可以将一个 16 byte 的时序点压缩成 1.37 byte，压缩率非常高。下面两节将详细介绍 Facebook Gorilla 对 timestamp 和 value 值的压缩原理。

3.1.1　timestamp 压缩

在时序场景中，每个时序点都有一个对应的 timestamp，读者现在可以考虑机器监控的场景，一个机房中会部署成百上千的物理机，如果使用了 Docker 或 OpenStack，就会出现成千上万甚至更多的虚拟机，每台虚拟机一般会有几百项监控（如 CPU、Memory、Disk 和 Net 等）。如果是分钟级监控，则每分钟就会有千万级别的时序点需要存储，要完整地记录每个时序点的 timestamp，需要占用较大的磁盘 I/O 和磁盘空间。

读者可以仔细思考一下，一条时序中相邻时序点的间隔是有规律的，依然以机器监控为例，其 CPU、内存等方面的监控可能设置成分钟级即可，而网络方面的监控则可能需要设置成秒级的，这样，相邻两点的 timestamp 差值就是固定的。Facebook Gorill 的相关论文中提出了采用 delta-of-delta（差值的差值）压缩 timestamp 的方式，下面具体来看 delta-of-delta 时间戳压缩方式的含义。

这里通过一个示例进行介绍，例如，在一条时序中记录了某台机器 CPU 使用量的监控信息，该时序中每个时序点与其前一个时序点的时间戳差值大约为 60s，这里为什么说"大约为 60s"呢？由于网络延迟等情况的产生，可能某两个时序点的 timestamp 差值会略大或略小于 60s。假设该实例中相邻时序点之间的 timestamp 差值分别为 60s、60s、59s、60s、61s 和 59s，则 dod（delta-of-delta）就是用当前 timestamp 差值减去前一个 timestamp 差值所得到的结果，这里得出的 dod（delta-of-delta）为 0s、-1s、1s、1s 和 -2s，如图 3-1 所示。

在 Facebook Gorilla 的论文中只提到了秒级 timestamp 的解决方案，而 Prometheus TSDB 为了支持毫秒级 timestamp，对上述压缩方案进行了一定的修改和扩展。Prometheus TSDB 对这些 dod 值的变长编码规则如下。

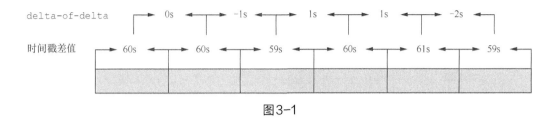

图3-1

- 存储时序的第一个时序点对应的时间戳t_0会被完整地存储起来。

- 存储时序第二个时序点对应的时间戳t_1实际上存储的是t_1-t_0这个差值。

- 对于后续的时间戳t_n，首先会计算dod值：delta=$(t_n-t_{n-1})-(t_{n-1}-t_{n-2})$。

  - 如果dod值为0，则使用单独的1bit存储一个"0"。

  - 如果dod值在[-8191, 8192]范围内，则存储"10"这两位作为标识，然后使用14bit存储该dod值。

  - 如果dod值在[-65535, 65536]范围内，则存储"110"这3位作为标识，然后使用17bit存储该dod值。

  - 如果dod值在[-524287, 524288]范围内，则存储"1110"这4位作为标识，然后使用20bit存储该dod值。

  - 如果dod值超出了上述范围，则存储"1111"这4位作为标识，然后使用64bit存储该dod值。

　　我在实践中发现，大约95%的timestamp能够按照dod值为0的条件分支进行存储，这样就可以大大减少timestamp存储所占的空间以及I/O。

3.1.2　value值压缩

　　除了对timestamp进行压缩之外，Facebook Gorilla论文中也提到了对时序点的value值进行了压缩。在很多监控场景中，同一条时序中相邻时序点的value值不会发生明显变化。例如在一个Java程序启动之后，已加载的Class数量就基本确定了，后续变化不大。

　　时序点的value值大多是浮点类型，当两个value值非常接近的时候，这两个浮点数的符号位、指数位和尾数部分的前几位都是完全相同的，这一点也是Prometheus TSDB对value值进行压缩的基础。

下面可以对时序中相邻两个时序点的 value 值进行如下操作，实现压缩效果。

步骤 1. 时序中第一个时序点的 value 值不进行压缩，直接保存。

步骤 2. 从第二个时序点开始，将其 value 值与前一时序点的 value 值进行 XOR 运算。

步骤 3. 如果 XOR 运算的结果为 0，则表示这两个时序点的 value 值相同，只需要使用 1bit 存储 "0" 值即可。

步骤 4. 使用 2bit 的控制位，这里首先将控制位的第 1bit 值存储为 "1"，接下来看控制位的第 2bit 值。

- 控制位的第 2bit 值为 "0" 时，表示此次计算得到的 XOR 结果中间非 0 的部分包含在前一个 XOR 运算结果中。例如，与前一个 XOR 运算结果相比，此次 XOR 运算结果也有同样多的前置 0 和同样多的尾部 0，那么就只需要存储 XOR 结果中非 0 的部分即可。

- 控制位的第 2bit 值为 "1" 时，需要用 5bit 来存储 XOR 结果中前置 0 的数量，然用 6bit 来存储 XOR 结果中间非 0 位的长度，最后再存储中间的非 0 位。

根据 Facebook Gorilla 论文的数据显示，大约有 60% 的 value 值只用了 1bit 进行存储，也就是该点的 value 值与其前一个点的 value 值完全一致。有接近 30% 的时序点对应的控制位为 "10"，平均每个 value 值约占 27 位，剩余大约 10% 的时序点控制位为 "11"，平均每个 value 值占用 37 位。

3.2 时序数据存储

本节将开始介绍 Prometheus TSDB 的工作原理和具体实现。首先来看一下 Prometheus TSDB 存储的目录结果，如图 3-2 所示。

Prometheus TSDB 默认时序数据每 2h 存储一个 block。每个 block 由一个目录组成，该目录里包含一个或者多个 Chunk 文件（保存 timeseries 数据）、一个 metadata 文件和一个 index 文件（通过 metric name 和 labels 查找 timeseries 数据在 Chunk 文件的位置）。最新写入的数据被保存在内存 block 中，达到 2h 后写入磁盘。为了防止程序崩溃导致数据丢失，实现了 WAL（Write-Ahead-Log）机制，将 timeseries 原始数据追加写入 log 中进行持久化。删除 timeseries 时，条目会被记

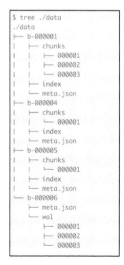

```
$ tree ./data
./data
├── b-000001
│   ├── chunks
│   │   ├── 000001
│   │   ├── 000002
│   │   └── 000003
│   ├── index
│   └── meta.json
├── b-000004
│   ├── chunks
│   │   └── 000001
│   ├── index
│   └── meta.json
├── b-000005
│   ├── chunks
│   │   └── 000001
│   ├── index
│   └── meta.json
└── b-000006
    ├── meta.json
    └── wal
        ├── 000001
        ├── 000002
        └── 000003
```

图 3-2

录在独立的tombstone文件中，而不是立即从Chunk文件删除。

这些block会在后台压缩成更大的block，数据被压缩合并成更高级别的block文件后会删除低级别的block文件。这个和LevelDB、RocksDB等LSM树的思路一致。

这些设计和Gorilla的设计高度相似，因此Prometheus相当于一个缓存TSDB，其本地存储的特点决定了它不能用于Long-Term数据存储，只能用于短期窗口的timeseries数据保存和查询，并且不具有高可用性（宕机会导致无法读取历史数据）。

因为Prometheus本地存储的局限性，所以它提供了API接口用于和Long-Term存储集成，并将数据保存到远程TSDB上。该API接口使用自定义的Protocol Buffer（HTTP）且并不稳定，后续考虑切换为gRPC。

这里简单介绍一下Prometheus TSDB源码的目录结构，如图3-3所示。

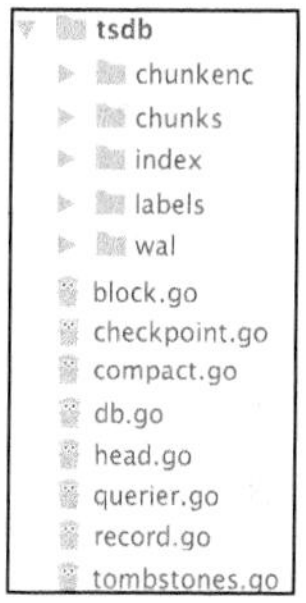

- chunkenc、chunks目录：负责Chunk文件的读写。

- index目录：负责index索引文件的读写。

- labels目录：包含Label相关组件以及Matcher匹配器。

- wal目录：负责WAL日志文件的读写。

- block.go：与block目录的读写以及管理有关。

- checkpoint.go：负责Checkpoint相关的处理。

- compact.go：其中包含了block目录的压缩逻辑。

- db.go：Prometheus TSDB的入口，包含Prometheus TSDB模块的启动流程。

- head.go：与Head窗口相关的逻辑。

- querier.go：定义了从Prometheus TSDB查询时序的相关组件和逻辑。

- record.go：定义了WAL日志中记录的抽象类型。

- tombstones.go：负责tombstone文件的读写。

图3-3

3.2.1　bstream

一个完整服务是由多个细小的组件构成的，每个小组件都提供了特定的功能，它们之间协调运作才能对外提供完整的存储功能。bstream 结构体就是 Prometheus TSDB 中的基础组件之一，它是对 byte 切片的封装，提供了读写位的功能，主要用于读写时序数据。bstream 结构体的核心字段定义如下。

- stream（[]byte 类型）：用于记录数据的 byte 切片。

- count（uint8 类型）：在写入数据的时候，是逐个 byte 进行操作的，count 字段用来记录当前 byte 中有多少 bit 是可以写入的；在读取数据的时候，表示当前 byte 中有多少 bit 是可读的。也就是说，count 字段类似于控制写入/读取位置的下标。

下面来分析 bstream 提供的方法，首先是 writeByte（）方法，它提供了写入 1byte 的功能，其工作原理如图 3-4 所示。在图 3-4（a）中每次正好写入 stream 切片的一个元素。需要注意图 3-4（b）中展示的这种场景，待写入 byte 值的高位（10）会被写入 bstream.stream 切片的第二个 byte 元素中，低位（100101）会被写入到第三个 byte 元素中。

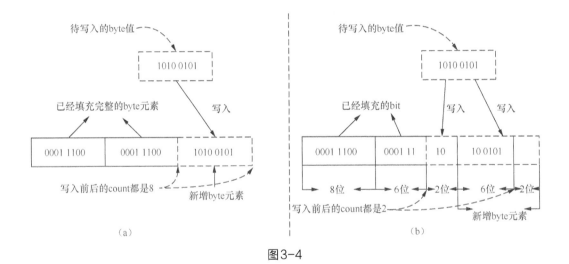

图 3-4

bstream.writeByte（）方法的具体实现如下。注意，在通过 writeByte（）方法写入 byte 之后，bstream.count 字段的值是不需要改变的。

```
func(b *bstream)writeByte(byt byte){
  if b.count == 0 {
    // 当前bstream已经完整写完一个byte，需要向stream切片中追加新的byte元素来完成此次写入
    b.stream = append(b.stream,0)
    b.count = 8
  }
  i := len(b.stream)- 1
```

```
    // 在stream切片末尾写入byt
    b.stream[i] |= byt >>(8 - b.count)
    // 如果stream切片中最后一个byte元素剩余的位不足8bit，则需要再追加1byte，写入byt剩余的位
    b.stream = append(b.stream,0)
    i++
    b.stream[i] = byt << b.count
}
```

bstream.writeBit( ) 方法负责完成1bit的写入，同时也会更新bstream.count字段，具体实现如下。

```
func(b *bstream)writeBit(bit bit){
    if b.count == 0 {
        // 当前bstream已经完整写完一个byte，需要向stream切片中追加新的byte元素来完成此次写入
        b.stream = append(b.stream,0)
        b.count = 8
    }
    i := len(b.stream)- 1 // 最后一个byte元素的下标
    if bit { // 如果bit为1，则需要将该byte元素中对应的位设置为1；如果为0，则不需要设置
        b.stream[i] |= 1 <<(b.count - 1)
    }
    b.count-- // 写入1bit之后，更新当前byte可用位的数量
}
```

另外，writeBits( ) 方法实现了写入一个uint64值的功能，当该值所占的位数超过8时，会首先调用writeByte( ) 方法，按照每8位1byte的方式写入，然后再调用writeBit( ) 方法写入剩余不足8位的比特值。其实现比较简单，这里不再展开详细介绍。

介绍完bstream中提供的写入方法之后，下面继续分析bstream中与读取相关的方法。首先是readByte( ) 方法，该方法负责读取一个8位的byte元素，其大致原理如图3-5所示。

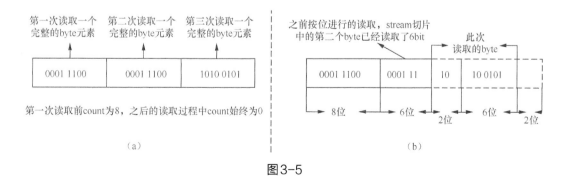

图3-5

bstream.readByte（）方法的实现如下。

```
func(b *bstream)readByte() (byte,error){
    // 检测当前stream切片是否为空（略）
    // 读取数据时会首先将bstream.count初始化为8，因此要先读取stream切片中的第一个元素
    if b.count == 8 {
        b.count = 0 // 将count更新为0
        return b.stream[0],nil
    }
    if b.count == 0 { // count为0表示当前stream切片中的第一个元素已经被读取完毕
        b.stream = b.stream[1:] // 截掉stream切片中的第一个byte元素
        // 重新检测stream切片是否为空（略）
        return b.stream[0],nil // 返回stream切片中的第一个byte元素
    }
    // 如果count不等于0或8，则此次读取的8bit需要跨两个byte元素
    byt := b.stream[0] <<(8 - b.count)// 从第一个byte元素中读取剩余可读取的bit
    b.stream = b.stream[1:] // 截掉stream切片中的第一个byte元素
    // 检测stream切片是否为空（略）
    // 截断之后，再次读取stream中的第一个byte元素，凑齐8bit
    byt |= b.stream[0] >> b.count
    return byt,nil
}
```

再来看 bstream.readBit（）方法，它主要实现了读取单个 bit 的功能，具体实现如下。

```
func(b *bstream)readBit() (bit,error){
    if len(b.stream)== 0 {
        return false,io.EOF
    }
    // 检测当前stream切片是否为空（略）
    if b.count == 0 { // count为0表示stream切片中的第一个byte元素已读取完毕
        b.stream = b.stream[1:] // 截掉第一个byte元素
        if len(b.stream)== 0 {
            return false,io.EOF
        }
        b.count = 8 // 将count字段重置为8
    }
    // 读取第一个bit位
    d :=(b.stream[0] <<(8 - b.count))& 0x80
    b.count-- // 递减count字段，表示该byte中剩余可读取的bit数
    return d != 0,nil
}
```

另外，与writeBits()方法对应的是readBits()方法，它实现了一次读取多个bit的功能，当读取的bit个数超过8时，首先通过readByte()方法按照byte进行读取，之后当需要读取的bit个数不足8时，会调用readBit()方法逐个读取bit值，其实现比较简单，这里不再展开详细介绍。

3.2.2　Chunk接口

磁盘存储中的block的时序数据存储在Chunk文件里，Prometheus TSDB中对应的则是Chunk接口，它表示一组时序点的集合，其定义如下所示。Chunk接口包括两个紧密相关的接口：Append接口和Iterator接口。可以通过该Append接口向Chunk中追加时序点，也可以通过Iterator接口迭代Chunk中存储的时序点。

```
type Chunk interface {
    Bytes()[]byte // 存储时序点的byte切片，通过前面介绍的bstream完成读写
    Encoding()Encoding // 编码类型，目前只有XOR这一种编码类型
    Appender()(Appender,error)// 返回该Chunk关联的Appender实例
    Iterator()Iterator // 返回该Chunk关联的Iterator实例
    NumSamples()int // 返回该Chunk中保存的时序点的个数
}
```

这里的Append接口和Iterator接口的定义都比较简单，如下所示。Append接口中只有一个Append()方法，用于向Chunk实例中追加一个时序点，其接收的参数分别是时序点的timestamp和value值。Iterator与常见的迭代器类似。

```
type Appender interface {
    Append(int64,float64)// 每个时序点都是由对应的timestamp和value值组成的
}
type Iterator interface {
    At()(int64,float64)// 返回当前时序点的timestamp和value值
    Err()error // 返回迭代过程中发生的异常
    Next()bool // 检测后续是否有时序点可以继续迭代
}
```

3.2.3　XORChunk实现

XORChunk是Prometheus TSDB实现中Chunk接口的唯一实现，它只有b(*bstream类型)一个字段，主要用于存储时序数据。XORChunk关联的Appender接口实现为xorAppender，其核心字段如下。

- b（*bstream）：bstream 实例，存储写入的时序点的数据。

- t（int64 类型）：记录上次写入时序点对应的 timestamp。

- v（float64 类型）：记录上次写入时序点对应的 value 值。

- tDelta（uint64 类型）：记录当前点与前一个点的 timestamp 差值。

- leading（uint8）：记录当前 XOR 运算结果中前置"0"的个数。

- trailing（uint8）：记录当前 XOR 运算结果中后置"0"的个数。

XORChunk 中只有两个方法需要介绍，一个是 XORChunk.iterator（）方法，用于创建 xorIterator 实例，xorIterator 实例用于迭代 XORChunk 中的时序点，iterator（）方法的具体实现如下。

```
func(c *XORChunk)iterator()*xorIterator {
   return &xorIterator{
      // 因为bstream中前两个byte元素存储的是XORChunk中时序点的个数，所以这里要跳过
      br:      newBReader(c.b.bytes()[2:]),
      // 读取bstream中的前两个byte元素，获取XORChunk实例中存储的时序点的个数
      numTotal: binary.BigEndian.Uint16(c.b.bytes()),
   }
}
```

另一个是 XORChunk.Appender（）方法，用于创建 xorAppender 实例，xorAppender 负责向该 XORChunk 实例中追加时序点，Appender（）方法的具体实现如下。

```
func(c *XORChunk)Appender()(Appender,error){
   it := c.iterator()// 创建xorIterator迭代器
   for it.Next(){ // 迭代XORChunk中已有的全部时序点，直至结束，这样才能得到可以写入的正确状态
   }

   a := &xorAppender{ // 根据xorIterator迭代器的状态创建xorAppender实例
      b:        c.b,
      t:        it.t,
      v:        it.val,
      tDelta:   it.tDelta,
      leading:  it.leading,
      trailing: it.trailing,
   }
   if binary.BigEndian.Uint16(a.b.bytes())== 0 {// 如果是空XORChunk，则会初始化leading
      a.leading = 0xff
```

```
    }
    return a,nil
}
```

1. xorAppender

下面来看xorAppender.Append( )方法的具体实现，其参数是待写入时序点的timestamp和value值，这里会按照前面介绍的delta-of-delta时间戳压缩方式存储timestamp，按照XOR压缩方式存储value值。

```
func(a *xorAppender)Append(t int64,v float64){
    var tDelta uint64
    // XORChunk会使用bstream中前两个byte记录已写入的时序点的个数，这里就是读取该值
    num := binary.BigEndian.Uint16(a.b.bytes())

    if num == 0 { // XORChunk中需要完整记录第一个点的timestamp和value值
        buf := make([]byte,binary.MaxVarintLen64)// 创建一个足够存储timestamp的byte切片

        for _,b := range buf[:binary.PutVarint(buf,t)] {// 将timestamp完整写入bstream中
            a.b.writeByte(b)
        }
        a.b.writeBits(math.Float64bits(v),64)// 将第一个时序点的value值写入bstream中
    } else if num == 1 { // 根据num判断，此次写入的是第二个时序点
        tDelta = uint64(t - a.t)// 计算该点与前一个时序点的timestamp差值
        // 下面将当前时序点与前一个时序点的timestamp差值写入bstream中
        buf := make([]byte,binary.MaxVarintLen64)
        for _,b := range buf[:binary.PutUvarint(buf,tDelta)] {
            a.b.writeByte(b)
        }
        // 计算该时序点与前一个时序点value值的XOR值，并按照前面介绍的压缩方式记录到bstream中，
        // xorAppender.writeVDelta( )方法的具体实现在后面进行详细介绍
        a.writeVDelta(v)
    } else { // 根据num判断，写入第三个以及之后的时序点
        tDelta = uint64(t - a.t)// 计算该时序点与前一个时序点的timestamp差值
        dod := int64(tDelta - a.tDelta)// 计算两个timestamp的dod(delta-of-delta)值

        switch {
        case dod == 0: // 如果dod差值为0，则只需要记录一个值为“0”的bit值
            a.b.writeBit(zero)
        case bitRange(dod,14):
            // 如果dod值在[-8191,8192]范围中，则使用“10”作为标识，然后使用14bit存储dod值
            a.b.writeBits(0x02,2)
```

```
        a.b.writeBits(uint64(dod),14)
    case bitRange(dod,17):
        // 如果dod值在[-65535,65536]范围中，则使用"110"作为标识，然后使用17bit存储dod值
        a.b.writeBits(0x06,3)
        a.b.writeBits(uint64(dod),17)
    case bitRange(dod,20):
        // 如果dod值在[-524287,524288]范围中，则使用"1110"作为标识，然后使用20bit存储dod值
        a.b.writeBits(0x0e,4)
        a.b.writeBits(uint64(dod),20)
    default: // 如果dod值超出了上述返回，则使用"1111"作为标识，然后使用64bit存储dod值
        a.b.writeBits(0x0f,4)
        a.b.writeBits(uint64(dod),64)
    }
    a.writeVDelta(v)// 计算当前时序点与前一个时序点value值的XOR，并记录到bstream中
}

a.t = t // 更新t、v字段，记录当前时序点的timestamp和value值，为下一个时序点的写入做准备
a.v = v
binary.BigEndian.PutUint16(a.b.bytes(),num + 1)// 更新该XORChunk已写入的点的个数
a.tDelta = tDelta // 记录当前时序点和前一个时序点的timestamp差值，为下次计算dod值做准备
}
```

通过对xorAppender.Append()方法的分析，了解了Prometheus TSDB对timestamp压缩的具体实现。接下来深入分析xorAppender.writeVDelta()方法，看Prometheus TSDB如何实现对value值的压缩。在writeVDelta()方法中，会计算当前时序点的value值与前一时序点的value值的XOR值，并根据XOR运算结果值中前置"0"和后置"0"的个数进行相应的压缩存储，具体的压缩规则在前面已经介绍过了，这里重点看一下writeVDelta()方法对该压缩方式的实现。

```
func(a *xorAppender)writeVDelta(v float64){
    // 计算当前时序点的value值与前一个时序点的value值之间的XOR值

    vDelta := math.Float64bits(v)^ math.Float64bits(a.v)
    if vDelta == 0 { // 如果两个时序点的value值相同，则只写入一个值为"0"的bit
        a.b.writeBit(zero)
        return
    }
    a.b.writeBit(one)// 写入控制位的第1bit，该位的值为"1"
    leading := uint8(bits.LeadingZeros64(vDelta))// 返回vDelta中前置"0"的个数
    trailing := uint8(bits.TrailingZeros64(vDelta))// 返回vDelta中后置"0"的个数
    if a.leading != 0xff && leading >= a.leading && trailing >= a.trailing {
```

```
    // 该vDelta值的前置 "0" 和后置 "0" 的个数都比上一次写入得到的XOR值多
    a.b.writeBit(zero)// 写入控制位的第2bit，该位的值为 "0"
    // 这里只需要记录除去前置 "0" 和后置 "0" 的部分即可
    a.b.writeBits(vDelta>>a.trailing,64-int(a.leading)-int(a.trailing))
} else { // 该vDelta值的前置 "0" 或后置 "0" 比上一次写入得到的XOR值少
    // 更新xorAppender的leading和trailing字段，分别记录此次写入时得到的XOR值中前置 "0"
    // 和后置 "0" 个数，这主要是为下一个时序点的写入做准备
    a.leading,a.trailing = leading,trailing
    a.b.writeBit(one)// 写入控制位的第2bit，该位的值为 "1"
    a.b.writeBits(uint64(leading),5)// 用5bit来存储XOR值中前置 "0" 的数量
    sigbits := 64 - leading - trailing
    a.b.writeBits(uint64(sigbits),6)// 用6bit位来存储XOR值中间非0位的长度
    a.b.writeBits(vDelta>>trailing,int(sigbits))// 存储中间非0位的值
    }
}
```

2. xorIterator

到此为止，时序点的写入和Chunk实例的具体实现就分析完了。接下来要介绍的是xorIterator结构体，它是3.2.2节提到的Iterator接口的唯一实现，主要负责从Chunk中读取时序点，其核心字段如下。

- br（*bstream类型）：关联XORChunk实例中的b字段，存储了XORChunk实例中的时序数据。

- numTotal（uint16类型）：关联XORChunk中存储的时序点的个数

- numRead（uint16类型）：通过该xorIterator实例读取的时序点的个数。

- t（int64类型）：当前读取的时序点的timestamp。

- val（float64类型）：当前读取的时序点的value值。

- leading（uint8类型）：当前读取到的XOR值的前置 "0" 个数。

- trailing（uint8类型）：当前读取到的XOR值的后置 "0" 个数。

- tDelta（uint64类型）：记录当前时序点与前一个时序点的timestamp的差值。

Next（）方法是xorIterator的核心方法之一，它会根据当前读取的是第几个时序点来决定如何返回正确的timestamp和value值。timestamp的读取过程如下。

- 如果读取的是第一个时序点，则其timestamp和value值没有被压缩，直接读取

即可。

- 如果读取的是第二个时序点，则需要获取该时序点与第一个时序点的 timestamp 差值，然后根据第一个点的 timestamp 以及 timestamp 差值，得出第二个时序点的 timestamp。

- 如果读取的是第三个以及之后的时序点，则需要读取 dod（delta-of-delta）值，然后根据前两个时序点的 timestamp 差值以及 dod 值，得出该时序点的 timestamp。

```go
func(it *xorIterator)Next()bool {
    // 检测迭代过程中是否出现异常，如果出现异常，则返回 false，停止整个迭代过程（略）
    // 检测 numRead 字段值，如果该 xorIterator 已经读取完全部的时序点，也会返回 false（略）
    if it.numRead == 0 { // 读取 XORChunk 实例中的第一个时序点
        t,err := binary.ReadVarint(it.br)// 从 bstream 中读取第一个时序点的完整 timestamp
        v,err := it.br.readBits(64)// 从 bstream 中读取第一个时序点的完整 value 值
        it.t = t // 更新 t、val 字段，记录当前时序点的 timestamp 和 value 值，在 At() 方法中会返回这两
个值
        it.val = math.Float64frombits(v)
        it.numRead++ // 递增已读取的点的个数
        return true
    }
    if it.numRead == 1 { // 读取 XORChunk 实例中的第二个时序点
        // 从 bstream 中读取第二个点与第一个点的 timestamp 差值
        tDelta,err := binary.ReadUvarint(it.br)
        it.tDelta = tDelta // 更新 tDelta 字段，记录 timestamp 差值
        it.t = it.t + int64(it.tDelta)// 计算第二个时序点对应的 timestamp
        // 读取第二个时序点的 value 值,xorIterator.readValue() 方法的具体内容在后面详细介绍
        return it.readValue()
    }
    // 在读取 XORChunk 实例中的第三个时序点以及之后的时序点时，会执行下面的逻辑
    var d byte
    for i := 0 ; i < 4 ; i++ { // 首先读取标识位
        d <<= 1 // 将 d 左移一位，为读取下一位做准备
        bit,err := it.br.readBit()
        if bit == zero { // 如果在读取标识位的过程中遇到 "0" 位，则表示标识位已经读取结束
            break
        }
        d |= 1 // 该 bit 位不为 "0"，则将对应 bit 位设置为 1
    }
    var sz uint8 // 后续需要读取多少个 bit 位，才能得到 dod（delta-of-delta）值
    var dod int64
    switch d { // 如果标识位为 "0"，表示时间戳的 dod（delta-of-delta）值为 0
```

```
case 0x00:
  // dod == 0
case 0x02: // 如果标识位为"10",则表示时间戳的dod值在[-8191,8192]范围中,需要读取14bit
  sz = 14
case 0x06:
  // 如果标识位为"110",则表示时间戳的dod值在[-65535,65536]范围中,需要读取17bit
  sz = 17
case 0x0e:
  // 如果标识位为"1110",则表示时间戳的dod值在[-524287,524288]范围中,需要读取20bit
  sz = 20
case 0x0f: // 如果标识位为"1111",则表示时间戳的dod值超出了上述范围,需要读取64bit
  bits,err := it.br.readBits(64)
  dod = int64(bits)
}
if sz != 0 { // 如果标识位为"10""110""1110",则读取指定数量的bit,获得dod值
  bits,err := it.br.readBits(int(sz))
  dod = int64(bits)
}
it.tDelta = uint64(int64(it.tDelta)+ dod)// 计算两个点的时间戳的差值
it.t = it.t + int64(it.tDelta)// 根据上一点的时间戳计算当前点的时间戳
return it.readValue()// readValue() 方法的具体内容在后面详细介绍
}
```

在xorIterator.Next()方法读取timestamp的同时,还会调用readValue()方法读取时序点的value值。在readValue()方法中首先会读取控制位,然后根据控制位确定value值,其具体步骤如下。

步骤1. 如果控制位的第1bit为"0",则表示当前时序点的value值与前一个value值相同,后续无须进行任何读取操作;否则,读取控制位的第2bit。

步骤2. 如果控制位的第2bit为"0",则表示当前XOR结果的前置"0"和后置"0"与前一个XOR结果的个数相同,后续直接读取当前XOR结果中间的非零部分即可。

步骤3. 如果控制位的第2bit为"1",则需要先读取当前XOR结果中前置"0"的个数,然后读取XOR结果中间非零部分的长度,最后读取中间非零部分的值。

步骤4. 根据前一个点的value值以及XOR运算结果,得到当前点的value值。

下面是xorIterator.readValue()方法的具体实现分析。

```
func(it *xorIterator)readValue()bool {
  bit,err := it.br.readBit()// 读取控制位的第1bit
  if bit == zero {
    // 如果控制位的第1bit为"0"，则表示当前时序点的value值与前一个点的value值相同
  } else {
    bit,err := it.br.readBit()// 如果控制位的第1bit为"1"，则需要读取第二个控制位
    if bit == zero {
      // 控制位为"10"，则表示可以直接读取XOR值的中间非0部分（因为其前置"0"和后置"0"与前
      // 一个XOR结果的个数相同）
    } else { // 控制位为"11"，则表示XOR结果中前置"0"和后置"0"与前一个XOR值的个数相同
      bits,err := it.br.readBits(5)// 读取XOR结果中前置"0"的个数（5bit）
      it.leading = uint8(bits)// 更新leading字段，记录前置"0"的个数
      bits,err = it.br.readBits(6)// 读取XOR结果中非0部分的长度（6bit）
      mbits := uint8(bits)
      if mbits == 0 {
        mbits = 64
      }
      it.trailing = 64 - it.leading - mbits // 计算XOR结果中后置"0"的个数
    }
    mbits := int(64 - it.leading - it.trailing)// 计算XOR值中非0部分的位数
    bits,err := it.br.readBits(mbits)// 读取XOR结果中的非0部分
    // 根据前一个时序点的value值以及XOR值，得到当前点的value值
    vbits := math.Float64bits(it.val)
    vbits ^=(bits << it.trailing)
    it.val = math.Float64frombits(vbits)// 更新val字段
  }
  it.numRead++ // 此次读取完成，递增numRead字段
  return true
}
```

从前面对xorIterator.Next（）方法以及readValue（）方法的分析可以看到，xorIterator在迭代过程中始终使用t和val字段记录当前时序点的timestamp和value值，在xorIterator.At（）方法中也是始终返回这两个字段值，其实现比较简单，这里不再展开介绍。

3.2.4 Pool

结构体Pool是一个内存中的XORChunk实例池，其底层是基于sync.Pool实现的。这里简单介绍一下Golang中的sync.Pool，Golang除了像JVM那样提供一些垃圾回收的机制以外，还提供了很多避免产生垃圾对象的机制，例如这里介绍的池化技术。

在 Golang 标准库的很多包中，都使用了对象池来避免产生过多的垃圾对象，例如经常使用的 fmt 包、regexp 包等，都各自实现了对象池，且它们的实现都很类似。另外，这种对象池的实现都不会释放内存，这就与垃圾收集器的思想产生冲突，在某些场景中导致内存使用过高。

就上述问题，曾有人建议在 sync 包里加入一个公开的池类型供大家复用。当然，这也面临很多问题，例如，这个池类型应该放到标准库中吗？如果放到标准库中，应该公开吗？实现这个池类型应该释放内存吗？如果需要释放内存，那在什么时机释放？这个新增的类型应该叫作 Cache 还是 Pool？

这里可以先简单区分一下 Cache 和 Pool。读者可以将 Cache 理解成一个全局的 Map，根据不同的 Key 获取不同的 Value，而 Pool 中存储的元素则完全一样，这与刚初始化完成的实例完全一样。另外，Cache 会使用不同的过期算法进行清理，例如 LRU、LFU 和 LIRS 等。

大家特别关心的另一个点是 Pool 在何时释放内存。有人建议在 GC 之前进行释放，也有人建议在 GC 之后进行释放，还有人提出基于过期时间或者使用弱引用的方式。虽然这些建议都有自己的理由，但同时也都有一些弊端。最终，Golang 官方决定在垃圾收集时释放 Pool 占用的内存空间，也就是说，Pool 中的对象是在两次垃圾收集之间进行重用的。而且，这也突出了 Pool 的目的是让垃圾回收变得更加高效，而不是避免垃圾回收。

大致了解了 sync.Pool 的设计初衷和目标之后，来看一下 Prometheus TSDB 中 Pool 接口的定义。

```
type Pool interface {
  Put(Chunk)error // 将Chunk实例放回到池中
  Get(e Encoding,b []byte)(Chunk,error)// 根据指定的Encoding从池中获取Chunk实例
}
```

Prometheus TSDB 中提供了该 Pool 接口的唯一实现——结构体 Pool，其底层依赖 Golang sync.Pool 实现，其 NewPool() 方法实际上就是初始化 sync.Pool 实例。

```
func NewPool()Pool {
  return &pool{
    xor: sync.Pool{
      // 如果调用Pool.Get()方法从池中获取对象时没有可用的Chunk实例，则会通过该函数
      // 创建新的XORChunk实例返回
      New: func()interface{} { return &XORChunk{b: &bstream{}} },
    },
  }
}
```

结构体 Pool 的 Get()方法和 Put()方法会先检测 Chunk 实例的类型，然后调用 sync.Pool 实现从池中读取 Chunk 实例以及向池中放回 Chunk 实例的功能，大致实现如下。

```
func(p *pool)Get(e Encoding,b []byte)(Chunk,error){
    switch e {
    case EncXOR:
        c := p.xor.Get().(*XORChunk)// 从 Pool 中获取 XORChunk 实例
        c.b.stream = b // 填充 bstream
        c.b.count = 0
        return c,nil
    }
    return nil,errors.Errorf("invalid encoding %q",e)
}
func(p *pool)Put(c Chunk)error {
    switch c.Encoding(){
    case EncXOR:
        xc,ok := c.(*XORChunk)// 检测传入的 Chunk 实例的实际类型
        xc.b.stream = nil // 清空 XORChunk 底层的 bstream
        xc.b.count = 0
        p.xor.Put(c)// 将 XORChunk 实例放入 Pool 中
    default:
        return errors.Errorf("invalid encoding %q",c.Encoding())
    }
    return nil
}
```

3.2.5　Meta 元数据

通过 3.2.4 节的介绍，了解到 Chunk 中存储的都是时序数据，每个 Chunk 实例都有一些关联的元数据信息，例如 Chunk 实例所覆盖的时间范围，这些元数据被记录到了 Meta 实例中。结构体 Meta 的核心字段如下。

● Ref（uint64 类型）：Ref 字段记录了关联 Chunk 在磁盘上的位置信息，主要用于读取。

● Chunk（chunkenc.Chunk 类型）：指向 XORChunk 实例，在后面介绍 ChunkWriter 时会看到，在将 Chunk 中时序数据持久化到文件时，该字段必须有值。

● MinTime、MaxTime（int64 类型）：MinTime 和 MaxTime 两个字段记录了 Chunk 实例所覆盖的时间范围。

Meta结构体中提供了两个辅助方法，一个是writeHash()方法，它负责为关联的Chunk计算Hash值；另一个是OverlapsClosedInterval()方法，该方法用于确定给定的时间范围是否与关联Chunk实例所覆盖的时间范围有重合。图3-6所示的3种场景下，给定的时间范围都与Chunk有重合。

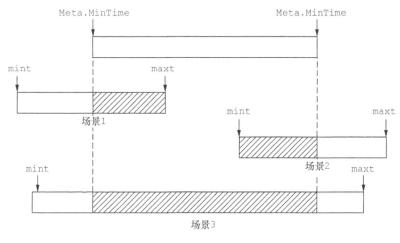

图3-6

Meta结构体中这两个方法的实现比较简单，这里不再粘贴代码。

3.2.6 ChunkWriter

通过前面的介绍，了解到Prometheus TSDB是如何在内存中组织时序数据的，那么这些时序数据是如何持久化到磁盘上的呢？时序数据在磁盘上的组织方式又是什么样子的呢？本节将通过对ChunkWriter接口及其实现的分析来解答这些问题。

ChunkWriter是Prometheus TSDB中负责时序数据持久化的接口之一，通过该接口的定义（如下）可以看到其核心的方法是WriteChunks()，该方法的主要功能就是持久化多个Chunk实例中的时序数据。

```
type ChunkWriter interface {
    WriteChunks(chunks ...chunks.Meta)error

    Close()error // 关闭底层关联的文件资源
}
```

注意，WriteChunks()方法参数传入的是多个Meta实例，WriteChunks()方法要求每个

Meta实例的Chunk字段必须有值。在完成写入之后，Meta实例的Ref字段也会被自动赋值，用于读取操作。

chunks.Writer结构体实现了上述ChunkWriter接口，在开始分析chunks.Writer持久化时序数据的实现之前，先回顾一下Prometheus TSDB在磁盘上的目录以及文件结构，如图3-7所示。首先来看目录结构，Prometheus在data目录中维护了多个block目录，这些block目录都是以"b-"开头的，以递增编号结尾，每个block目录维护了一个时间段的时序数据以及相关的元数据。在每个block目录下都有一个index文件，其中维护了索引的相关内容；还有一个meta.json文件，其中维护了与block目录相关的元数据，这两个文件的内容在后面详细分析。这里重点来看chunks目录，顾名思义，其中存储的就是前面介绍的Chunk实例中存储的时序数据，chunks目录下每个文件的大小都有上限（defaultChunkSegmentSize），到达上限之后会切换到新文件继续写入时序数据。为了便于描述，我将chunks目录下的文件称为"segment文件"，每个segment文件的名称都是以递增序号进行命名的。

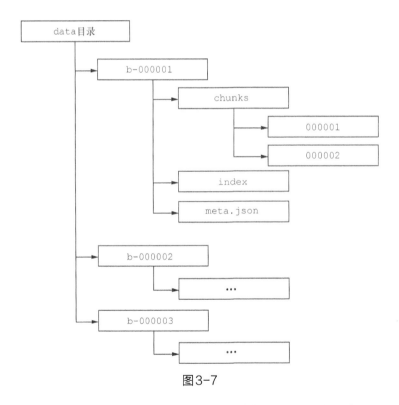

图3-7

了解了Prometheus TSDB在磁盘上大致的目录结构之后，再来分析segment文件的存储格式。如图3-8所示，在创建segment文件时，首先会写入一个8字节的文件头，之后才写入Chunk数据。在持久化一个Chunk的时候，会先写入该Chunk中时序数据所占的字节数，然后才写入该Chunk中记录的时序数据，最后计算该Chunk对应的CRC32循环校验码并将其写入 segment 文件中。

图3-8

了解了 Prometheus TSDB 存储时序数据的目录结构和文件格式之后，下面开始分析 chunks.Writer 结构体，其核心字段如下。

- dirFile（*os.File 类型）：磁盘上存储时序数据的目录。

- files（[]*os.File 类型）：dirFile 目录下存储时序数据的 segment 文件集合，其中只有最后一个 segment 文件是当前有效的，即当前可以写入数据的 segment 文件，之前的 segment 文件不可写。

- wbuf（*bufio.Writer 类型）：用于写文件的 bufio.Writer，该 Writer 是带缓冲区的。

- n（int64 类型）：当前分段已经写入的字节数。

- crc32（hash.Hash 类型）：CRC32 校验码，每一个写入的 Chunk 都会生成一个校验码。

- segmentSize（int64 类型）：每个分段文件的大小上限，默认是 512×1024×1024。

Prometheus TSDB 通过 NewWriter() 函数创建 Writer 实例，其中同时还会创建存放 segment 文件的目录并赋予操作权限，具体实现如下。

```
func NewWriter(dir string)(*Writer,error){
    // 创建dir参数指定的目录，并给予足够的权限（略）
    dirFile,err := fileutil.OpenDir(dir)// 打开该目录
    cw := &Writer{ // 初始化Writer实例
        dirFile:     dirFile,
        n:           0,
        crc32:       newCRC32(),// 创建复用的CRC32循环校验码
        segmentSize: defaultChunkSegmentSize,
    }
    return cw,nil
}
```

完成 Writer 实例的初始化之后，就可以调用其 WriteChunks() 方法批量写入 Chunk 数

据了。在该方法中，首先会根据待写入的数据量以及当前 segment 文件的大小，决定是否要创建并切换到新的 segment 文件上完成此次写入，然后按照前面介绍的 segment 文件的格式，逐个写入 Chunk 实例中的时序数据。WriteChunks()方法的具体实现如下。

```
func(w *Writer)WriteChunks(chks ...Meta)error {
  maxLen := int64(binary.MaxVarintLen32)// 计算待写入的所有 Chunk 实例的字节总数
  for _,c := range chks {
    maxLen += binary.MaxVarintLen32 + 1
    maxLen += int64(len(c.Chunk.Bytes()))
  }
  newsz := w.n + maxLen // 计算写入 Chunk 集合之后，当前 segment 文件所占的字节数

  // 如果满足下述 3 个条件中的任意一个，则会通过 cut() 方法新建 segment 文件，此次传入的 Chunk 集合
  // 将全部写入新建 segment 文件中：
  // 1.该 chunks.Writer 实例第一次写入；
  // 2.写入之前，当前 segment 文件的大小已经达到切分的阈值；
  // 3.如果写入 Chunk 集合之后，当前 segment 文件的大小已经达到切分的阈值
  if w.wbuf == nil || w.n > w.segmentSize ||
      newsz > w.segmentSize && maxLen <= w.segmentSize {
    if err := w.cut(); ... // 省略错误处理的代码
  }

  var(
    b   = [binary.MaxVarintLen32]byte{}
    // 将当前 segment 文件在 Writer.files 集合中的下标记录到 seq 变量的高 32 位中
    seq = uint64(w.seq())<< 32
  )
  for i := range chks { // 将 Chunk 逐个写入当前 segment 文件中
    chk := &chks[i]
    // 更新 Ref 字段，其中高 32 位明确了该 Chunk 在哪个 segment 文件中，低 32 位记录了该 Chunk
    // 在 segment 文件中的字节偏移量。在后面介绍读取过程时，还会看到 Ref 字段的作用
    chk.Ref = seq | uint64(w.n)
    // 统计该 Chunk 的字节数，并记录到 segment 文件中
    n := binary.PutUvarint(b[:],uint64(len(chk.Chunk.Bytes())))
    if err := w.write(b[:n]); ...

    b[0] = byte(chk.Chunk.Encoding())// 将 Chunk 的编码类型写入 segment 文件中
    if err := w.write(b[:1]); ... // 省略错误处理的代码

    // 将 Chunk 中记录的时序数据写入 segment 文件中
    if err := w.write(chk.Chunk.Bytes()); ... // 省略错误处理的代码
    // 计算该 Chunk 的 CRC32 校验码并写入 segment 文件中
```

```
    w.crc32.Reset()
    if err := chk.writeHash(w.crc32); ... // 省略错误处理的代码
    if err := w.write(w.crc32.Sum(b[:0])); ... // 省略错误处理的代码
  }
  return nil
}
```

在 WriteChunks() 方法中，无论是首次写入还是达到 segment 文件大小的上限值，都会调用 cut() 方法。在 cut() 方法中会按序完成下列操作，实现 segment 文件的切换。

步骤1. 调用 finalizeTail() 方法结束当前文件的写入。

步骤2. 获取新 segment 文件的名称，并创建对应的 segment 文件。新 segment 文件名的计算方式大致是，先获取当前目录下的全部 segment 文件名并进行排序，正如前面在目录结构中介绍的那样，segment 文件名中都包含数字编号，新 segment 文件名称就是当前最大的编号+1。该过程在 nextSequenceFile() 方法中实现，感兴趣的读者可以参考其代码进行学习，这里不再展开分析。

步骤3. 按照 segmentSize 字段指定的大小为新 segment 文件预分配空间。

步骤4. 向新 segment 文件写入 8 字节的文件头。

步骤5. 将新 segment 文件记录到 Writer.files 切片的末尾。

Writer.cut() 方法具体实现如下。

```
func(w *Writer)cut()error {
  // 通过 finalizeTail() 方法完成当前文件的写入，其具体实现在后面详细介绍
  if err := w.finalizeTail(); ...
  p,_,err := nextSequenceFile(w.dirFile.Name())// 计算下一个写入的新 segment 文件的名称

  f,err := os.OpenFile(p,os.O_WRONLY|os.O_CREATE,0666)// 创建新的 segment 文件
  // 按照 segment 文件大小的上限进行预分配
  if err = fileutil.Preallocate(f,w.segmentSize,true); ...
  if err = w.dirFile.Sync(); ... // 将上述 segment 文件创建以及预分配操作同步到磁盘

  metab := make([]byte,8)// 创建文件头，共占 8 个字节
  binary.BigEndian.PutUint32(metab[:4],MagicChunks)// 将前 4 字节写入固定头信息
  metab[4] = chunksFormatV1 // 写入版本信息
  if _,err := f.Write(metab); ... // 将 8 字节文件头写入 segment 文件中
  w.files = append(w.files,f)// 将新建的 segment 文件记录到 Writer.files 集合中
  if w.wbuf != nil {
```

```
        w.wbuf.Reset(f)// 将wbuf从上一个文件指向新建的文件
    } else { // 第一次写入时会初始化wbuf字段，其缓冲区为8MB
        w.wbuf = bufio.NewWriterSize(f,8*1024*1024)
    }
    w.n = 8 // 已写入文件头，占用8字节
    return nil
}
```

Writer.finalizeTail()方法主要完成了两件事，一是将已写入当前segment文件的时序数据刷新到磁盘中，二是对当前segment文件中预分配但是未使用的部分进行截断，最后关闭文件，具体实现如下。

```
func(w *Writer)finalizeTail()error {
    tf := w.tail()// 获取files集合中的最后一个文件，即当前有效的写入文件
    // 调用wbuf字段（bufio.Writer）的Flush()方法将数据刷新到磁盘中（略）
    if err := w.wbuf.Flush(); ...// 省略异常处理的相关代码
    if err := fileutil.Fsync(tf); ... // 省略异常处理的相关代码

    // 在创建文件时会进行预分配，这里获取当前写入的位置，并调用Truncate()方法进行截断，
    // 将该文件中off之后的预分配内容删掉
    off,err := tf.Seek(0,io.SeekCurrent)
    if err := tf.Truncate(off); ...
    return tf.Close()// 关闭当前文件
}
```

到此为止，ChunkWriter接口及其具体实现的内容就全部介绍完了。

3.2.7　ChunkReader

介绍完Prometheus TSDB持久化时序数据的相关实现之后，继续分析Prometheus TSDB如何将持久化的时序数据读取到内存，并封装到相应的Chunk实例中。

首先来看读取时序数据的核心接口——ChunkReader，该接口的Chunk()方法会根据ref参数读取对应的Chunk并返回，这里的ref参数就是前面在写入Chunk实例时为其填充的Ref字段。

```
type ChunkReader interface {
    Chunk(ref uint64)(chunkenc.Chunk,error)// 根据ref参数读取相应的Chunk实例

    Close()error // 关闭当前ChunkReader并释放所有资源
}
```

Prometheus TSDB中有多个 ChunkReader接口的实现,本节主要介绍chunks.Reader实现,剩余两个实现在后面涉及时再进行描述。

chunks.Reader结构体中的核心字段如下。

- bs([]ByteSlice类型):ByteSlice接口是对byte切片的抽象,它提供了两个方法,一个是Len()方法,用于返回底层byte切片的长度;另一个是Range()方法,用于返回底层byte切片在指定区间内的数据。ByteSlice接口的实现是realByteSlice,realByteSlice则是[]byte的类型别名。bs字段存储的是时序数据,其中每个ByteSlice实例都对应一个segment文件的数据。

- cs([]io.Closer类型):当前 Reader实例能够读取的文件集合,其中每个元素都对应一个segment文件。

- pool(chunkenc.Pool类型):用于存储可重用的Chunk实例。

在介绍chunks.Reader如何读取segment文件之前,先来简单介绍与mmap相关的基础知识。

mmap 简介

从Linux系统的角度来看,操作系统的内存空间被分为两大部分——内核空间和用户空间,其中"内核空间"和"用户空间"的空间大小、操作权限以及核心功能都不尽相同。这里的"内核空间"是操作系统本身使用的内存空间,而"用户空间"则是提供给各个进程使用的内存空间。由于用户进程不具有访问内核资源的权限,例如访问硬件资源,因此当一个用户进程需要使用内核资源的时候,就需要通过系统调用来完成。图3-9以读写磁盘文件为例,展示了用户进程进行系统调用的整个过程。

- 首先是读取文件的过程,用户进程发出read()系统调用之后,会完成从用户态到内核态的上下文切换,之后通过DMA将文件中的数据从磁盘复制到内核空间的缓冲区中。将内核空间缓冲区的数据复制到用户空间的缓冲区中,然后read()系统调用返回,此时会完成从内核态到用户态的上下文切换,整个读取文件的过程结束。

- 之后是写入文件的过程,用户进程发出write()系统调用之后,会完成用户态到内核态的上下文切换,将数据从用户空间缓冲区复制到内核空间缓冲区。write()系统调用返回,同时进程会从内核态切换到用户态,而数据则将从内核缓冲区写入磁盘,整个写入文件的过程结束。

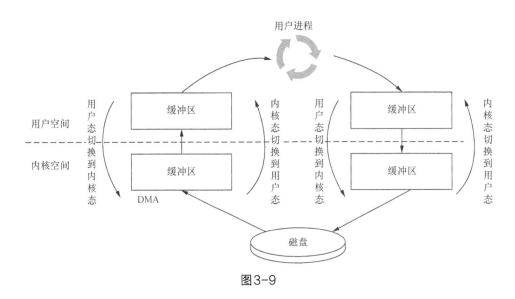

图3-9

由此可知，一次文件读取过程涉及两次数据复制以及两次上下文切换，同理，一次文件写入过程也会涉及两次数据复制以及两次上下文切换。

mmap 是操作系统提供的内存映射机制，它可以将磁盘文件中的一部分映射到虚拟内存区域，这样程序就可以像操作内存一样操作文件。mmap 也是实现"零复制"的一种方式，其大致原理如下。

步骤1. 用户进程发出 mmap( ) 系统调用之后，会完成从用户态到内核态的上下文切换，然后通过 DMA 将磁盘文件中的数据复制到内核空间的缓冲区中。

步骤2. mmap( ) 系统调用返回，用户进程会完成从内核态到用户态的上下文切换。接着内核空间和用户空间共享这个缓冲区，而不需要将其中的数据从内核空间复制到用户空间。因为内核空间和用户空间共享这个缓冲区数据，所以用户空间就可以像在操作自己缓冲区中的数据一般来操作这个由内核空间共享的缓冲区。

步骤3. 在写入文件的时候，用户进程发出 write( ) 系统调用，用户进程从用户态切换到内核态，并向共享缓冲区中写入数据。

步骤4. 完成数据写入之后，write( ) 系统调用返回，用户进程从内核态切换到用户态，同时会通过 DMA 将内核缓冲区中的数据更新到磁盘中。

mmap的工作原理如图3-10所示，其上下文切换的次数与前面介绍的传统I/O相同，在图中也就没有展示，但是mmap进行内存复制的次数要比传统I/O少。

了解了mmap的原理之后，继续回到chunks. Reader进行分析。首先来看其初始化过程，该过程由chunks.NewDirReader( )函数完成，该函数首先会获取指定chunks目录下的所有segment文件名并进行排序，然后通过mmap系统调用将segment文件映射到虚拟内存中，之后校验每个segment文件的内容是否合法（即segment文件开头是否为固定的MagicChunks文件头），最后创建对应的Reader实例。NewDirReader( )函数的具体实现如下。

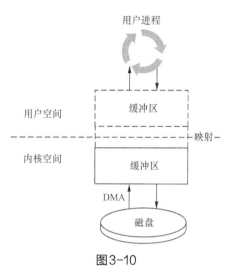

图3-10

```go
func NewDirReader(dir string,pool chunkenc.Pool)(*Reader,error){
    // sequenceFiles() 函数会读取指定chunks文件夹中的分段文件并按照文件名进行排序，这里不再展开
    // 介绍其具体实现，感兴趣的读者可以参考其源码进行学习
    files,err := sequenceFiles(dir)
    if pool == nil { // 初始化Chunk池
      pool = chunkenc.NewPool()
    }

    var bs []ByteSlice
    var cs []io.Closer
    for _,fn := range files {
        f,err := fileutil.OpenMmapFile(fn)// 通过mmap系统调用将当前整个segment文件映射到内存
        cs = append(cs,f)// 将映射得到的MmapFile实例追加到cs切片中
        bs = append(bs,realByteSlice(f.Bytes()))// 将segment文件映射到bs切片中
    }
    return newReader(bs,cs,pool)// 其中完成文件头的校验以及Reader实例的创建
}
```

下面再来看Reader.Chunk( )方法，该方法会根据传入的ref参数在当前chunks目录中查找对应Chunk数据的位置，然后从Chunk池中获取一个空闲Chunk实例，最后从文件中读取时序数据填充到Chunk实例中，并将其返回。Chunk( )方法的具体实现如下。

```go
func(s *Reader)Chunk(ref uint64)(chunkenc.Chunk,error){
    var(
        seq = int(ref >> 32)// 从ref参数的高32位中获取对应Chunk所在的segment文件编号
```

```
        // 从ref参数的低32位中获取Chunk在该segment文件中的字节偏移量
        off = int((ref << 32)>> 32)
)
    // 检测seq编号是否合法，即检测seq编号是否大于chunks目录中的最大编号（略）
    b := s.bs[seq]
    // 查找到正确的segment文件之后，检测off偏移量是否合法，即检测off偏移量是否超过了
    // 该segment文件的大小（略）
    // 确定该Chunk所在的segment文件以及其在segment文件中的偏移量之后，下面会读取Chunk在文件
    // 中所占的字节数
    r := b.Range(off,off+binary.MaxVarintLen32)
    l,n := binary.Uvarint(r)
    if n <= 0 {
        return nil,errors.Errorf("reading chunk length failed with %d",n)
    }
    r = b.Range(off+n,off+n+int(l))// 获取ref对应的时序数据
    // 从Chunk池中获取一个空闲的Chunk实例，并将Encoding方式以及时序数据填充进去
    return s.pool.Get(chunkenc.Encoding(r[0]),r[1:1+l])
}
```

最后，Reader.Close()方法会关闭当前 Reader 实例底层涉及的全部 segment 文件，其实现比较简单，这里不再展开分析，感兴趣的读者可以参考其代码进行学习。

3.3 Label组件

在前面介绍基本概念的时候提到，Prometheus 通过一组 Label 可以确定一条时序，如果再加上 timestamp 就可以确定该时序中的一个点。Prometheus 中的每个 Label 都是一个 Key/Value 组合。

在 Prometheus TSDB 中使用 Label 结构体来抽象一对 Label Name 和 Label Value，其具体定义如下。

```
type Label struct {
    Name,Value string // 这两个字段分别记录了Label Name和Label Value的值
}
```

另外，Prometheus TSDB 还为 []Label 定义了一个类型别名——Labels，用于表示一条时序中包含的多个 Label，在 Labels 中的 Label 实例是按序存储的。Labels 中提供了很多辅助方法，这些辅助方法的实现都不复杂。由于篇幅限制，因此这里只简单介绍这些方法的功能。

- Len()、Less()、Swap()方法：Labels实现了sort.Interface接口，可以对其内部的Label进行排序，其中Less()方法只比较两个Label元素的Name值，其Value值并不参与比较。

- Compare()函数：该函数完成两个Labels实例的比较，在比较两个Labels时，会逐个对比其中Label实例的Name值和Value值。

- String()方法：Labels实现了Stringer接口，支持以格式化的形式输出其中全部Label的Name以及Value。

- Get()方法：Labels可以根据指定的Name值查找对应Label的Value值。

- Map()方法：Labels可以通过该方法将其中存储的Label元素转换成map返回，该map中的key是Label的Name值，value是Label的Value值。

- FromMap()方法：该方法可以将传入的map转化Labels实例，其中的每个Label实例就是map中的一对Key/Value。

了解了Label、Labels的定义以及相关方法之后，下面介绍Matcher接口，它主要用于匹配时序中指定Label的Value值，从而实现过滤时序数据的功能。Matcher接口的定义如下。

```
type Matcher interface {
    Name()string // 当前Matcher用来匹配哪个Label Value
    Matches(v string)bool // 检测传入的Label Value值是否符合当前Matcher的规则
}
```

PrometheusTSDB提供的Matcher接口有4个实现，如图3-11所示，下面将逐个介绍它们的功能和实现。

EqualMatcher结构体的定义如下，其中name字段指定了EqualMatcher实例需要匹配的Label Name值，value字段则指定了需要匹配的Label Value值。

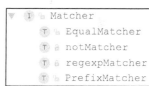

图3-11

```
type EqualMatcher struct {
    name,value string
}
```

例如，创建了一个EqualMatcher实例，其name字段为n_1，value字段为v_1，则该EqualMatcher实例可以匹配所有包含$\{n_1=v_1\}$这个Label的时序。

regexpMatcher结构体的定义如下，其中name字段的含义与EqualMatcher相同，re字段则指定了时序数据中对应 Label Value 的规则，只有 Label Value 值符合该正则表达式，时序才能匹配成功。

```
type regexpMatcher struct {
  name string
  re   *regexp.Regexp
}
```

PrefixMatcher 结构体的定义如下，其中 name 字段同样指定了时序中 Label Name 的值，prefix 字段则指定了时序数据中对应 Label Value 的前缀，只有 Label Value 值包含该前缀，时序才能匹配成功。

```
type PrefixMatcher struct {
  name,prefix string
}
```

注意，notMatcher 结构体中可以封装另外一个 Matcher 实例，从而实现"非"逻辑。

最后，Prometheus 存储层为 []Matcher 定义了一个类型别名——Selector，用于表示多个 Matcher 的组合，并且 Selector 提供了一个 Matches() 方法用于过滤时序数据，具体实现如下。

```
type Selector []Matcher // Selector定义

func(s Selector)Matches(labels Labels)bool { // Labels
  for _,m := range s { // 根据Label Name获取Label Value并使用Matcher进行匹配，
                       // 当通过全部Matcher的匹配之后，返回true，否则返回false
    if v := labels.Get(m.Name()); !m.Matches(v){
      return false
    }
  }
  return true
}
```

3.4 索引

在 3.3 节详细分析了 Label 相关组件的实现细节，为了加快 Label 以及时序的查询，Prometheus 为 Label 建立了索引，本节将详细介绍 Prometheus 索引文件的相关实现。这里需要读者自行回顾一下前面对 Prometheus 存储层目录结构的介绍，其中提到每个 block 目录下都有一个 index 文件，它为当前 block 目录中涉及的所有 Label 以及时序建立了索引。

3.4.1 index文件格式

首先要来介绍的是Prometheus TSDB中index文件的整体结构，如图3-12所示，下面将详细介绍每一部分的作用。

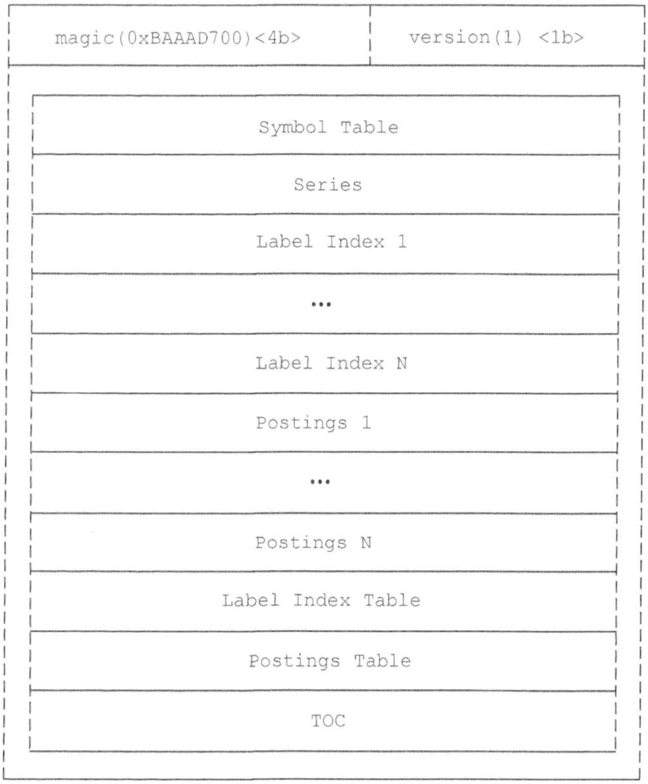

```
┌──────────────────────────────┬──────────────────────────┐
│   magic(0xBAAAD700)<4b>       │   version(1) <1b>        │
├──────────────────────────────┴──────────────────────────┤
│                       Symbol Table                       │
├──────────────────────────────────────────────────────────┤
│                          Series                          │
├──────────────────────────────────────────────────────────┤
│                      Label Index 1                       │
├──────────────────────────────────────────────────────────┤
│                           ...                            │
├──────────────────────────────────────────────────────────┤
│                      Label Index N                       │
├──────────────────────────────────────────────────────────┤
│                        Postings 1                        │
├──────────────────────────────────────────────────────────┤
│                           ...                            │
├──────────────────────────────────────────────────────────┤
│                        Postings N                        │
├──────────────────────────────────────────────────────────┤
│                    Label Index Table                     │
├──────────────────────────────────────────────────────────┤
│                      Postings Table                      │
├──────────────────────────────────────────────────────────┤
│                           TOC                            │
└──────────────────────────────────────────────────────────┘
```

图3-12

index文件最开始是4byte的固定文件头（默认是0xBAAAD700），即图3-12展示的magic部分，然后是占1byte的版本号。

index文件中剩余部分的记录方式一般是，先记录该部分所占的字节长度，然后才是该部分真正的内容，最后记录该部分对应的CRC32校验码。但是，TOC部分除外，因为TOC部分的长度是固定的，无须再记录其长度。

1. Symbol Table

文件头和版本号之后，index文件中的第三部分是Symbol Table，其中记录了该block涉及的所有Label的字符串，包括Label Name和Label Value字符串，这些字符串会按字典序进行排列。在该 index 文件后续的其他部分，若需要使用某个字符串，可以通过 Symbol Table 中的编号进行引用，而不是复制整个字符串的内容，这有效地减小了整个 index 文件的容量。

下面展开 Symbol Table 的结构进行详细介绍。正如前面提到的那样，index 文件会使用 4byte 记录整个 Symbol Table 的长度（图 3-13 中的 len 部分），然后记录 Symbol Table 部分的真正数据以及对应的 CRC32 校验码。

在向 Symbol Table 写入字符串信息之前，会先使用 4byte 记录后续字符串的个数（图 3-13 中的 symbols 部分）。在开始写入某个字符串信息的时候，首先要记录该字符串的长度，然后以 UTF-8 的编码方式记录字符串，在该 index 文件后续要使用某个字符串时，只需使用该字符串对应的下标即可。

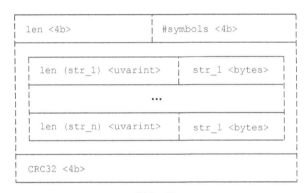

图 3-13

2. Series

index 文件中的第四部分是 Series，其中主要记录了当前 block 目录下涉及的所有时序信息，每个条目（entry）对应一条时序信息，这些时序信息是按照 Labels 进行排序的，如图 3-14 所示。注意，其中的每条时序信息都是按照 16 字节进行对齐的，如果写入一条时序信息之后未对齐，则会进行相应的填充，使其满足 16 字节对齐的条件。

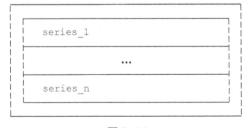

图 3-14

在 Series 部分存储某一时序时，如图 3-15 所示，首先会记录该时序包含的 Label 个数，然后才是具体的 Label 信息，这里的 Label 并没有记录 Label Name 和 Label Value 对应的真正字符串信息，而是通过下标引用 Symbol Table 中记录的字符串。

之后，还会记录该时序对应的Chunk个数，以及这些Chunk的时间信息和Ref信息。需要注意的是，这里并不是直接记录每个Chunk的MinTime、MaxTime以及Ref字段，而是使用差值的方式进行记录——在记录第一个Chunk时，其MinTime和Ref字段会被直接记录（对应图3-15中的c_0的mint和ref部分），而其MaxTime信息则以差值的方式进行记录（对应图3-15中的$c\_0.maxt - c\_0.mint$部分）；在记录第二个以及后续Chunk信息的时候，其MinTime、MaxTime信息和Ref信息都会以差值的方式进行记录［分别对应图3-15中的$c\_i.mint - c\_{i-1}.maxt$、$c\_i.maxt - c\_i.mint$以及$ref(c\_i.data) - ref(c\_{i-1}.data)$］。

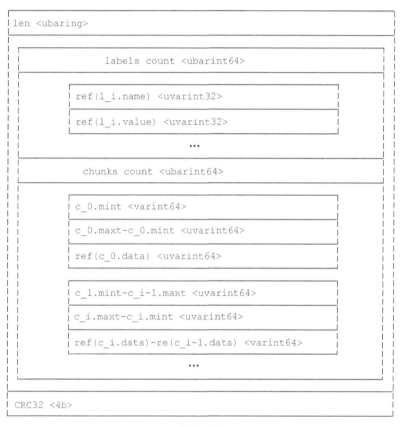

图3-15

Series部分的时序是按照其Labels进行排序的，一条时序中的Label也是按照字母序进行排列的。在后续查询时序数据的时候，可以直接通过Series部分进行过滤（主要是过滤Label以及Chunk的时间范围）。

3. Label Index

index文件中的第五部分是Label Index，主要记录Label Name与Label Value之间的

映射关系。一个index文件中会有多个Label Index，每个Label Index都记录了一个Label Name到其所有关联Label Value的映射。Label Index的格式如图3-16所示。

```
| len <4b>        | #names <4b>    | #entries <4b>   |
|-------------------------------------------------------|
|  | ref(value_0) <4b>                              |  |
|  | ...                                            |  |
|  | ref(value_n) <4b>                              |  |
|                        ...                           |
| CRC32 <4b>                                           |
```

图3-16

在图3-16中，names部分记录了Label Name的个数（在后面介绍具体代码实现时会看到，该值一般情况下为1），占用了4byte，紧接着使用4byte记录该Label Name对应Label Value的个数，接下来才真正记录该Label Name对应的Label Value信息。这里也是通过Symbol Table中的下标引用涉及的Label Value字符串，每个Label Index中记录的Label Value都是按照字典序排列的。注意，在Label Index部分没有记录Label Name字符串或是其引用，那Prometheus如何根据Label Name查找Label Value呢？后面在介绍Offset Table部分时再进行说明。

4. Postings

index文件中的第六部分是Postings，其中主要了记录了Label与时序之间的映射关系。在一个index文件中一般会有多个Postings部分，每个Postings的格式如图3-17所示。首先Postings会用于记录其涉及的时序个数（图3-17中的entries部分），接下来会通过Series部分的编号引用相应的时序，即图3-17中的ref(series_1)等部分。

```
| len <4b>              | #entries <4b>        |
|-----------------------------------------------|
|  | ref(series_1) <4b>                        |
|  | ...                                        |
|  | ref(series_n) <4b>                        |
| CRC32 <4b>                                    |
```

图3-17

5. Offset Table

index 文件中的第五部分是 Offset Table，分为 Label Index Table 和 Postings Table，其中 Label Index Table 记录了 Label Name 与 Label Index 之间的映射关系，Postings Table 记录了 Label 与 Postings 之间的映射关系。Prometheus 存储层后续在读取过程中可以通过该映射关系查找前面介绍的 Label Index 和 Postings 信息。Offset Table 部分的结构如图 3-18 所示。

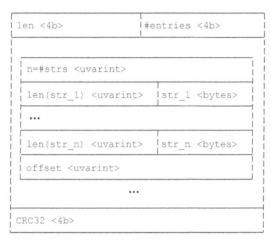

图 3-18

6. TOC

index 文件的最后一部分为 TOC，其中记录了 index 文件中上述各个部分的入口（相对于 index 文件起始位置的偏移量）。当某个入口值为 0 时，表示该 index 文件不包含这部分内容，TOC 部分的格式如图 3-19 所示。

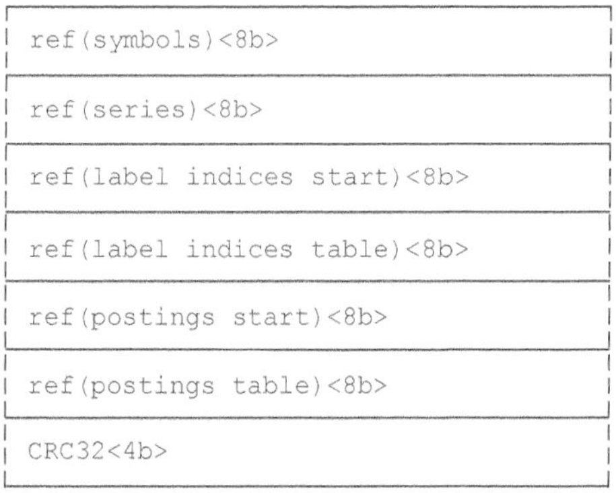

```
ref(symbols)<8b>
ref(series)<8b>
ref(label indices start)<8b>
ref(label indices table)<8b>
ref(postings start)<8b>
ref(postings table)<8b>
CRC32<4b>
```

图 3-19

index 文件的大致格式以及 index 文件各部分的功能至此就介绍完了，下面将会详细分析 Prometheus TSDB 如何读写 index 文件。

3.4.2   encbuf 与 decbuf

Prometheus TSDB 在读写 index 文件时会使用 encbuf 和 decbuf 这两个基础组件，从名字上也能看出来，encbuf 是负责将指定的数据序列化成 byte 数据，而 decbuf 则是负责将 byte 数据反序列化成相应实例。

encbuf 结构体的核心字段如下。

- b（[]byte 类型）：用于缓存序列化之后的数据。

- c（[binary.MaxVarintLen64]byte 类型）：该字段是一个可重用的缓冲区，在写入整数时，会先将整数转换成 []byte 记录到该字段中，然后再将其写入 b 字段。

encbuf 提供了多个 put*() 方法，如图 3-20 所示，这里以 putBE32() 方法为例进行介绍，其他 put*() 方法的实现与其基本类似。

```
func(e *encbuf)putBE32(x uint32){
    // 将传入的整数值序列化成 byte 值并写入可重用的缓冲区（c 字段）
    binary.BigEndian.PutUint32(e.c[:],x)
    // 将序列化得到的 4byte 追加到 b 字段中
    e.b = append(e.b,e.c[:4]...)
}
```

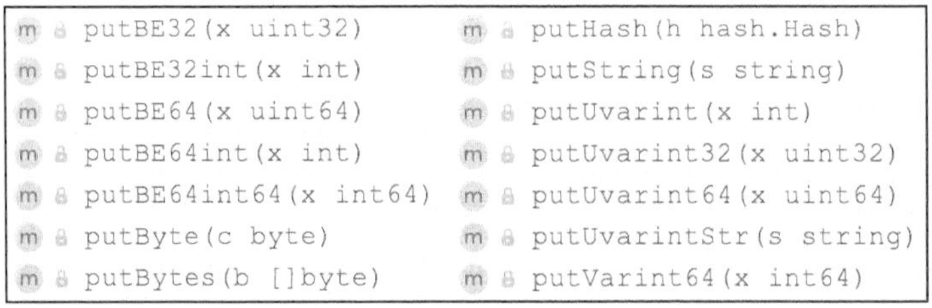

m 🔒 putBE32(x uint32)	m 🔒 putHash(h hash.Hash)
m 🔒 putBE32int(x int)	m 🔒 putString(s string)
m 🔒 putBE64(x uint64)	m 🔒 putUvarint(x int)
m 🔒 putBE64int(x int)	m 🔒 putUvarint32(x uint32)
m 🔒 putBE64int64(x int64)	m 🔒 putUvarint64(x uint64)
m 🔒 putByte(c byte)	m 🔒 putUvarintStr(s string)
m 🔒 putBytes(b []byte)	m 🔒 putVarint64(x int64)

图 3-20

decbuf 结构体中只包含一个 byte 切片（字段 b），用于保存待反序列化的 byte 数据。decbuf 中提供了多个反序列化的方法，这些方法与 encbuf 提供的 put*() 方法正好相反，如图 3-21 所示。

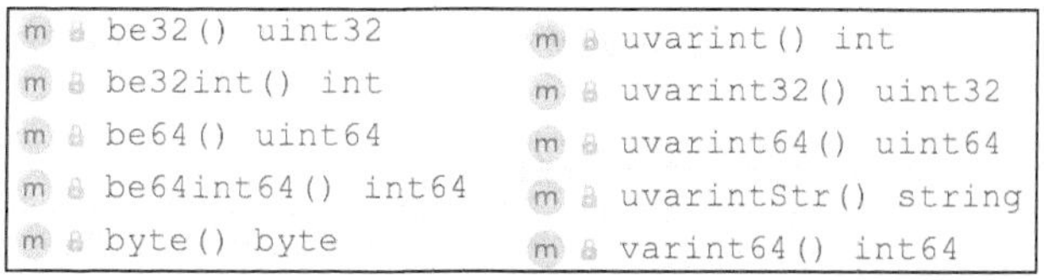

图3-21

这里以be32()方法为例进行分析，其他方法的实现与其基本类似。

```
func(d *decbuf)be32()uint32 {
    // 检测当前decbuf实例在之前反序列化过程中是否出现过异常（略）
    if len(d.b)< 4 { // 可读字节数不足4个，则无法读取uint32类型的整数
        d.e = errInvalidSize
        return 0
    }
    x := binary.BigEndian.Uint32(d.b)// 读取uint32
    d.b = d.b[4:] // 更新字段b，清理已读取的部分
    return x
}
```

介绍完与index文件序列化/反序列化相关的基础组件之后，再来看一下Prometheus TSDB对index文件各部分的抽象。indexWriterSeries结构体是对Series部分的抽象，可以唯一确定一条时序，其核心字段如下。

- labels（labels.Labels类型）：该时序关联的Label集合。

- chunks（[]chunks.Meta类型）：该时序在当前block目录下关联的Chunk信息。

- offset（uint32类型）：该时序在index文件中的ID，即该indexWriterSeries被写入index文件之后，相对于index文件起始位置的字节偏移量。

另外，Prometheus TSDB还为 []*indexWriterSeries定义了一个类型别名——index WriterSeriesSlice，它实现了sort.Interface接口，会按照其中indexWriterSeries元素的lables字段进行排序。

indexTOC结构体是对index文件中TOC部分的抽象，它记录了index文件中各个部分相对于文件起始位置的字节偏移量，其定义如下。

- symbols（uint64类型）：Symbol Table的起始位置。

- series（uint64类型）：Series部分的起始位置。

- labelIndices（uint64类型）：Label Index部分的起始位置。

- labelIndicesTable（uint64类型）：Label Index Table 部分的起始位置。

- postings（uint64类型）：Postings 部分的起始位置。

- postingsTable（uint64类型）：postings Table 部分的起始位置。

3.4.3 index写入详解

IndexWriter 接口中定义了与 Prometheus TSDB 写入一个完整的 index 文件相关的所有方法，如下所示。在通过 IndexWriter 接口的实现写入 index 文件时，必须按照 IndexWriter 接口定义的顺序依次调用其中的写入方法，才能正确写入相应部分的数据，得到一个合法的 index 文件。

```
type IndexWriter interface {
    // AddSymbols() 方法负责写入index文件中的 Symbol Table 部分，参数为写入的字符串集合
    AddSymbols(sym map[string]struct{})error

    // AddSeries() 方法负责写入 Series 部分的内容
    AddSeries(ref uint64,l labels.Labels,chunks ...chunks.Meta)error

    // WriteLabelIndex() 方法负责写入 Label Index 部分的内容
    WriteLabelIndex(names []string,values []string)error

    // WritePostings() 方法负责写入 Postings 部分的内容
    WritePostings(name,value string,it index.Postings)errorx`

    Close()error // 将前面写入的内容更新到磁盘中，并关闭 index 文件
}
```

index.Writer 结构体继承了 IndexWriter 接口，其核心字段的含义如下。

- f（*os.File类型）：底层的 index 文件。

- fbuf（*bufio.Writer类型）：向底层 index 文件写入数据的 bufio.Writer，它自带缓冲区。

- pos（uint64类型）：记录了当前 index 文件已写入的字节数。

- toc（indexTOC类型）：关联的 indexTOC 实例。

- stage（indexWriterStage类型）：在写入 index 文件时需要按照 IndexWriter 接口

定义的顺序执行多个步骤。indexWriterStage 是 uint8 的类型别名，其功能类似于一个枚举，定义了各个步骤以及这些步骤的顺序，依次为 idxStageNone、idxStageSymbols、idxStageSeries、idxStageLabelIndex、idxStagePostings 和 idxStageDone。stage 字段就是用来控制当前 Writer 实例应该执行哪个写入操作的。

- buf1、buf2（encbuf 类型）：buf1 和 buf2 是两个可重用的缓冲区，在后面的介绍中会看到这两个缓冲区如何配合工作，完成 index 文件各个部分的写入。

- uint32s（[]uint32 类型）：在写入 Postings 部分的时候，用于暂存时序的编号。

- symbols（map[string]uint32 类型）：记录 Symbol Table 中各个字符串的引用（symbol reference），即该字符串在 Symbol Table 部分的下标（注意，symbol reference 不是该字符串相对于 index 文件起始的字节偏移量，读者可以结合后面对 AddSymbols() 方法的分析，理解 symbol reference 的含义）。

- seriesOffsets（map[uint64]uint64 类型）：记录每条 Series 的起始位置（16 字节对齐之后），其中的 key 是每个 Series 在 index 文件的下标，value 则是该 Series 起始位置在 index 文件中的字节偏移量，在后面介绍 AddSeries() 方法时会看到该字段的具体作用

- labelIndexes（[]hashEntry 类型）：记录每个 Label Name 及其对应的 Label Index 的起始位置。

- postings（[]hashEntry 类型）：记录每个 Label 以及对应 Postings 的起始位置。

- lastSeries（labels.Labels 类型）：记录当前 index 文件中写入的最后一条时序的 Label 集合，该字段主要在 AddSeries() 方法中使用，主要目的是保证写入的时序是有序的。

- crc32（hash.Hash 类型）：复用的 CRC32 循环校验码。

- Version（int 类型）：版本信息。

1. 初始化

接下来看 Writer 实例的初始化过程——NewWriter() 函数。该函数首先会删除指定 block 目录下的同名 index 文件，然后创建新的 index 文件并获取操作该文件的权限，之后会创建 Writer 实例并写入文件头信息以及版本号信息。NewWriter() 函数的具体实现如下。

```
func NewWriter(fn string)(*Writer,error){
   dir := filepath.Dir(fn)// 获取index文件的目录
   df,err := fileutil.OpenDir(dir)// 打开该目录
   defer df.Close()// 在函数退出时关闭该目录
   if err := os.RemoveAll(fn); ... // 删除已有的同名index文件,省略错误处理代码

   // 新建index文件并通过权限打开该index文件
   f,err := os.OpenFile(fn,os.O_CREATE|os.O_WRONLY,0666)
   if err := fileutil.Fsync(df); ... // 将前面的文件操作更新到磁盘,省略错误处理代码

   iw := &Writer{ // 初始化Writer
     f: f,// index文件
     fbuf: bufio.NewWriterSize(f,1<<22),// 带缓冲区的Writer
     pos: 0,// 当前index文件已写入的字节数
     stage: idxStageNone,// 将stage字段初始化为idxStageNone
     buf1: encbuf{b: make([]byte,0,1<<22)},// 初始化buf1和buf2两个缓冲区
     buf2: encbuf{b: make([]byte,0,1<<22)},
     uint32s: make([]uint32,0,1<<15),// 初始化uint32s

     // 初始化symbols、seriesOffsets和crc32字段
     symbols: make(map[string]uint32,1<<13),
     seriesOffsets: make(map[uint64]uint64,1<<16),
     crc32: newCRC32(),
   }
   if err := iw.writeMeta(); ... // 写入文件头,其中包括Magic和Version信息
   return iw,nil
}
```

在 Writer.writeMeta( )方法中完成了写入 Magic 文件头以及 Version 信息的功能,其中还会更新 pos 字段值用于记录 index 文件已写入的字节数,大致实现如下。

```
func(w *Writer)writeMeta()error {
   w.buf1.reset()// 清空buf1缓冲区
   w.buf1.putBE32(MagicIndex)// 向buf1中写入Magic和Version信息,目前默认的Version为2
   w.buf1.putByte(indexFormatV2)
   return w.write(w.buf1.get())// 将buf1缓冲区中的数据写入index文件
}
```

在 Writer.write( )方法中会将传入的数据(buf1 和 buf2 缓冲区中的数据)写入 index 文件中,同时还会更新 pos 字段并检测当前 index 文件大小,具体实现如下。

```
func(w *Writer)write(bufs ...[]byte)error {
   for _,b := range bufs {
```

```
    n,err := w.fbuf.Write(b)// 调用 bufio.Writer.Write() 方法将 []byte 写入到 index 文件
    w.pos += uint64(n)// 更新已写入字节数
    if w.pos > 16*math.MaxUint32 { // 检测 index 文件的大小，超过 64G 则抛出异常
        return errors.Errorf("exceeding max size of 64GiB")
    }
  }
  return nil
}
```

2. 写入 Symbols Table

完成 Writer 实例以及 index 文件的初始化之后，Prometheus TSDB 会通过 Writer.AddSymbols() 方法向 index 文件写入 Symbol Table 部分的数据，其大致步骤如下。

步骤 1. 调用 ensureStage() 方法以更新 Writer.stage 字段，推进写入 index 文件的流程。

步骤 2. 将传入的 sym 参数（map[string]struct{} 类型）转换成 string 集合（symbols 变量），并进行排序。

步骤 3. 在 buf2 缓冲区中记录待写入字符串的个数，然后开始记录每个字符串对应的信息。记录每个待写入的字符串的长度以及具体的字符串内容，buf2 缓冲区的格式大致如图 3-22 所示。

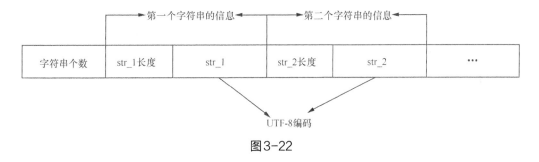

图 3-22

将字符串写入 buf2 缓冲区的同时，在 Writer.symbols 字段中记录每个字符串在 string 集合的下标位置，在后面的写入步骤中会使用到该字段。

● 完成 buf2 缓冲区的写入之后，会将 buf2 缓冲区的总长度记录到 buf1 缓冲区中。

● 计算 buf2 中已有数据的 CRC32 校验码，并写入 buf2 缓冲区中。

● 最后，将 buf1 和 buf2 依次写入 index 文件中。

通过对 Writer.AddSymbols（）方法执行步骤的介绍可以看出，其写入的格式与前面对 index 文件中 Symbol Table 部分格式的介绍是完全一致的。AddSymbols（）方法具体实现如下。

```
func(w *Writer)AddSymbols(sym map[string]struct{})error {
    // 通过ensureStage()方法推进当前所处的写入步骤,省略错误处理的代码
    if err := w.ensureStage(idxStageSymbols); ...
    // 创建一个有序的[]string切片,写入Symbol Table的字符串会被记录到其中
    symbols := make([]string,0,len(sym))
    for s := range sym { // 将sym参数中的字符串写入symbols切片中
        symbols = append(symbols,s)
    }
    sort.Strings(symbols)// 对symbols中的字符串进行排序
    w.buf1.reset()// 清空buf1和buf2两个缓冲区
    w.buf2.reset()
    w.buf2.putBE32int(len(symbols))// 向buf2缓冲区中记录字符串的个数
    // symbols字段是一个map,其中的key是待写入的字符串,value则是对应字符串的下标索引
    w.symbols = make(map[string]uint32,len(symbols))
    for index,s := range symbols {
        w.symbols[s] = uint32(index)// 在symbols字段中记录字符串对应的下标索引
        // 向buf2中写入该字符串信息,其中包含字符串长度以及UTF-8编码之后的字符串
        w.buf2.putUvarintStr(s)
    }
    // 向buf1中写入buf2当前字节的长度,即前面写入的字符串个数信息以及字符串信息的长度
    w.buf1.putBE32int(w.buf2.len())
    w.buf2.putHash(w.crc32)// 最后向buf2中写入CRC32循环校验码

    // 调用write()方法将buf1和buf2写入index文件中,其实前面已经详细分析过了,这里不再赘述
    err := w.write(w.buf1.get(),w.buf2.get())
    return errors.Wrap(err,"write symbols")
}
```

正如 AddSymbols（）方法的实现，index 文件在开始写入某一部分数据之前，都会调用 ensureStage（）方法。ensureStage（）方法不仅会推进 stage 字段的切换，同时还会更新 indexTOC 的相应字段，记录 index 文件中该部分内容的起始位置，具体实现如下。

```
func(w *Writer)ensureStage(s indexWriterStage)error {
    // 检测当前stage字段与指定的indexWriterStage是否相同,若相同,则可以直接返回(略)
    // 比较传入的indexWriterStage参数与当前的stage字段,如果要执行stage字段之前的步骤,
    // 则抛出异常(略)
    switch s { // 根据当前要执行的步骤,在indexTOC中记录对应部分的起始字节偏移量
    case idxStageSymbols:
```

```
            w.toc.symbols = w.pos // 记录Symbol Table部分的起始位置的字节偏移量
        case idxStageSeries:
            w.toc.series = w.pos  // 记录Series部分的起始位置的字节偏移量
        case idxStageLabelIndex:
            w.toc.labelIndices = w.pos // 记录Label Index部分的起始位置的字节偏移量
        case idxStagePostings:
            w.toc.postings = w.pos // 记录Postings部分的起始位置的字节偏移量
        case idxStageDone:
            // 完成前面所有的写入步骤之后，就执行到idxStageDone步骤，其中会写入Offset Table(包括
            // Label Index Table和Postings Table两部分)以及indexToc的内容，这部分代码在后面详细
            // 分析，这里暂时省略
            ......
        }
        w.stage = s // 更新stage字段值，推进写入流程
        return nil
}
```

3. 写入Series

完成Symbol Table部分的写入之后，下面开始写入index文件中的Series部分。时序信息的写入是由Writer.AddSeries()方法完成的。在补充index文件内容时，会循环调用AddSeries()方法写入该block目录下所有的时序信息。这里先来简单说明一下AddSeries()方法的参数含义。

- ref(uint64类型)：此次写入的Series的下标，表示写入的是当前block的第几个时序。

- lset(labels.Labels类型)：此次写入时序对应的Label集合。

- chunks(...chunks.Meta类型)：此次写入时序关联的Chunk信息，注意，其中的Chunk是有序的。

Writer.AddSeries()方法的大致执行步骤如下。

步骤1. 在第一次写入Series部分的时候，需要调用ensureStage()方法推进stage状态，并记录Series部分的起始位置，其实现在前面已经详细分析过，这里不再展开分析。

步骤2. 进行一系列的检测操作。

- 比较当前写入时序的Label集合与上次写入时序的Label集合，保证写入的

时序信息是有序的，如果出现乱序，则返回异常。

- 检测 seriesOffsets 集合中是否已经记录了相应的 Series，如果已有了对应的时序，则表示重复该时序的信息会返回相应的异常。

- 检测当前 Series 的写入位置（pos 字段）是否是 16 字节对齐的，如果不是，则需要添加填充字节，直至满足 16 字节对齐。

步骤 3. 完成上述检测之后，正式开始写入该时序的相关信息。首先在 seriesOffsets 字段记录该 Series 的下标与偏移量的映射关系，然后将该时序关联 Label 的个数写入 buf2 缓冲区中，之后将每个 Label 涉及的字符串信息写入 buf2 缓冲区中。注意，Label Name 和 Label Value 涉及的字符串都会记录该字符串在 Symbol Table 中的下标索引，而不是字符串原始值。

步骤 4. 接下来，将时序在该 block 目录下关联的 Chunk 个数写入 buf2 缓冲区中，并将 Chunk 的相关信息写入 buf2 缓冲区，在写入 Chunk 信息时的规则如下。

- 在记录第一个 Chunk 时，其 MinTime 和 Ref 字段会被完整地写入 buf2 缓冲区中。

- 为了减少空间的占用，第一个 Chunk 的 MaxTime 会以差值的方式记录，即记录 Chunk.MaxTime − Chunk.MinTime 的差值。

- 在记录第二个以及后续的 Chunk 时，其 MinTime、MaxTime 以及 Ref 信息也会以差值的方式记录，其中 MinTime 是以 $Chunk_i.MinTime − Chunk_{i-1}.MaxTime$ 差值的方式记录，MaxTime 是以 $Chunk_i.MaxTime − Chunk_i.MinTime$ 差值的方式记录，Ref 是以 $Chunk_i.Ref − Chunk_i.Ref$ 差值的方式记录。

步骤 5. 统计当前 buf2 缓冲区中已写入的字节数并记录到 buf1 缓冲区，之后计算 buf2 缓冲区中已有数据的 CRC32 校验码，并将其追加到 buf2 缓冲区中。

步骤 6. 依次将 buf1 缓冲区和 buf2 缓冲区写入 index 文件中。

步骤 7. 更新 Writer.lastSeries 字段，记录当前时序的 Labels 集合，为下次写入做准备。

下面来看 Writer.AddSeries() 方法的具体代码分析。

```
func(w *Writer)AddSeries(ref uint64,lset labels.Labels,chunks ...chunks.Meta)error {
    // 在第一次写入Series部分的时候，需要调用ensureStage()方法推进stage状态，并记录Series
    // 部分的起始偏移量
```

```
if err := w.ensureStage(idxStageSeries); err != nil ...
// 比较当前时序的Lable集合与上一个时序的Lable集合，保证写入的时序信息是有序的，
// 如果出现乱序，则返回异常
if labels.Compare(lset,w.lastSeries)<= 0 ...
// 检测ref下标对应的时序是否已经被写入，如果重复写入，则会返回异常
if _,ok := w.seriesOffsets[ref]; ok ...
// 添加填充字符，保证当前写入的Series的起始偏移量是16字节对齐的
if err := w.addPadding(16); err != nil ...
// 通过pos字段检测当前是否为16字节对齐，如果不是，则返回异常
if w.pos%16 != 0 ...
w.seriesOffsets[ref] = w.pos / 16 // 记录当前Series的下标与其起始偏移量的映射关系
w.buf2.reset()// 清空buf2缓冲区，开始当前Series的写入
w.buf2.putUvarint(len(lset))// 首先记录该时序Lable集合的长度，即Lable个数

for _,l := range lset { // 遍历该时序所有的Lable，并将其写入buf2缓冲区
    // 获取Lable Name字符串在Symbol Table中的下标索引，并将其写入
    // buf2缓冲区中
    index,ok := w.symbols[l.Name]
    w.buf2.putUvarint32(index)
    // 获取Lable Value字符串在Symbol Table中的下标索引，并将其写入
    // buf2缓冲区中
    index,ok = w.symbols[l.Value]
    w.buf2.putUvarint32(index)
}
w.buf2.putUvarint(len(chunks))// 写入该Series在当前block下的Chunk个数
if len(chunks)> 0 { // 下面开始写入该Series对应Chunk的信息
    c := chunks[0] // 写入第一个Chunk的信息
    w.buf2.putVarint64(c.MinTime)// 将第一个Chunk的MinTime字段完整写入buf2中
    // 计算MaxTime与MinTime的差值并写入buf2缓冲区中
    w.buf2.putUvarint64(uint64(c.MaxTime - c.MinTime))
    w.buf2.putUvarint64(c.Ref)// 将第一个Chunk的Ref字段完整写入buf2中
    // 在后续写入Chunk的过程中,t0和ref0用于记录上一个写入的Chunk的MaxTime和Ref字段
    t0 := c.MaxTime
    ref0 := int64(c.Ref)

    for _,c := range chunks[1:] { // 下面开始循环写入第二个以及之后的Chunk信息
        // 计算当前Chunk.MinTime与上一个Chunk.MaxTime的差值，并写入buf2缓冲区中
        w.buf2.putUvarint64(uint64(c.MinTime - t0))
        // 计算当前Chunk.MaxTime与其MinTime的差值，并写入buf2缓冲区中
        w.buf2.putUvarint64(uint64(c.MaxTime - c.MinTime))
        // 计算当前Chunk.Ref与前一个Chunk.Ref字段的差值，并写入buf2缓冲区中
        w.buf2.putVarint64(int64(c.Ref)- ref0)
```

```
        t0 = c.MaxTime // 更新t0和ref0
        ref0 = int64(c.Ref)
    }
}

w.buf1.reset()// 清空buf1缓冲区
w.buf1.putUvarint(w.buf2.len())// 将buf2缓冲区长度记录到buf1缓冲区中
w.buf2.putHash(w.crc32)// 将CRC32校验码写入buf2缓冲区中
// 依次将buf1和buf2缓冲区写入index文件中
if err := w.write(w.buf1.get(),w.buf2.get()); err != nil...
// 更新lastSeries字段，记录该时序对应的Lable集合
w.lastSeries = append(w.lastSeries[:0],lset...)
return nil
}
```

通过对 Writer.AddSeries() 方法逻辑的分析可以看出，其写入的格式与前面对 index 文件中 Series 部分格式的介绍是完全一致的。

4. 写入 Label Index

完成 Series 部分的写入之后，下面开始写入 index 文件中的 Label Index 部分。写入 Label Index 的过程是由 Writer.WriteLabelIndex() 方法完成的，在写入完整的 index 文件时，会循环调用 WriteLabelIndex() 方法，将每条时序中的 Label Name 以及对应的 Label Value 写入 Label Index 部分。这里首先来简单说明一下 WriteLabelIndex() 方法的参数含义。

- names([]string 类型)：该切片中只有一个元素，即此次写入的 Label Name。

- values([]string 类型)：其中记录了所有时序中该 Label Name 对应的所有 Label Value。

Writer.WriteLabelIndex() 方法的大致执行步骤如下。

步骤1. 与前面写入 Symbol Table 以及 Series 部分类似，写入 Label Index 之前也会调用 ensureStage() 方法推进 stage 状态，并记录 Label Index 部分的起始偏移量。

步骤2. 将传入的 Label Value 集合封装成 stringTuples 实例，并对其中的字符串进行排序。stringTuples 结构体是 StringTuples 接口的实现之一，其中维护了一组有序的字符串。StringTuples 接口的其他实现在后面遇到的时候再进行说明。

步骤3. 向 index 文件中添加填充字节，保证该 Label Index 的起始地址是 4 字节对齐。

步骤 4. 向Writer.labelIndexes集合中记录该Label Index的起始偏移量以及对应的Label Name。

步骤 5. 下面真正开始该Label Index的写入，清空buf2缓冲区，并将Label Name和Label Value的个数写入buf2缓冲区。

步骤 6. 遍历传入的Label Value集合，将其中所有字符串的symbol reference记录到buf2缓冲区中。

步骤 7. 将buf2缓冲区的字节长度记录到buf1缓冲区中，向buf2缓冲区中写入CRC32校验码。

步骤 8. 将buf1缓冲区和buf2缓冲区中的数据依次写入index文件中。

下面来看Writer.WriteLabelIndex()方法的具体代码分析。

```go
func(w *Writer)WriteLabelIndex(names []string,values []string)error {
  // 调用ensureStage()方法推进stage状态，并记录Label Index部分的起始位置
  if err := w.ensureStage(idxStageLabelIndex); err != nil ...
  // 创建stringTuples实例
  valt,err := NewStringTuples(values,len(names))
  sort.Sort(valt)// 对应stringTuples中记录的Label Value字符串进行排序
  if err := w.addPadding(4); err != nil ...   // 为保证4字节对齐，需要进行填充
  // 将Label Name以及对应Label Index的起始偏移量记录到Writer.labelIndexes字段中
  w.labelIndexes = append(w.labelIndexes,hashEntry{
    keys:   names,
    offset: w.pos,
  })

  w.buf2.reset()// 清空buf2缓冲区
  w.buf2.putBE32int(len(names))// 记录Label Name的个数
  w.buf2.putBE32int(valt.Len())// 记录Label Value的个数
  for _,v := range valt.s {
    // 获取每个Label Value字符串的symbol reference，并写入buf2缓冲区中
    index,ok := w.symbols[v]
    w.buf2.putBE32(index)
  }
  w.buf1.reset()// 重置buf1缓冲区
  w.buf1.putBE32int(w.buf2.len())// 将buf2缓冲区的长度记录到buf1缓冲区中
  w.buf2.putHash(w.crc32)// 计算CRC32校验码并记录到buf2缓冲区中
  err = w.write(w.buf1.get(),w.buf2.get())// 将buf1和buf2缓冲区依次写入index文件
  return errors.Wrap(err,"write label index")
}
```

5. 写入 Postings

完成 Label Index 部分的写入之后，下面开始写入 index 文件中的 Postings 部分，该过程是由 Writer.WritePostings()方法完成的。在写入 index 文件时会循环调用 WritePostings()方法，将每个 Label 与时序的对应关系写入 Postings 部分。这里首先来简单说明一下 WritePostings()方法的参数含义。

- names(string 类型)：此次写入的 Label Name。

- values(string 类型)：此次写入的 Label Value。

图3-23

- it(Postings 类型)：记录了上述 Label 对应的所有时序编号（series reference，即时序在 Series 部分的编号）。Postings 接口负责记录当前 Label 关联的时序编号，同时提供了 Next()、At() 和 Seek() 等方法用于迭代这些时序编号。Postings 接口有多个实现，如图3-23所示，它们的实现并不复杂，这里就留给读者自行分析。

Writer.WritePostings()方法的大致执行步骤如下。

步骤1. 调用 ensureStage()方法推进 stage 状态，并记录 Postings 部分的起始偏移量。

步骤2. 向 index 文件中添加填充字节，保证该 Postings 的起始地址是4字节对齐。

步骤3. 在 Writer.postings 中记录该 Label 以及对应 Postings 的起始偏移量。

步骤4. 遍历待写入 Postings 中的时序编号，将它们写入 refs 切片中，然后对 refs 切片进行排序。

步骤5. 将 refs 切片长度以及 refs 中的所有时序编号写入 buf2 缓冲区中。

步骤6. 将 buf2 缓冲区的长度写入 buf1 缓冲区中，向 buf2 缓冲区中写入 CRC32 校验码。

步骤7. 将 buf1 缓冲区和 buf2 缓冲区中的数据依次写入 index 文件中。

下面来看 Writer.WritePostings()方法的具体代码分析。

```
func(w *Writer)WritePostings(name,value string,it Postings)error {
    // 调用 ensureStage() 方法推进 stage 状态，并记录 Postings 部分的起始位置
    if err := w.ensureStage(idxStagePostings); err != nil ...
    // 向 index 文件中添加填充字节，保证该 Postings 的起始地址是 4 字节对齐
    if err := w.addPadding(4); err != nil ...
```

```
    // 在Writer.postings字段中记录Label以及对应Postings的起始位置
    w.postings = append(w.postings,hashEntry{
      keys:    []string{name,value},
      offset: w.pos,
    })
    refs := w.uint32s[:0]
    for it.Next(){ // 遍历Postings中的时序编号并将其写入refs切片中
      offset,ok := w.seriesOffsets[it.At()]
      refs = append(refs,uint32(offset))
    }
    sort.Sort(uint32slice(refs))// 对refs进行排序
    w.buf2.reset()// 清空buf2缓冲区
    w.buf2.putBE32int(len(refs))// 将refs的长度以及其内容写入buf2缓冲区中
    for _,r := range refs {
      w.buf2.putBE32(r)
    }
    w.uint32s = refs
    w.buf1.reset()// 清空buf1缓冲区
    w.buf1.putBE32int(w.buf2.len())// 将buf2缓冲区的字节长度写入buf1缓冲区中
    w.buf2.putHash(w.crc32)// 向buf2缓冲区中写入CRC32校验码
    err := w.write(w.buf1.get(),w.buf2.get())// 将buf1和buf2缓冲区依次写入index文件文件中
    return errors.Wrap(err,"write postings")
  }
```

6. 写入 Offset Table

Postings 部分写入完成之后，就可以继续写入 Offset Table 部分了，此时需要调用 Writer.Close()方法，其中会调用 ensureStage()方法完成 Offset Table 部分以及 indexTOC 部分的写入，并且将写入 index 文件的内容更新到磁盘中。这里涉及 ensureStage()方法中对 idxStageDone 状态的处理，相关的代码片段如下。

```
func(w *Writer)ensureStage(s indexWriterStage)error {
  switch s { // 根据当前的步骤，更新TOC的信息
  ... ... // 前面的步骤已经详细介绍过了，这里不再展开，这里重点来看idxStageDone步骤
  case idxStageDone:
    // 其中会写入Lable Index Table、Postings Table以及indexToc的内容
    w.toc.labelIndicesTable = w.pos // 记录Label Index Table的起始偏移量
    if err := w.writeOffsetTable(w.labelIndexes); err != nil ... // 写入Offset Table
    w.toc.postingsTable = w.pos // 记录Postings Table的起始偏移量
    if err := w.writeOffsetTable(w.postings); err != nil ... // 写入Offset Table
    if err := w.writeTOC(); err != nil ... // 写入indexTOC
  }
```

```
    w.stage = s // 更新stage字段值
    return nil
}
```

现在来看writeOffsetTable()方法是如何完成 Label Index Table 的写入的，在前面介绍 WriteLabelIndex()方法时看到，Writer.labelIndexes 字段中记录了 Label Name 以及 Label Index 起始偏移量之间的映射关系，也就是这里要写入的 Label Index Table 的内容。writeOffsetTable()方法负责将这部分数据持久化。

```
func(w *Writer)writeOffsetTable(entries []hashEntry)error {
    w.buf2.reset()// 清空buf2缓冲区
    w.buf2.putBE32int(len(entries))// 记录Label Index Table中映射关系的个数
    for _,e := range entries {// 将Label Name与对应的Label Index的起始位置写入buf2缓冲区中
        // Label Index Table中的key是Label Name,Postings Table中的key
        // 是Label Name和Label Value组成的切片
        w.buf2.putUvarint(len(e.keys))
        for _,k := range e.keys {
            w.buf2.putUvarintStr(k)
        }
        // Label Index Table中的value是Label Index的字节偏移量,
        // Postings Table中的value是Posting的字节偏移量
        w.buf2.putUvarint64(e.offset)
    }
    // 清空buf1缓冲区,记录buf2缓冲区的长度,之后向buf2缓冲区中追加CRC32校验码（略）
    return w.write(w.buf1.get(),w.buf2.get())// 将buf1、buf2缓冲区依次写入index文件中
}
```

Postings Table 与 Label Index Table 的写入原理，也是由writeOffsetTable()方法完成的。

7. 写入TOC

完成 Label Index Table 和 Postings Table 的写入之后，Writer.Close()方法会调用 writeTOC()方法写入 TOC 部分，具体实现如下。

```
func(w *Writer)writeTOC()error {
    w.buf1.reset()// 清空buf1缓冲区
    w.buf1.putBE64(w.toc.symbols)// 写入Symbol Table部分的起始位置
    w.buf1.putBE64(w.toc.series)// 写入 Series部分的起始位置
    w.buf1.putBE64(w.toc.labelIndices)// 写入Label Index部分的起始位置
    w.buf1.putBE64(w.toc.labelIndicesTable)// 写入Label Index Table部分的起始位置
    w.buf1.putBE64(w.toc.postings)// 写入Postings部分的起始位置
```

```
w.buf1.putBE64(w.toc.postingsTable)// 写入Postings Table部分的起始位置
w.buf1.putHash(w.crc32)// 写入CRC32校验码
return w.write(w.buf1.get())// 将buf1缓冲区中的数据写入index文件
}
```

到此为止，index文件的写入过程就完成了。

3.4.4　index读取详解

IndexReader接口是Prometheus TSDB读取index文件的核心接口，其具体如下。相信读者从IndexReader接口中的方法名就可以得知这些方法读取的具体内容。

```
type IndexReader interface {
    // 该方法会将Symbol Table中的字符串封装成map返回，主要读取index文件中的Symbol Table部分
    Symbols()(map[string]struct{},error)

    // 查找Label Name对应的Label Value集合，主要读取index文件中的Label Index部分
    LabelValues(names ...string)(index.StringTuples,error)

    // 根据传入的Label查询对应的Postings，主要读取index文件的Postings部分
    Postings(name,value string)(index.Postings,error)

    // 根据时序编号，查询对应时序的Label和Chunk元数据，将其分别记录到lset和chks并返回，主要读
    // 取index文件中的Series部分
    Series(ref uint64,lset *labels.Labels,chks *[]chunks.Meta)error

    LabelIndices()([][]string,error)// 获取Label Index中的全部Label
}
```

index.Reader结构体是IndexReader接口的实现之一，其核心字段如下，其中省略了CRC32校验码以及与版本号相关的字段。

- b（ByteSlice类型）：读取index文件时可复用的缓冲区。ByteSlice是一个接口，realByteSlice是其唯一实现，它实际上是[]byte的类型别名。

- toc（indexTOC类型）：用于记录indexTOC部分的读取结果。

- labels（map[string]uint64类型）：用于记录Label Index Table部分的读取结果。

- postings（map[labels.Label]uint64类型）：用于记录Postings Table部分的读取结果。

- symbols（map[uint32]string类型）：用于记录Symbol Table部分的读取结果。

- dec（*Decoder 类型）：Decoder 中封装了 Symbol Table 的数据，并提供了解析 Label Index、Postings、Series 等的相关方法。

1. 初始化

在使用 newReader（）函数创建 Reader 实例的时候，首先会读取 index 文件中 indexTOC 部分的数据，确定其中各个部分的起始位置，然后读取 Symbol Table 部分并缓存到前面介绍的 symbols 字段中，之后会读取 Label Index Table 和 Postings Table 两部分的内容，并分别缓存在 labels 和 postings 字段中。newReader（）函数的大致实现如下。

```
func newReader(b ByteSlice,c io.Closer)(*Reader,error){
  r := &Reader{ ... ... }// 创建Reader实例



  // 检测index文件的magic文件头以及version版本号（略）
  // 调用readTOC()方法读取indexTOC部分的内容，并记录到Reader.toc字段中，省略错误处理的相关
  // 代码
  if err := r.readTOC(); err != nil ...
  // 调用readSymbols()方法读取Symbol Table部分的内容，省略错误处理的相关代码
  if err := r.readSymbols(int(r.toc.symbols)); err != nil ...
  var err error
  // 调用readOffsetTable()方法，读取Label Index Table部分的内容
  err = r.readOffsetTable(r.toc.labelIndicesTable,func(key []string,off uint64){
    // 每读取完Label Index Table中的一条映射关系，就会回调该函数，将该映射关系记录到
    // Reader.labels字段中
    r.labels[key[0]] = off
    return nil
  })
  // 调用readOffsetTable()方法，读取Postings Table部分的内容
  err = r.readOffsetTable(r.toc.postingsTable,func(key []string,off uint64)error {
    // 每读取完Postings Table中的一条映射关系，就会调用该函数，将该映射关系记录到
    // Reader.posting字段中
    r.postings[labels.Label{Name: key[0],Value: key[1]}] = off
    return nil
  })
  r.dec = &Decoder{symbols: r.symbols} // 初始化dec字段，在后续读取过程中详细介绍其中的方法
  return r,nil
}
```

（1）读取 TOC

在前面介绍 index 文件写入实现的时候提到，indexTOC 部分的长度是固定的，在

Reader.readTOC（）方法中会直接从index文件尾部获取6×8+4个字节，其中就包含完整的indexTOC内容，然后将这部分数据进行反序列化得到该index文件中各个部分起始位置的偏移量。Reader.readTOC（）方法的大致实现如下。

```
func(r *Reader)readTOC()error {
    // 直接从index文件中获取indexTOC部分的内容，并保存到Reader.b缓冲区中
    b := r.b.Range(r.b.Len()-indexTOCLen,r.b.Len())
    // 检测CRC32校验码（略）
    d := decbuf{b: b[:len(b)-4]} // 创建decbuf实例，并将indexTOC部分的数据填充到其中
    // 按照indexTOC的格式进行反序列化，获取该index文件中各个部分起始位置的偏移量，并记录到
    // Reader.toc字段中。在后续读取过程中会从toc字段获取对应部分的起始位置
    r.toc.symbols = d.be64()
    r.toc.series = d.be64()
    r.toc.labelIndices = d.be64()
    r.toc.labelIndicesTable = d.be64()
    r.toc.postings = d.be64()
    r.toc.postingsTable = d.be64()
    return d.err()
}
```

（2）读取Symbol Table

完成indexTOC部分的读取之后，就可以明确Symbol Table在index文件中的位置，此时就可以通过readSymbols（）方法进行读取，其中会将读取结果缓存在Reader.symbols字段中，供后续读取过程使用。readSymbols（）方法的具体实现过程如下。

```
func(r *Reader)readSymbols(off int)error {
    d := r.decbufAt(off)// 从off位置开始读取Symbol Table的数据，封装成decbuf实例并返回
    var(
        cnt     = d.be32int()// 从decbuf中读取Symbol Table中字符串的个数
        nextPos = 0 // 用于记录每个字符串对应的编号
    )
    for d.err()== nil && d.len()> 0 && cnt > 0 {
        s := d.uvarintStr()// 读取nextPos对应的字符串
        r.symbols[nextPos] = s // 将nextPos以及对应的字符串记录到Reader.symbols中
        nextPos++
        cnt--
    }
    return errors.Wrap(d.err(),"read symbols")
}
```

在本节最开始介绍index文件格式的时候提到，index文件中各个部分的大致格式都是

类似的：先记录该部分所占的字节长度，然后才是该部分真正的内容，最后记录该部分对应的CRC32校验码。这里使用的decbufAt( )方法就封装了读取这种格式的逻辑，它会先读取4个字节，并解析成待读取部分的字节长度，然后根据该长度进行读取，读取结果的最后4位是该部分的CRC32校验码，这里会进行校验，最后将经过校验的数据（不包含CRC32校验码）封装成decbuf实例返回，其大致过程如下。

```
func(r *Reader)decbufAt(off int)decbuf {
    b := r.b.Range(off,off+4)// 先读取off之后的4个字节，获取目标部分的字节长度
    l := int(binary.BigEndian.Uint32(b))
    b = r.b.Range(off+4,off+4+l+4)// 获取待读取部分的数据，最后4个字节是该部分的CRC32校验码
    dec := decbuf{b: b[:len(b)-4]} // 截掉CRC32校验码
    // 检测CRC32校验码是否正确（略）
    return dec
}
```

这里使用到的decbuf结构体在本节开始已经介绍过了，这里不再重复介绍。

（3）读取 Offset Table

按照 index.Reader 的初始化逻辑，读取 Symbol Table 部分的数据之后，会继续执行 readOffsetTable( ) 方法完成 Offset Table 部分的读取。注意，其中调用了两次 readOffsetTable( ) 方法，分别读取 Label Index Table 和 Postings Table 部分的数据。下面以读取 Label Index Table 部分为例，对 readOffsetTable( ) 方法的读取逻辑如下。

```
func(r *Reader)readOffsetTable(off uint64,f func([]string,uint64)error)error {
    // 从指定位置开始读取Label Index Table的数据,decbufAt( )方法已详细分析过，这里不再重复
    d := r.decbufAt(int(off))
    // 获取映射关系（Label Index Table记录的是Label Name与Label Index起始偏移量的映射）的个数
    cnt := d.be32()
    for d.err()== nil && d.len()> 0 && cnt > 0 {
        // 获取该映射关系中key的个数（Label Index Table中的key是Label Name，该值为1；
        // Postings Table中的key是Label Name和Label Value组成的集合，该值为2）
        keyCount := d.uvarint()
        keys := make([]string,0,keyCount)

        for i := 0；i < keyCount；i++ { // 读取映射关系中的key
            keys = append(keys,d.uvarintStr())
        }
        // 获取该映射关系中的value值（Label Index Table中的value是Label Index的起始偏移量，
        // Postings Table中的value是Posting的起始偏移量）
        o := d.uvarint64()
```

```
          // 通过传入的回调函数，将读取的映射关系缓存到合适的字段中，省略错误处理的相关代码
          if err := f(keys,o); err != nil ...
          cnt--
      }
      return d.err()
}
```

在newReader（）方法的最后，会创建一个Decoder实例来初始化Reader.dec字段。在Decoder中提供了解析Series和Postings等部分的相关方法，在后面的分析过程中遇到时会详细分析这些方法。

2. 接口实现

了解了index.Reader实例的初始化过程之后，就可以根据IndexReader接口定义的方法使用index.Reader实例。

如果需要获取index文件中涉及的所有字符串信息，则可以通过Reader.Symbols（）方法实现。它会将symbols字段（Symbol Table部分的缓存）转换成map实例返回，其中的key为Symbol Table中的字符串，value为空结构体。其实现比较简单，这里不再展开分析，感兴趣的读者可以参考其代码进行学习。

如果需要查询Label Name在当前block下所有可选的Label Value集合，则可以调用Reader.LabelValues（）方法实现。它首先从Reader.labels字段中查询指定Label Name对应的Label Index的起始位置，然后读取该Label Index，并封装成serializedStringTuples实例返回。该方法的大致逻辑如下。

```
func(r *Reader)LabelValues(names ...string)(StringTuples,error){
    key := strings.Join(names,sep)
    off,ok := r.labels[key] // 从labels字段中获取Label Name对应的Label Index的起始位置
    d := r.decbufAt(int(off))// 从off处开始读取该Label Index的内容
    nc := d.be32int()// 首先读取Label Name的个数
    d.be32()
    // 将读取的Label Index数据封装成serializedStringTuples实例并返回
    st := &serializedStringTuples{
        l:      nc,
        b:      d.get(),
        // Reader.lookupSymbol()函数会根据symbol reference查询Symbol Table，获取对应的字符
        // 串值
        lookup: r.lookupSymbol,
    }
    return st,nil
}
```

前面的介绍中提到，Label Index 中记录的 Label Value 实际是 symbol reference，而由 symbol reference 到字符串的转换是在 serializedStringTuples 中完成的。serializedStringTuples 是 StringTuples 接口的另一个实现，在调用其 At() 的时候，serializedStringTuples 才会真正执行 Reader.lookupSymbol() 函数从 Reader.symbols 集合中查找 Label Value 的字符串值并返回，这就实现了"懒加载"。

接下来是 Reader.Postings() 方法，它负责查询指定 Label 对应的 Postings 信息（主要是时序编号）。它首先会根据传入的 Label 查询初始化过程中填充的 Reader.postings 字段（Postings Table 的缓存），获取对应 Postings 起始位置的偏移量，然后读取该 Postings 并通过 Decoder.Postings() 方法进行解析。这里涉及的方法都比较简单，不再展开分析，感兴趣的读者可以参考其代码进行学习。

拿到 Postings 信息之后，就可以根据 series reference（时序编号）查询 Reader.Series() 方法通过指定编号读取的时序信息，然后通过 Decoder.Series() 方法解析其中的 Label、Chunk 等信息并返回。Reader.Series() 方法的具体实现如下。

```
func(r *Reader)Series(id uint64,lbls *labels.Labels,chks *[]chunks.Meta)error {
    offset = id * 16 // 计算Series起始位置的字节偏移量
    d := r.decbufUvarintAt(int(offset))// 读取该Series的内容并封装成decbuf并返回
    // 通过Decoder.Series()方法进行解析，将时序的Label、Chunk数据分别填充到lbls、chks中并返回
    return errors.Wrap(r.dec.Series(d.get(),lbls,chks),"read series")
}
```

这里调用的 Reader.decbufUvarintAt() 方法也比较简单，它会按照前面介绍的 Series 格式获取时序信息，具体实现如下。

```
func(r *Reader)decbufUvarintAt(off int)decbuf {
    b := r.b.Range(off,off+binary.MaxVarintLen32)// 首先获取该Series所占的字节数
    l,n := binary.Uvarint(b)
    // 读取该Series的内容，这里会跳过记录长度的部分，但是包含CRC32校验码
    b = r.b.Range(off+n,off+n+int(l)+4)
    dec := decbuf{b: b[:len(b)-4]} // 截掉CRC32校验码的部分
    // 检测CRC32校验码是否合法（略）
    return dec // 最终返回的只有时序信息
}
```

Decoder.Series() 方法主要完成两项工作，一个是解析 Label Name 和 Label Value 字符串，并将它们追加到 lbls 集合中；另一个是解析每个 Chunk 的元数据，并将它们添加到 chks 集合中。注意，这里依然是处于 index 文件的读取流程中，并不会进行 Chunk 数据的读取。Decoder.Series() 方法的具体实现如下。

```
func(dec *Decoder)Series(b []byte,lbls *labels.Labels,chks *[]chunks.Meta)error {
    *lbls =(*lbls)[:0]
    *chks =(*chks)[:0]
    d := decbuf{b: b}
    k := d.uvarint()// 获取 Label 的个数
    for i := 0 ; i < k ; i++ {
        lno := uint32(d.uvarint())// Label Name 字符串的编号
        lvo := uint32(d.uvarint())// Label Value 字符串的编号
        ln,err := dec.lookupSymbol(lno)// 获取 Label Name 字符串值
        lv,err := dec.lookupSymbol(lvo)// 获取 Label Value 字符串值
        // 将这些 Label 记录到 lbls 集合中
        *lbls = append(*lbls,labels.Label{Name: ln,Value: lv})
    }
    k = d.uvarint()// 获取 Chunk 的个数
    t0 := d.varint64()// 读取第一个 Chunk 的 MinTime
    maxt := int64(d.uvarint64())+ t0 // 根据 MinTime 和差值计算第一个 Chunk 的 MaxTime
    ref0 := int64(d.uvarint64())// 获取第一个 Chunk 的 ref
    *chks = append(*chks,chunks.Meta{ // 将第一个 Chunk 的元数据添加到 chks 集合中
        Ref:     uint64(ref0),
        MinTime: t0,
        MaxTime: maxt,
    })
    t0 = maxt // 更新 t0,为计算下一个 Chunk 的 MinTime 做准备
    for i := 1 ; i < k ; i++ {
        // 通过前一个 Chunk 的 MaxTime 以及差值,计算当前 Chunk 的 MinTime
        mint := int64(d.uvarint64())+ t0
        maxt := int64(d.uvarint64())+ mint // 计算当前 Chunk 的 MaxTime
        ref0 += d.varint64()// 计算当前 Chunk 的 ref
        t0 = maxt // 更新 t0
        *chks = append(*chks,chunks.Meta{ // 将当前 Chunk 的元数据追加到 chks 中
            Ref:     uint64(ref0),
            MinTime: mint,
            MaxTime: maxt,
        })
    }
    return d.err()
}
```

　　到此为止,读取 index 文件的核心方法就介绍完了。这里简单总结一下 index 索引文件加速查询的流程:首先在 index.Reader 初始化时会将 Symbol Table 和 Offset Table 缓存到内存中,如果需要根据 Label Name 查询所有关联的 Label Value,则可以通过 Label Index Table 查找 Label Name 对应的 Label Index;然后通过 Symbol Table 解析其中的 Label Value

的 symbol reference，返回对应的 Label Value 字符串。

如果需要根据 Label 集合查询对应的时序，则可以通过 Postings Table 查找 Label 对应的 Postings，然后根据其中的 series reference 查找 Series，并返回该时序的全部 Label 信息以及 Chunk 元数据。接下来就可以通过前面介绍的 ChunkReader 读取 Chunk 文件并返回时序数据。

整体来说，index 文件是通过倒排索引的方式，加速了 Label Name 到 Label Value 以及 Label 到 Series 的查询。

3.5　WAL 日志

WAL 日志（预写日志）是当今数据库系统中保证数据完整性的一种标准方法，在很多图书以及文章中都有对 WAL 日志的详细描述，本节将首先对 WAL 日志的概念以及使用场景进行描述。

常用的机械硬盘是通过机械臂带动磁头寻找磁道，然后磁盘旋转完成写入的。如果是随机写入，则磁头寻道会耗费大量时间，而顺序写入时，磁头基本不会发生移动，所以一般会说"顺序写入比随机写入更快"。随着硬盘技术的不断发展，很多服务器已经采用固态硬盘进行存储，虽然固态磁盘没有机械臂、磁头等概念，但是大量的基准测试证明，"顺序写入比随机写入更快"也适用于固态硬盘。

目前市面上的很多存储系统都会使用写缓存与定期刷新的方式来减少磁盘刷新次数，同时也可以将一部分随机写入转换成顺序写入来提升写入性能，如图 3-24 所示。

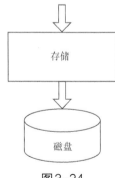

图 3-24

但是图 3-24 的设计架构存在一些问题，其中较为重要的一点是，如果当数据写入内存，但还未更新到磁盘之中时，系统出现了宕机，那么这部分数据就会丢失，这显然是不可接受的。

为了解决这一问题，这些存储系统会在数据写入内存的同时，将相关的操作记录持久化到 WAL 日志文件中，需要注意的是，WAL 日志文件的写入是顺序的，因此速度也较快。此时如果出现宕机，则会在系统重启之后，扫描 WAL 日志文件中的操作记录，并恢复内存中的数据，这样系统可以在后续将内存的数据同步到磁盘，从而保证数据不会丢失。

了解了WAL日志的基本原理之后，开始介绍Prometheus TSDB的WAL日志系统。目前，Prometheus TSDB中有两套WAL日志的实现，分别位于tsdb包和wal包，具体的文件名都为wal.go，其中tsdb包中的实现已经被标记为废弃（DEPRECATED），因此本书也不再对其进行介绍。本节将要重点介绍的是wal包下的WAL日志实现。

3.5.1　核心组件

目前Prometheus TSDB使用的WAL实现中，WAL结构体是其WAL日志系统的核心，也是WAL日志读写的入口。Prometheus TSDB是按照Record的格式记录WAL日志文件的，多条Record数据组成一个page，每个page的大小为32KB，多个page组成一个Segment，每个Segment的大小为128MB。需要注意的是，一条Record可以跨越多个page进行存储，但是不能跨越两个Segment。

每个Segment对应一个具体的WAL日志文件，Segment文件名是一个递增的序号，随着WAL日志数据的写入，会不断生成新的Segment文件，其编号也会递增。为了防止Segment文件过多，Prometheus存储层会按时对WAL日志文件进行清理操作，只保留最近的几个Segment文件。

下面自底向上一步一步介绍WAL的相关实现，首先在Prometheus TSDB中并没有为Record抽象出一个单独的结构体，而是使用[]byte记录其数据（record.go）。下面是page结构体的核心字段。

- buf（[pageSize]byte类型）：用于存储当前page的数据。

- alloc（int类型）：当前page已经使用的字节数。

- flushed（int类型）：buf的下标，flushed之前的数据都已经刷新到磁盘中。

page结构体还定义了remain()和full()两个方法，分别用于检测page实例的剩余空间以及page是否已满。

接下来看Segment结构体，它内嵌了*os.File以提供读写文件的能力，并记录了WAL日志文件所在的目录以及自身编号等信息，其实现比较简单，这里不再展开介绍。

WAL结构体用于管理多个Segment文件，完成Segment的读写以及切分等基础操作，其核心字段如下。

- dir（string类型）：WAL日志所在的目录位置。

- segmentSize（int 类型）：每个 Segment 文件大小的上限值，默认是 128MB。

- mtx（sync.RWMutex 类型）：在写入 WAL 日志时，需要获取该锁进行同步。

- segment（*Segment 类型）：当前正在使用的 Segment 实例，当前的 WAL 日志都会被写入其对应的日志文件中。

- donePages（int 类型）：已写入当前 Segment 的 page 个数。

- page（*page 类型）：当前写入正在使用的 page 实例。

- stopc（chan chan struct{} 类型）：当 WAL 关闭时使用的通道，使用该通道协调文件关闭时的磁盘刷新等操作。

- actorc（chan func() 类型）：在进行 Segment 文件切换的时候，异步刷新 Segment 文件用到的通道。

3.5.2　WAL 初始化

分析完上述基础组件的定义和大致功能之后，还需要了解一下 WAL 实例的初始化过程。WAL 初始化的核心逻辑是在 NewSize() 函数中完成的，其参数指定了 Segment 文件所在的目录以及每个 Segment 文件的大小上限。NewSize() 函数除了创建 WAL 实例，还会根据当前 WAL 日志的状态，调用 CreateSegment() 方法或 OpenWriteSegment() 方法打开对应的 Segment 文件。另外，还会启动一个单独的 goroutine 去执行 WAL.run() 方法，其功能后面会进行详述。下面先分析 NewSize() 方法的大致逻辑，具体如下：

```
func NewSize(logger log.Logger,reg prometheus.Registerer,
           dir string,segmentSize int)(*WAL,error){
   // 检测segmentSize参数是否合法，该值指定了每个Segment的大小，它必须是pageSize的整数倍
（略）
   if err := os.MkdirAll(dir,0777); err != nil ... // 有足够权限操作WAL日志所在的目录
   w := &WAL{ // 创建WAL实例
     dir:         dir,
     logger:      logger,
     segmentSize: segmentSize,
     page:        &page{},
     actorc:      make(chan func(),100),
     stopc:       make(chan chan struct{}),
   }
   // WAL.Segment()方法会读取WAL目录，返回第一个以及最后一个Segment文件的编号
```

```
  _,j,err := w.Segments()
  if j == -1 { // 当前目录为空，则会创建第一个Segment文件
    if w.segment,err = CreateSegment(w.dir,0); err != nil ...
  } else { // 当前目录中已存在Segment文件，则打开最后一个Segment文件（即编号最大的Segment文件）
    if w.segment,err = OpenWriteSegment(w.dir,j); err != nil ...
    // 根据Segment文件的状态，更新当前Segment文件已写入的page个数
    stat,err := w.segment.Stat()
    w.donePages = int(stat.Size()/ pageSize)
  }
  go w.run()// 启动一个单独的goroutine来执行WAL.run()方法，后面会介绍run goroutine的功能
  return w,nil
}
```

CreateSegment()方法负责新的Segment文件的创建，它会根据指定的编号创建Segment文件，具体实现如下。

```
func CreateSegment(dir string,k int)(*Segment,error){
  // 创建指定编号的Segment文件
  f,err := os.OpenFile(SegmentName(dir,k),os.O_WRONLY|os.O_CREATE|os.O_APPEND,0666)
  return &Segment{File: f,i: k,dir: dir},nil  // 创建Segment实例并返回
}
```

OpenWriteSegment()方法则会根据指定的编号打开相应的Segment文件，具体实现如下。

```
func OpenWriteSegment(dir string,k int)(*Segment,error){
  // 根据编号打开对应的Segment文件
  f,err := os.OpenFile(SegmentName(dir,k),os.O_WRONLY|os.O_APPEND,0666)
  stat,err := f.Stat()// 获取Segment文件的信息
  if d := stat.Size()% pageSize ; d != 0 {
    // 检测该Segment文件的大小是否为pageSize的整数倍
    if _,err := f.Write(make([]byte,pageSize-d)); err != nil ...
  }
  return &Segment{File: f,i: k,dir: dir},nil // 创建Segment实例并返回
}
```

这里使用到的WAL.Segment()方法会遍历当前WAL目录下存在的所有Segment文件名，并返回其中的最小编号和最大编号，这样，调用者就可以知道当前Segment文件的范围了。Segment()方法底层通过listSegments()方法获取WAL目录下所有Segment文件的引用（其中包含编号信息），具体实现如下。

```
func listSegments(dir string)(refs []segmentRef,err error){
  files,err := fileutil.ReadDir(dir)// 获取该目录下的全部文件
```

```
    var last int
    for _,fn := range files {
        k,err := strconv.Atoi(fn)// 将 Segment 文件名转换成对应的数字
        // 将文件名以及对应的序号封装成 segmentRef 实例，并记录到 refs 中
        refs = append(refs,segmentRef{s: fn,n: k})// 注意 segmentRef 实例中封装的两个字段
        last = k
    }
    sort.Slice(refs,func(i,j int)bool { // 根据 Segment 文件编号进行排序
        return refs[i].n < refs[j].n
    })
    return refs,nil
}
```

3.5.3　WAL 日志写入详解

完成上述的初始化流程之后，WAL 系统就可以开始写入日志了。写入 WAL 日志的入口是 RecordLogger 接口，其中只定义了一个 Log（）方法写入 Record 数据，具体如下。

```
type RecordLogger interface {
    Log(recs ...[]byte)error // 写入 Record，每个 Record 都对应一个 []byte
}
```

WAL 结构体实现了 RecordLogger 接口，在其 Log（）方法实现中首先会获取 mtx 锁进行同步，然后调用 WAL.log（）方法写入每个 Record。下面来看 WAL.log（）方法写入一条 Record 的步骤。

步骤 1.　计算当前 page 以及当前 Segment 文件的剩余空间，如果当前 Segment 文件剩余空间不足以写入该条 Record 数据，则会通过 WAL.nextSegment（）方法切换到新的 Segment 文件继续写入。

步骤 2.　前面的介绍中提到，一个 Record 是可以跨越多个 page 的，因此在遇到当前 page 无法容纳的 Record 时，会将 Record 进行拆分以多次写入，即将该条 Record 写入不同的 page 中。这里首先会根据当前 page 的剩余空间，决定写入的 Record 头信息。在 Record 头信息中记录了此次写入的状态（recType）、长度以及 CRC32 校验码等信息，在后面分析具体实现时会看到 Record 头的完整结构。

步骤 3.　接下来写入 Record 的具体数据，同时也会更新当前 page 的相关信息，例如 alloc 字段（该 page 已使用的字节数）等。

步骤 4.　当一个 page 被写满，或是写入了一条完整的 Record，又或是完成当前的批

量写入的时候，都会触发WAL.flushPage( )方法将当前page刷新到所在的Segment文件中。

了解了WAL.log( )方法写入Record的逻辑之后，来简单看一下其具体实现。

```
func(w *WAL)log(rec []byte,final bool)error {


    left := w.page.remaining()- recordHeaderSize // 计算当前page剩余的空间
    // 计算当前Segment剩余的空间
    left +=(pageSize - recordHeaderSize)*(w.pagesPerSegment()- w.donePages - 1)

    if len(rec)> left {
        // 当前Segment的剩余空间无法容纳要写入的Record，则调用nextSegment()方法切换到
        // 下一个Segment文件，再开始后续的写入
        if err := w.nextSegment(); err != nil...
    }

    // 前面的介绍中提到，一个Record是可以跨越多个page的，因此在遇到当前page无法容纳的Record时，
    // 会将其多次写入不同的page中，直至整个Record被写入完成
    for i := 0; i == 0 || len(rec)> 0; i++ {
        p := w.page
        var(// 计算当前page能写入的最大字节数
            l    = min(len(rec), (pageSize-p.alloc)-recordHeaderSize)
            part = rec[:l]
            buf  = p.buf[p.alloc:] // 当前page剩余的空间
            typ  recType
    )


        switch {
        case i == 0 && len(part)== len(rec): // 第一次写入该Record，且可以将
                                             // 其完全写入当前的page中

            typ = recFull
        case len(part)== len(rec): // 并不是第一次写入该Record(即该Record的前半部分已经
                                   // 被写入上一个page中)，且剩余部分能够被
                                   // 完整写入当前的page中

            typ = recLast
        case i == 0: // 第一次写入该Record，但其无法被完整写入当前的page中（Record
                     // 的后半部分会被写入下一个page中）

            typ = recFirst
        default: // 如果不满足上述场景，则表示该Record将其中间部分被写入当前的page中，即该
                 // Record的前半部分被写入上一个page，中间部分占用当前整个的page(或是连续
```

```
                // 多个完整的page), 后半部分被写入下一个page
        typ = recMiddle
    }
    // 下面开始构建Record的头信息
    buf[0] = byte(typ)// 使用buf中的第一个字节记录当前Record的写入范围
    crc := crc32.Checksum(part,castagnoliTable)
    binary.BigEndian.PutUint16(buf[1:],uint16(len(part)))// 记录Record的长度
    binary.BigEndian.PutUint32(buf[3:],crc)// 记录CRC32校验码

    copy(buf[recordHeaderSize:],part)// 写入Record
    p.alloc += len(part)+ recordHeaderSize // 更新当前page已使用的字节数
    // 当一个page被写满, 或是写入一条完整的Record, 又或是完成当前的批量写入的时候,
    // 都会触发WAL.flushPage()方法将当前page写入对应的Segment文件中
    if final || typ != recFull || w.page.full(){
        if err := w.flushPage(false); err != nil ...
    }
    rec = rec[l:] // 更新Record剩余未写入的部分, 下次循环继续写入
  }
  return nil
}
```

为了方便读者理解, 下面通过图3-25和图3-26展示了Record写入之后的状态, 图3-25展示了跨越3个page的超长Record, 注意各个部分的头信息中的recType值。

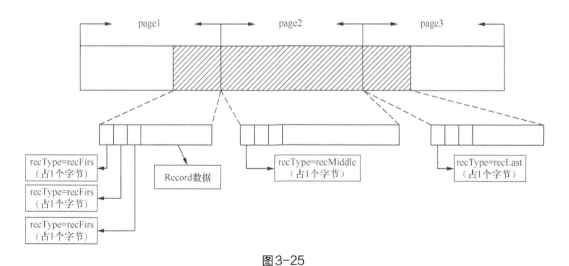

图3-25

图3-26展示了在一个page中存储多条Record的场景。

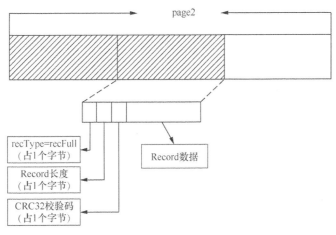

图3-26

　　了解了WAL.log()方法的执行流程之后，需要深入分析WAL.log()方法涉及的一些细节。首先，在当前Segment文件无法存储此次写入的Record时，WAL会调用nextSegment()方法切换到下一个Segment文件进行写入，其中会先完成当前Segment文件的写入，然后通过前面介绍的CreateSegment()方法创建新的Segment文件并进行切换，最后向WAL.actorc通道发送一个函数，由run goroutine异步完成上一个Segment文件刷新磁盘的相关操作。WAL.nextSegment()方法的具体实现如下。

```
func(w *WAL)nextSegment()error {
    // 当前page(Segment的最后一个page)中已有数据写入,则需要将该page刷新到磁盘中
    if w.page.alloc > 0 {
        if err := w.flushPage(true); err != nil ...
    }
    // 创建新的Segment,CreateSegment()方法在前面已经详细分析过了,这里不再展开分析
    next,err := CreateSegment(w.dir,w.segment.Index()+1)
    prev := w.segment
    w.segment = next // 更新segment字段
    w.donePages = 0 // 清空donePages字段,记录Segment文件中已写入的page个数

    // 通过actorc通道通知run goroutine,完成上一个Segment文件的磁盘刷新
    w.actorc <- func(){ // 该函数是由run goroutine执行的
        if err := w.fsync(prev); err != nil ... // 将上一个Segment文件刷新到磁盘
        if err := prev.Close(); err != nil ... // 关闭上一个Segment文件
    }
    return nil
}
```

　　这里使用到的WAL.flushPage()方法会将当前内存中的page数据写入对应的Segment

文件中，并尝试清空该page，该刷新操作比较常规，简单了解一下实现即可。

```
func(w *WAL)flushPage(clear bool)error {
    p := w.page
    clear = clear || p.full()// 根据clear参数以及当前page是否已满来判断是否应清空该page中的数据
    if clear {
        p.alloc = pageSize
    }
    // 补充page中未写入Segment文件的数据（flushed为上次写入的位置，alloc为当前已使用的位置）
    n,err := w.segment.Write(p.buf[p.flushed:p.alloc])
    p.flushed += n // 推进flushed，下次flushPage()调用将从该位置开始写入
    if clear { // 清空page中的数据，为写入下一个page做准备
        for i := range p.buf {
            p.buf[i] = 0
        }
        p.alloc = 0 // 重置alloc和flushed
        p.flushed = 0
        w.donePages++ // donePages记录了当前Segment文件中写入的page个数
    }
    return nil
}
```

在前面介绍的NewSize（）方法中会启动一个run goroutine，在WAL.run（）方法中主要完成两件事。

- 监听actorc通道，并执行从该通道监听到的函数［这些函数是由nextSegment（）方法发送过来的］，其作用就是异步刷新并关闭Segment文件。

- 监听stopc通道，在WAL关闭时，会通过stopc通道告知run goroutine——关闭actorc通道并执行actorc中堆积的函数，待这些堆积的刷新操作全部执行完毕之后，WAL才算正常关闭。

WAL.run（）方法的具体实现如下。

```
func(w *WAL)run(){
Loop:
    for {
        select {
        case f := <-w.actorc: // 监听actorc通道
            f()// 执行actorc通道传递过来的函数
        case donec := <-w.stopc: // 监听stopc通道
            close(w.actorc)// 关闭actorc通道
```

```
        defer close(donec)
        break Loop
    }
  }
  for f := range w.actorc { // 执行actorc通道中堆积的函数
    f()
  }
}
```

随着 Prometheus TSDB 的运转，WAL 日志量会不断增加，旧的 WAL 日志对应的时序数据已经刷新到磁盘上，而这些 WAL 日志现在已经无效了，那么就需要对其进行定期清理，释放磁盘空间。WAL 结构体的 Truncate( ) 方法可以删除指定编号之前的所有 Segment 文件，实现 WAL 清理的目的，具体实现如下。

```
func(w *WAL)Truncate(i int)error {
  refs,err := listSegments(w.dir)// 获取WAL目录下的全部Segment文件
  for _,r := range refs {
    if r.n >= i { // 忽略编号i之后的Segment文件
      break
    }
    // 将编号i之前的Segment文件删除
    if err := os.Remove(filepath.Join(w.dir,r.s)); err != nil ...
  }
  return nil
}
```

3.5.4　WAL 日志读取详解

WAL 日志的读取依赖于 segmentBufReader 结构体。segmentBufReader 的功能比较强大，它可以一次读取多个 page，也支持跨越多个 Segment 文件进行读取。segmentBufReader 结构体的定义如下。

- buf(*bufio.Reader 类型)：底层读取 Segment 文件的 bufio.Reader 实例，其中自带 16 个 page 的缓冲区。

- segs([]*Segment 类型)：当前 segmentBufReader 实例可以读取 Segment 文件，一般会指定读取范围，例如读取编号 m～编号 n 的 Segment 文件，segmentBufReader 无法读取超出这个范围的 Segment 文件。

- cur(int 类型)：当前正在读取的 Segment 文件编号。

- off（int类型）：当前已读取的Segment文件中的字节个数。

- more（bool类型）：当前Segment文件中是否有可以继续读取的数据。

segmentBufReader.Reader（）方法会将Segment文件读取到缓冲区中，在当前Segment文件读取完成之后，自动切换到下一个Segment文件继续读取，具体实现如下。

```
func(r *segmentBufReader)Read(b []byte)(n int,err error){
    if !r.more { // 检测当前Segment文件是否还有能够读取的数据
        if r.cur+1 >= len(r.segs){ // 已读取完全部的Segment文件
            return 0,io.EOF
        }
        r.cur++  // 后移cur，读取下一个Segment文件
        r.off = 0 // 重置off，准备读取下一个Segment文件
        r.more = true // 重置more字段
        r.buf.Reset(r.segs[r.cur])// 清空缓冲区中的数据并准备从新的Segment文件中读取数据
    }
    n,err = r.buf.Read(b)// 从Segment文件中读取数据到b这个缓冲区中
    r.off += n // 递增off
    r.more = false
    return n,nil
}
```

在通过segmentBufReader实例从Segment文件中读取字节数组之后，可以通过wal.Reader得到Record实例。RecordReader接口中定义了读取WAL日志的基本方法，其定义如下，wal.Reader就是该接口的实现之一。

```
type RecordReader interface {
    Next()bool // 是否还存在可迭代的Record
    Record()[]byte // 返回当前迭代的Record
}
```

wal.Reader只通过其中封装的io.Reader实例读取数据，而是否会跨越多个Segment文件进行数据读取由其中封装的io.Reader决定。如果使用wal.Reader封装前面介绍的segmentBufReader，就能轻松实现跨越多个Segment文件进行读取的功能。wal.Reader结构体的核心字段如下。

- rdr（io.Reader类型）：底层真正读取数据的io.Reader实例。

- rec（[]byte类型）：读取Record的缓冲区，会被循环使用。

- buf（[pageSize]byte类型）：读取page的缓冲区，会被循环使用。

- total（int64类型）：已读取的字节总数。

在Reader.Next（）的实现中，首先会从Segment文件读取字节数据到rec缓冲区，然后根据Record的格式检测Record头信息，直至读取到一个完整的Record后，该方法才会将其返回。Record.next（）方法的具体实现如下。

```go
func(r *Reader)next() (err error){
    hdr := r.buf[:recordHeaderSize] // 用于记录Record的头信息
    buf := r.buf[recordHeaderSize:] // 用于记录Record的数据
    r.rec = r.rec[:0]

    i := 0
    for {
        // 从当前Segment文件中读取一个字节
        if _,err = io.ReadFull(r.rdr,hdr[:1]); err != nil ...
        r.total++
        // Record头信息的第一个字节是该Record的写入状态，即前面写入过程中的recType
        typ := recType(hdr[0])
        if typ == recPageTerm { // 如果recType为recPageTerm类型，则表示当前的page已经读取完
            k := pageSize -(r.total % pageSize)// 当前page已读取的字节数
            if k == pageSize { // 正好读取到当前page的最后一个字节
                continue
            }
            // 如果未读取到当前page的末尾，则将剩余字节全部读取出来
            n,err := io.ReadFull(r.rdr,buf[:k])
            r.total += int64(n)
            // 检测当前page中是否都为空字节，如果不是，则说明当前page中的数据存在异常，会抛出异常（略）
            for _,c := range buf[:k] {
                if c != 0 {
                    return errors.New("unexpected non-zero byte in padded page")
                }
            }
            continue
        }
        n,err := io.ReadFull(r.rdr,hdr[1:])// 读取Record头信息中剩余的字节
        r.total += int64(n)// 统计已读取的字节数

        var(
            length = binary.BigEndian.Uint16(hdr[1:])// 从头信息中获取整个Record的长度
            crc    = binary.BigEndian.Uint32(hdr[3:])// 从头信息中获取该Record的CRC32校验码
        )
```

```
n,err = io.ReadFull(r.rdr,buf[:length])// 读取当前的 Record 数据
r.total += int64(n)// 更新 total，记录已读取的字节总数
// 检测 Record 长度以及 CRC32 校验码是否正确（略）
r.rec = append(r.rec,buf[:length]...)// 将读取的 Record 数据记录到 Reader.rec 字段

// 根据当前 Record 的写入状态（recType）判断是否已经读取到了一个完整的 Record，
// 只有读取到了一个完整的 Record，当前 next() 方法调用才会返回，否则将继续读取
switch typ {
case recFull: // 一次读取到一个完整的 Record
    return nil
case recFirst:
case recMiddle:
case recLast: // 多次读取之后，最终读取到一个完整的 Record
    return nil
default:
    return errors.Errorf("unexpected record type %d",typ)
}
i++   // 未读取到一个完整的 Record，则会继续进行读取
    }
}
```

在正常的情况下，Prometheus TSDB 可以通过上述逻辑完成 WAL 日志的读取，但是如果 Segment 文件出现损坏，上述读取流程就会出现异常，并交由 WAL.Repair() 方法最大限度地恢复损坏的 Segment 文件中可用的 Record 数据。

WAL.Repair() 方法首先会将损坏点之后的全部 Segment 文件删除，因为这些文件中记录的 Record 也可能已经损坏，然后读取损坏点所在的 Segment 文件并保存其中可用的 Record 记录，最后会删除损坏的 Segment 文件。Repair() 方法的具体实现如下。

```
func(w *WAL)Repair(origErr error)error {
  err := errors.Cause(origErr)
  cerr,ok := err.(*CorruptionErr)// 对传入的异常进行类型转换
  segs,err := listSegments(w.dir)// 获取 WAL 目录下的全部 Segment 文件
  for _,s := range segs {
    // 无须处理损坏点之前的全部 Segment 文件，其后的 Segment 文件将会被删除
    if s.n <= cerr.Segment {
      continue
    }
    if w.segment.i == s.n { // 如果当前可写的 Segment 文件发生损坏，则需要进行关闭
      if err := w.segment.Close(); err != nil...
    }
```

```
        // 删除损坏点之后的全部Segment文件
        if err := os.Remove(filepath.Join(w.dir,s.s)); err != nil ...
    }
    // 下面开始处理损坏点所在的Segment文件
    // 首先将损坏点所在的Segment文件进行重命名（添加".repair"后缀）
    fn := SegmentName(w.dir,cerr.Segment)
    tmpfn := fn + ".repair"
    if err := fileutil.Rename(fn,tmpfn); err != nil ...

    // 创建一个新的Segment文件，其名称与原来损坏的Segment文件同名，这个全新的Segment文件用于
    // 记录已损坏Segment文件中可用的Record
    s,err := CreateSegment(w.dir,cerr.Segment)
    w.segment = s // 将这个全新的Segment文件作为当前可写的Segment文件（active segment）
    // 打开损坏的Segment文件，并读取其中的Record数据
    f,err := os.Open(tmpfn)
    defer f.Close()

    //wal.Reader用于读取当前Segment文件，这里传入的io.Reader实例只会读取损毁的Segment文件
    r := NewReader(bufio.NewReader(f))
    for r.Next(){ // 将读取到的Record数据写入当前可写的Segment文件中
        if err := w.Log(r.Record()); err != nil ...
    }
    // 将 ".repair" 文件中能读取到的Record写入新Segment文件中之后即为恢复完成
    // 下面会关闭并删除 ".repair" 文件
    if err := f.Close(); err != nil ...
    if err := os.Remove(tmpfn); err != nil ...
    return nil
}
```

3.5.5 Record类型

前面在介绍Segment文件读写的过程中，每条Record数据都是以[]byte方式进行表示的，实际上Record有4种类型，分别如下。

● RecordInvalid：不合法的Record类型。

● RecordSeries：新写入时序时产生的Record类型。

● RecordSamples：写入一个时序点时产生的Record类型。

● RecordTombstones：写入一个tombstone标识时产生的Record类型。

其中 3 类合法的 Record 类型（RecordSeries、RecordSamples 和 RecordTombstones 共 3 种类型）的 Record 分别对应 RefSeries、RefSample、Stone 结构体。RefSeries 中记录了时序编号以及时序的 Label 集合，其核心字段如下。

- Ref（uint64 类型）：时序编号。

- Labels（labels.Labels 类型）：时序中的 Label 集合。

RefSample 结构体中记录时序点的 timestamp、value 值以及所在的时序，其核心字段如下。

- Ref（uint64 类型）：时序的编号。

- T（int64 类型）：时序点的 timestamp。

- V（float64 类型）：时序点的 value 值。

- series（*memSeries 类型）：指向该时序在内存中的抽象，后面详细介绍 memSeries 结构体的内容。

Stone 用于标识删除一条时序数据，在 3.6 节介绍 tombstones 文件时再详细分析。

RecordEncoder 和 RecordDecoder 是 Prometheus TSDB 中序列化和反序列化 Record 的工具类，两者逻辑是互逆的，这里以 RecordDecoder 为例进行分析，RecordEncoder 留给读者分析。RecordDecoder 的反序列化流程大致如下：首先通过 Type（）方法根据传入的 []byte 确定该 Record 的类型，之后就可以根据类型调用 Series（）方法、Samples（）方法或者 Tombstones（）方法进行反序列化。

RecordDecoder.Series（）方法负责对 RecordSeries 类型的 Record 进行反序列化，返回值类型为 []RefSeries，大致实现如下。

```
func(d *RecordDecoder)Series(rec []byte,series []RefSeries)([]RefSeries,error){
  dec := decbuf{b: rec}
  // 检测传入的 []byte 所代表的 Record 类型，如果不是 RecordSeries 类型，则抛出异常（略）
  for len(dec.b)> 0 && dec.err()== nil {
    ref := dec.be64()// 获取时序编号
    lset := make(labels.Labels,dec.uvarint())// 获取时序中 Label 的个数
    for i := range lset { // 获取 Label Name 和 Label Value
      lset[i].Name = dec.uvarintStr()
      lset[i].Value = dec.uvarintStr()
    }
    sort.Sort(lset)// 对 Label 进行排序
    // 将时序编号以及 Label 信息封装成 RefSeries 实例，记录到 series 切片中
```

```
      series = append(series,RefSeries{
        Ref:    ref,
        Labels: lset,
      })
    }
    return series,nil // 返回series切片
  }
```

RecordDecoder.Samples（）方法负责对RecordSamples类型的Record进行反序列化，返回值类型为[]RefSample，大致实现如下。

```
func(d *RecordDecoder)Samples(rec []byte,samples []RefSample)([]RefSample,error){
  dec := decbuf{b: rec}
  // 检测传入的[]byte所代表的Record类型，如果不是RecordSamples类型，则抛出异常（略）
  var(// 该Record中所有点的时序引用和时间戳，都是根据这里的baseRef和baseTime计算得到的
    baseRef  = dec.be64()
    baseTime = dec.be64int64()
  )
  for len(dec.b)> 0 && dec.err()== nil {
    dref := dec.varint64()// 获取时序引用的偏移量
    dtime := dec.varint64()// 获取点的时间戳的偏移量
    val := dec.be64()// 获取点的value值
    samples = append(samples,RefSample{ // 创建RefSample实例并将其添加到samples切片中
      Ref: uint64(int64(baseRef)+ dref),// 根据baseRef和偏移量计算最终的Ref值
      T:   baseTime + dtime,// 根据baseTime和偏移量计算最终的时间戳
      V:   math.Float64frombits(val),
    })
  }
  return samples,nil // 返回samples切片
}
```

RecordDecoder.Tombstones（）方法的实现比较简单，这里不再展开分析，读者可以在3.6节介绍完Stone结构体之后再来分析相关代码。

3.6 tombstones文件

在进行时序数据删除的时候，并不是直接将Prometheus TSDB从Chunk文件中物理删除，而是将这些删除的时序信息记录到tombstones文件中。在后续介绍的block压缩操作中，会扫描tombstones文件，并将其中记录的待删除的时序真正删除掉。在查询时序数据

的时候，也会读取 tombstones 文件，并根据其中的记录过滤已标记删除的时序数据。这种"标记删除"的策略在很多存储中都被使用到，例如 Redis、MySQL 等。

Stone 结构体是 WAL 文件中对待删除时序的标识的抽象，在 Stone 实例中记录了待删除时序的编号（该编号的含义在前面分析索引的章节中有相关介绍），以及待删除的时间范围。Stone 结构体的定义如下所示。

- ref（uint64 类型）：待删除的时序编号。

- intervals（Intervals 类型）：该时序待删除的时间范围。这里的 Intervals 是 []Interval 的类型别名，在每个 Interval 实例中都会记录一个 Mint 值和 Maxt 值，表示时序待删除的部分。Intervals 可以通过其 add() 方法添加待删除时序的时间范围，并且会按照 Mint 值对 Interval 进行排序。Intervals.add() 方法会在添加过程中尝试将重叠的 Interval 进行合并，具体分为下面 4 个场景。

  - 如图 3-27（a）所示，该场景中新增的 Interval ［对应图 3-27（a）中的 n］与多个已有的 Interval ［对应图 3-27（a）中的 r1、r2、r3］重叠。在 add() 方法中会将上述 Interval 合并成一个大的 Interval，如图 3-27（b）所示，合并后的 Interval.Mint 和 Maxt 分别取 4 个 Interval 中最小的 Mint 值和最大的 Maxt 值。

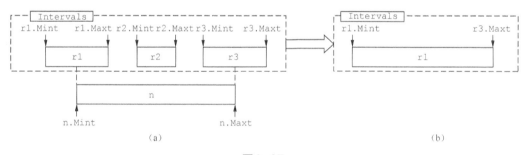

图 3-27

  - 在不满足场景 1 的情况下，Intervals.add() 会检测第二种场景。如图 3-28（a）所示，该场景中新增的 Interval ［对应图 3-28（a）中的 n］只与 r 交界，且 n.Maxt 在 r 的范围内。add() 方法会将这两个 Interval 合并成一个，如图 3-28（b）所示，合并后的 Mint 值取 n.Mint。

  - 如果前面的场景都不满足，则表示新增的 Interval 与已有的 Interval 都不会发生重叠，如图 3-29（a）所示，n1 和 n2 不会与任何已有的 Interval 重叠。add() 方法会将这两个 Interval 直接添加到 Intervals 中，而无须任何合并，如图 3-29（b）所示。

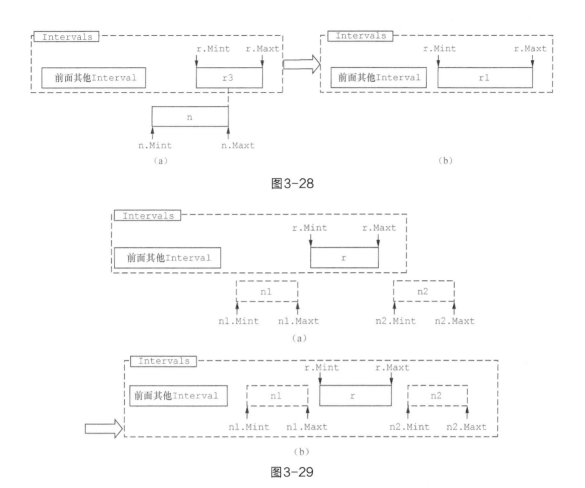

图 3-28

图 3-29

Intervals.add( ) 方法的具体实现比较简单，这里不再展开分析，感兴趣的读者可以参考其代码进行学习。

读写 tombstones 文件

TombstoneReader 接口是 tombstones 文件读写的核心接口之一，这些方法的定义以及核心功能如下。

```
type TombstoneReader interface {
    // 传入的参数 ref 是时序编号（series reference），返回值为该时序对应的 Intervals（该
    // 待删除部分的时间范围集合）
    Get(ref uint64)(Intervals,error)

    // 该方法会迭代全部的 tombstone 记录，并对每个 tombstones 调用一次给定的回调函数
```

```
    Iter(func(uint64,Intervals)error)error

    Total()uint64 // 统计全部tombstones的个数
}
```

结构体 memTombstones 是 TombstoneReader 接口的实现之一，读者可以将其理解为 tombstones 文件的缓存，其定义如下。

- intvlGroups（map[uint64]Intervals 类型）：维护了时序编号与 Intervals 之间的映射关系。

- mtx（sync.RWMutex 类型）：在读写 intvlGroups 这个 map 集合时，需要获取该锁进行同步。

memTombstones.Get() 和 Iter() 方法都是通过读取 intvlGroups 字段中的映射关系实现的，其实现比较简单，这里不再展开分析，感兴趣的读者可以参考其代码进行学习。

写入 tombstones 文件的过程在 writeTombstoneFile() 函数中实现。该函数首先会向 tombstones 文件中写入固定的文件头以及版本号，然后读取 TombstoneReader 中记录的每条时序的待删除部分，并将其序列化写入 tombstones 文件中，具体实现如下。

```
func writeTombstoneFile(dir string,tr TombstoneReader)error {
  path := filepath.Join(dir,tombstoneFilename)
  tmp := path + ".tmp" // 创建 ".tmp" 文件
  hash := newCRC32()
  f,err := os.Create(tmp)// 打开临时tombstones文件
  buf := encbuf{b: make([]byte,3*binary.MaxVarintLen64)} // 创建encbuf缓冲区
  buf.reset()
  buf.putBE32(MagicTombstone)// 写入tombstones文件头
  buf.putByte(tombstoneFormatV1)// 写入版本号
  _,err = f.Write(buf.get())// 将buf中缓冲的数据写入文件中
  mw := io.MultiWriter(f,hash)// 在写入文件的同时，会计算tombstones文件对应的CRC32校验码
  // 遍历TombstoneReader中待删除的全部时序信息
  if err := tr.Iter(func(ref uint64,ivs Intervals)error {
    for _,iv := range ivs {
      buf.reset()// 清空buf
      buf.putUvarint64(ref)// 写入时序编号（series reference）
      buf.putVarint64(iv.Mint)// 写入该时序待删除部分的起止时间戳
      buf.putVarint64(iv.Maxt)
      _,err = mw.Write(buf.get())// 将buf中缓冲的数据写入文件中
    }
    return nil
```

```
   }); ...

    _,err = f.Write(hash.Sum(nil))// 写入CRC32校验码
    return renameFile(tmp,path)// 在文件关闭之后进行重命名，将 ".tmp" 后缀去掉
 }
```

　　读取tombstones文件的逻辑是在readTombstones( )函数中完成的，读取过程与写入过程完全相反。它首先会查找指定路径下的tombstones文件，然后检测其CRC32校验码是否正确，最后才会按照规定的格式将数据填充到memTombstones实例中。readTombstones( )函数的大致实现如下。

```
func readTombstones(dir string)(*memTombstones,error){
   // 读取指定block目录下tombstones文件的全部内容
   b,err := ioutil.ReadFile(filepath.Join(dir,tombstoneFilename))
   // 检测tombstones文件的长度（略）
   // 获取文件中tombstone的具体内容，最后4个字节是CRC32校验码
   d := &decbuf{b: b[:len(b)-4]}
   // 检测文件开头是否为固定的文件头（略）
   // 检测tombstones文件的版本（略）
    // 检测校验码是否正确（略）
   // 创建memTombstones实例，用于记录时序编号与待删除的Intervals之间的关系
   stonesMap := NewMemTombstones()
   // 读取时序编号（series reference）以及待删除的时间范围，然后将这些映射信息记录到
   // 前面创建的memTombstones实例中用于缓存
   for d.len()> 0 {
      k := d.uvarint64()
      mint := d.varint64()
      maxt := d.varint64()
      stonesMap.addInterval(k,Interval{mint,maxt})
   }
   return stonesMap,nil
}
```

　　到此为止，tombstones文件的相关内容就介绍完了。Prometheus TSDB通过tombstones文件实现了"标记删除"的策略，将时序数据的物理删除操作推迟到压缩操作时进行。这样就避免了操作Chunk文件时带来的性能开销，本质上，还是将文件的随机操作转换成了顺序操作。

3.7　Checkpoint

　　通过前面对WAL日志的介绍了解到，Prometheus TSDB在写入或删除时序数据的时候，

都会先写入 WAL 日志文件，保证其数据不会丢失。随着时序数据的不断写入，Prometheus TSDB 中 WAL 日志的数据量也会不断增加，如果不对 WAL 日志的数据量进行控制，会出现下面两个比较重要的问题。

- 浪费服务器的磁盘空间。大量 WAL 日志对应的操作已经持久化到磁盘，继续保留这些 WAL 日志没有意义，这会造成磁盘浪费。

- 宕机后的恢复时间变长。在 Prometheus TSDB 宕机恢复的时候，需要重放 WAL 日志，如果 WAL 中有很多无用的操作，就会导致宕机恢复的时间过长。

大多数存储会使用 Checkpoint 的方式来清理 WAL 日志，只在服务器磁盘上保留 Checkpoint 之后的 WAL 日志，Checkpoint 之前的 WAL 日志文件都会被清除。这样，既可以减少磁盘空间的浪费，也可以减少宕机后的恢复时长。Prometheus TSDB 也是用了 Checkpoint 方式。

Prometheus TSDB 中的 Checkpoint 实际上是一个以 "checkpoint." 开头的目录，其中保存了多个压缩后的 Segment 文件。这些压缩后的 Segment 文件格式与前面介绍的原始 WAL Segment 文件格式相同。图 3-30 展示了 Checkpoint 的大致原理，新建 Checkpoint（图 3-30 中的 checkpoint.N）的过程实际上就是压缩前一个 Checkpoint（图 3-30 中的 checkpoint.M）以及两者之间的 Segment 文件的过程。

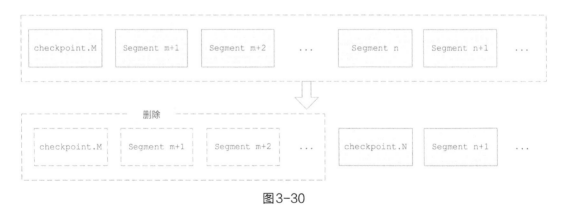

图 3-30

创建 Checkpoint 的操作是在 Checkpoint() 函数中完成的，其实现可以大概分为如下 4 个步骤。

步骤 1. 查找两部分 Segment 文件，一部分来自上一个 Checkpoint 目录，另一部分是上一个 Checkpoint 到当前 Checkpoint 之间产生的 Segment 文件。为了统一读取这些 Segment 文件，这里需要创建一个 segmentBufReader 实例，segmentBufReader 的具体原理在前面介绍 WAL 日志系统时已经分析过了，这里不再重复。该步骤的相关代码片段如下。

```
var sr io.Reader
{
    lastFn,k,err := LastCheckpoint(w.Dir())// 获取WAL目录下最新的Checkpoint目录
    if err == nil {
        if m > k+1 {
            return nil,errors.New("unexpected gap to last checkpoint")
        }
        m = k + 1
        // 读取最新的Checkpoint目录，为该目录下的多个Segment文件创建对应的segmentBufReader
        last,err := wal.NewSegmentsReader(filepath.Join(w.Dir(),lastFn))
        sr = last
    }
    // 为编号m~n的Segment文件创建对应的segmentBufReader
    segsr,err := wal.NewSegmentsRangeReader(w.Dir(),m,n)
    if sr != nil {
        sr = io.MultiReader(sr,segsr)
    } else {
        sr = segsr
    }
}
// 省略关闭Reader的相关操作
```

步骤2. 通过segmentBufReader按序读取上述Segment文件中的Record记录，读取过程中会根据过滤条件确定需要保留的Record记录，其中不同类型的Record记录对应的保留条件也有所不相同。

步骤3. 将筛选得到的Record记录写入新Checkpoint目录下的Segment文件中。步骤2和步骤3的相关代码片段如下。

```
// 创建临时Checkpoint目录，并获取其读写权限
cpdir := filepath.Join(w.Dir(),fmt.Sprintf("checkpoint.%06d",n))
cpdirtmp := cpdir + ".tmp"
if err := os.MkdirAll(cpdirtmp,0777); err != nil ...
cp,err := wal.New(nil,nil,cpdirtmp)// 创建该临时Checkpoint目录对应的WAL实例
r := wal.NewReader(sr)// 将步骤1中得到的segmentBufReader实例封装成wal.Reader
var(
    series  []RefSeries // 从Record中反序列化得到的RefSeries会暂存其中
    samples []RefSample // 从Record中反序列化得到的RefSample会暂存其中
    tstones []Stone // 从Record中反序列化得到的Stone会暂存其中
    dec     RecordDecoder
    enc     RecordEncoder
    buf     []byte // Record缓冲区，只有当其达到1MB时才会清空
```

```
    recs    [][]byte // 需要保留的Record记录
)
for r.Next(){
    series,samples,tstones = series[:0],samples[:0],tstones[:0]
    start := len(buf)// buf在start之前的空间已经被占用
    rec := r.Record()// 读取一条Record
    switch dec.Type(rec){ // 根据Record中的第一个字节确定其类型
    case RecordSeries:
        series,err = dec.Series(rec,series)// 反序列化得到其中的RefSeries集合
        repl := series[:0]
        for _,s := range series {
            if keep(s.Ref){ // 判断该时序是否需要保留,若需要保留,则将其添加到repl中
                repl = append(repl,s)
            }
        }
        if len(repl)> 0 { // 将保留的RefSeries集合序列化到buf缓冲区中,等待写入
            buf = enc.Series(repl,buf)
        }
    case RecordSamples:
        samples,err = dec.Samples(rec,samples)// 反序列化得到其中的RefSample集合
        repl := samples[:0]
        for _,s := range samples {
            if s.T >= mint { // 判断该点是否需要保留,若需要保留,则将其添加到repl中
                repl = append(repl,s)
            }
        }
        if len(repl)> 0 { // 将保留的RefSample集合序列化到buf缓冲区中,等待写入
            buf = enc.Samples(repl,buf)
        }
    case RecordTombstones:
        tstones,err = dec.Tombstones(rec,tstones)// 反序列化得到其中的Stone集合
        repl := tstones[:0]
        for _,s := range tstones {
            // 下面会遍历Stone中的每个时间范围,确定该Stone是否需要保留
            for _,iv := range s.intervals {
                if iv.Maxt >= mint {
                    repl = append(repl,s)
                    break
                }
            }
        }
        if len(repl)> 0 {  // 将保留的Stone集合序列化到buf缓冲区中,等待写入
```

```
            buf = enc.Tombstones(repl,buf)
        }
    default: // 返回异常（略）
    }
    // 将buf中缓冲的该Record数据作为一条单独的Record记录到recs中,
    // 注意，这里不会清空buf缓冲区，在处理下一条Record时，会继续向buf缓冲区中写入
    recs = append(recs,buf[start:])
    if len(buf)> 1*1024*1024 { // buf缓冲区超过1MB，则开始批量写入Checkpoint
        if err := cp.Log(recs...); err != nil...
        buf,recs = buf[:0],recs[:0] // 写入完成之后，才会清空buf缓冲区和recs缓冲区
    }
}
```

步骤4. 删除参与创建Checkpoint的Segment文件，即步骤1中查找到的全部Segment
文件（上一个Checkpoint目录下的Segment文件以及上一个Checkpoint到当前
Checkpoint之间产生的Segment文件），其相关代码片段如下。

```
if err := cp.Close(); err != nil ...
// 将临时目录更新为正式的Checkpoint目录
if err := fileutil.Replace(cpdirtmp,cpdir); err != nil ...
// 将编号小于n+1的Segment文件，即参与此次Checkpoint的Segment文件全部清理掉。
// WAL.Truncate()方法在前面已经详细介绍过了，这里不再重复
if err := w.Truncate(n + 1); err != nil ...
// 删除之前的Checkpoint目录
if err := DeleteCheckpoints(w.Dir(),n); err != nil ...
```

在上述创建Checkpoint的过程中，涉及两个需要深入分析的函数。第一个函数是
LastCheckpoint()，它负责查找指定目录下最新的Checkpoint，具体实现如下。

```
func LastCheckpoint(dir string)(string,int,error){
    files,err := ioutil.ReadDir(dir)// 读取指定目录下的全部文件名并将它们排序后返回
    for i := len(files)- 1；i >= 0；i-- { // 倒序遍历
        fi := files[i]
        // 忽略非"checkpoint."前缀开头的文件，忽略非目录文件（略）
        // 获取Checkpoint文件名的后缀数字
        k,err := strconv.Atoi(fi.Name()[len(checkpointPrefix):])
        return fi.Name(),k,nil
    }
    return "",0,ErrNotFound
}
```

另一个函数是DeleteCheckpoints()，它负责删除编号n之前的全部Checkpoint目录，

具体实现如下。

```
func(dir string,n int)error {
    files,err := ioutil.ReadDir(dir)// 读取指定目录下的全部文件名并将它们排序后返回
    for _,fi := range files {
        // 忽略非 "checkpoint." 前缀开头的文件, 忽略非目录文件 (略)
        // 获取 Checkpoint 文件名的后缀数字
        k,err := strconv.Atoi(fi.Name()[len(checkpointPrefix):])
        if err != nil || k >= n { // 编号n之后的Checkpoint目录会被忽略
            continue
        }
        // 编号n之前的Checkpoint目录将会被删除
        if err := os.RemoveAll(filepath.Join(dir,fi.Name())); err != nil...
    }
    return errs.Err()
}
```

Prometheus TSDB 中与 Checkpoint 相关的内容就介绍到这里，简单总结一下，Checkpoint 机制是很多开源存储中使用到的一种 WAL 日志压缩技术，其主要目的是清理过期 WAL 日志，从而减少磁盘使用的压力以及宕机之后系统恢复的时长。

3.8 Block

在前面介绍目录结构的章节中提到，Prometheus TSDB 将时序数据分成 block 目录存储到磁盘上。block 目录在内存中的抽象就是下面要介绍的 Block 结构体，其核心字段如下。

● dir（string 类型）：对应的 block 目录的路径。

● meta（BlockMeta 类型）：对应 block 目录的元数据，元数据的具体内容在后面详细介绍。

● mtx（sync.RWMutex 类型）：在读写 block 目录下的时序之前，都要获取该锁进行同步。

● pendingReaders（sync.WaitGroup 类型）：用于等待读取时序的操作全部结束。

● symbolTableSize（uint64 类型）：记录 Symbol Table 的字节总数。

● chunkr（ChunkReader 类型）：ChunkReader 用于读取该 block 目录下的 Chunk 文件。

- indexr（IndexReader类型）：IndexReader用于读取该block目录下的index文件。

- tombstones（TombstoneReader类型）：TombstoneReader用于读取该block目录下的tombstones文件。

在每个block目录下，除了前面介绍的Chunk文件、index文件以及tombstones文件，还会有一个meta.json文件，其中记录了block目录涉及的元数据信息，其在内存中的抽象就是BlockMeta结构体，其核心字段如下。

- ULID（ulid.ULID类型）：16个字节的唯一标识，即对应block目录的唯一标识。

- MinTime、MaxTime（int64类型）：该block目录所跨越的时间范围，即MinTime到MaxTime这段时间的时序数据都会被存储到该block目录下。

- Stats（BlockStats类型）：在BlockStats中记录了该block目录下时序的条数、时序点的个数、Chunk的个数以及tombstone的个数，在后面分析压缩操作时会说明如何更新其中的信息。

- Compaction（BlockMetaCompaction类型）：记录与当前block相关的压缩信息，在分析压缩操作时会说明如何更新其中的信息。

3.8.1 初始化

在使用Block实例之前，需要调用OpenBlock()函数完成Block实例的初始化。OpenBlock()函数的核心逻辑是初始化上述Block的核心字段。

- 在block目录下的meta.json文件中读取元数据，创建BlockMeta实例。

- 读取tombstones文件，创建memTombstones实例。

- 创建读取Chunk文件的chunks.Reader实例。

- 创建读取index文件的index.Reader实例。

这些核心组件的工作原理在前面已经详细分析过了，读者可以简单回顾一下，这里不再重复。OpenBlock()函数的核心逻辑如下。

```
func OpenBlock(dir string,pool chunkenc.Pool)(*Block,error){
    // 读取该block目录下的meta.json文件，将其中的JSON数据反序列化成BlockMeta实例
    meta,err := readMetaFile(dir)
    // 创建chunks.Reader实例
```

```
    cr,err := chunks.NewDirReader(chunkDir(dir),pool)
    // 创建index.Reader实例
    ir,err := index.NewFileReader(filepath.Join(dir,"index"))
    // 读取tombstones文件,返回的是memTombstones实例,其具体实现在前面已经详细介绍过了,这里不
再赘述
    tr,err := readTombstones(dir)


    tmp := make([]byte,8)
    symTblSize := uint64(0)
    for _,v := range ir.SymbolTable(){ // 获取index文件中Symbol Table部分的字节总数
      symTblSize += uint64(binary.PutUvarint(tmp,uint64(len(v))))
      symTblSize += uint64(len(v))
    }

    pb := &Block{ ... } // 创建Block实例
    return pb,nil
}
```

3.8.2 block相关操作

BlockReader接口中定义了读取block目录下各种数据文件的方法,其定义如下。

```
type BlockReader interface {
   Index()(IndexReader,error)// 返回用于读取index文件的IndexReader实例
   Chunks()(ChunkReader,error)// 返回用于读取Chunk文件的ChunkReader实例
   // 返回TombstoneReader实例,其中缓存了tombstones文件的内容
   Tombstones()(TombstoneReader,error)
}
```

Block结构体就是BlockReader接口的实现之一,其中Block.Chunks()方法返回的
ChunkReader实例是BlockReader类型,而BlockReader结构体是在前面介绍的chunks.Reader
结构体之上的一层简单封装,真正读取Chunk文件的操作还是由chunks.Reader完成的。
Block.Index() 以及 Tombstones() 方法的返回值也是类似。这3个方法除了返回读取
文件的相应Reader实例,还会调用 startRead() 方法递增 pendingReaders 字段,可以在
Block.Close() 方法中通过 pendingReaders.Wait() 等待全部读取操作结束之后,再释放
Block实例的所有底层资源。

Block结构体不仅实现了读取上述文件的方法,还提供了一个Delete()方法用来删除
指定范围的时序数据。Delete() 方法的ms参数指定了待删除的时序,mint参数和maxt参数

指定了待删除的时间范围。需要注意的是，该方法不仅会更新tombstones文件，还会更新meta.json文件，Delete()方法的具体实现如下。

```go
func(pb *Block)Delete(mint,maxt int64,ms ...labels.Matcher)error {
    // 根据传入的Matcher集合，从index文件中获取符合条件的Postings集合，其中记录了时序Label集合
    // 与时序编号（series reference）的映射关系
    p,err := PostingsForMatchers(pb.indexr,ms...)
    ir := pb.indexr
    stones := NewMemTombstones()// 创建memTombstones实例
    var lset labels.Labels
    var chks []chunks.Meta
Outer:
    for p.Next(){ // 遍历读取到的Postings集合，从index文件中读取时序对应的Label以及Chunk元数据
        err := ir.Series(p.At(),&lset,&chks)
        // 下面会遍历当前时序中的全部Chunk元数据，如果其中存在与待删除范围（[mint,maxt]）
        // 重叠的chunk，则表示该时序有需要删除的部分，这里会将时序编号（series reference）以及
        // 待删除时间范围记录到stones中
        for _,chk := range chks {
            if chk.OverlapsClosedInterval(mint,maxt){
                tmin,tmax := clampInterval(mint,maxt,chks[0].MinTime,
                    chks[len(chks)-1].MaxTime)
                // 记录时序编号（series reference）以及待删除的时间范围
                stones.addInterval(p.At(),Interval{tmin,tmax})
                continue Outer
            }
        }
    }
    // 迭代tombstones文件中已有的tombstone，并其添加到stones中。注意，同一时序的Interval可能
    // 会在Intervals.add()方法中进行合并，具体合并原理在前面已经分析过了，这里不再重复
    err = pb.tombstones.Iter(func(id uint64,ivs Intervals)error {
        for _,iv := range ivs {
            stones.addInterval(id,iv)
        }
        return nil
    })
    pb.tombstones = stones // 更新Block.tombstones字段以及BlockStats中记录的tombstone个数
    pb.meta.Stats.NumTombstones = pb.tombstones.Total()
    // 将Block.tombstones中记录的tombstone数据写入tombstones文件中，该方法的实现在前面
    // 已经详细分析过了，这里不再赘述
    if err := writeTombstoneFile(pb.dir,pb.tombstones); ...
    return writeMetaFile(pb.dir,&pb.meta)// 更新对应block目录下的meta.json元数据文件
}
```

writeMetaFile（）函数负责更新block目录下的meta.json元数据文件，在压缩、删除以及修复index文件的过程中，都需要调用该函数更新变化的元数据信息，其具体逻辑如下。

```
func writeMetaFile(dir string,meta *BlockMeta)error {
    path := filepath.Join(dir,metaFilename)// 在该block目录下，创建meta.json.tmp临时文件
    tmp := path + ".tmp"
    f,err := os.Create(tmp)
    enc := json.NewEncoder(f)// 将传入的BlockMeta实例转换成JSON数据写入临时文件中
    enc.SetIndent("","\t")
    // 省略错误处理的相关代码
    return renameFile(tmp,path)//将临时文件重命名为meta.json
}
```

相应的，还有一个readMetaFile（）函数用于读取meta.json文件中的元数据，它会将JSON反序列化成BlockMeta实例返回，其具体实现比较简单，这里不再展开分析。

Block中最后一个需要介绍的方法是CleanTombstones（）方法，该方法负责清理block目录下已删除的时序数据，这里简单看一下其实现，其中涉及block压缩的相关操作，将在3.9节进行详细分析。

```
func(pb *Block)CleanTombstones(dest string,c Compactor)(*ulid.ULID,error){
    numStones := 0
    // 遍历全部tombstone，统计tombstone的个数
    if err := pb.tombstones.Iter(func(id uint64,ivs Intervals)error {
        numStones += len(ivs)
        return nil
    }); ...
    // 检测numStones的值，没有tombstone时无须清理，直接返回（略）
    meta := pb.Meta()
    // 通过Compactor.Write()方法清理已删除的数据，与压缩相关的内容将在3.9节详细介绍
    uid,err := c.Write(dest,pb,pb.meta.MinTime,pb.meta.MaxTime,&meta)
    return &uid,nil
}
```

3.9　压缩

在前面介绍时序数据删除操作时提到，为了提高删除操作的性能，Block.Delete（）方法在删除时序时，只会在tombstones文件中记录待删除时序编号以及待删除部分的时间范围。在后续定期压缩的过程中，或删除部分的占比达到一定阈值之后，才会触发真正的时

序删除操作，从相应的Chunk文件中进行删除操作。当一个Chunk文件中的所有时序都被标记为待删除的时候，整个Chunk文件会被直接删除；当一个block目录中的所有时序数据都被标记为待删除的时候，整个block目录会被直接删除。

在Prometheus TSDB的默认配置中，每个block目录存储时序数据的时间为2h，随着时间的推移，时序数据会不断被写入，block目录的数量会越来越多，在大范围查询时序数据的时候，就需要跨越大量的block目录进行时序查询以及数据合并，从而导致查询效率很低。

为了减少block目录的数量，Prometheus TSDB提供了定期压缩block目录的功能，将多个block目录压缩成一个时间跨度更大的block目录，如图3-31所示。之所以能进行这样的压缩操作，是因为时序数据比较稳定，写入之后几乎没有修改。

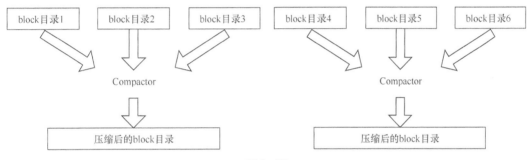

图3-31

介绍完Prometheus TSDB压缩的大致逻辑之后，来了解一下Compactor接口，其中定义了压缩block目录的过程中所涉及的核心方法，整个压缩操作包括合并block目录、删除时序数据和重写Chunk文件等操作。Compactor接口的定义如下。

```
type Compactor interface {
    Plan(dir string)([]string,error)// 返回当前可以压缩的目录集合

    // 将传入的Block实例写入指定的目录中，返回值是该block的唯一标识
    Write(dest string,b BlockReader,mint,maxt int64,parent *BlockMeta)
(ulid.ULID,error)

    // 将多个block目录（dirs参数）进行压缩，压缩后的block目录的路径为dest
    Compact(dest string,dirs ...string)(ulid.ULID,error)
}
```

LeveledCompactor结构体是Compactor接口的实现之一，其核心字段如下。

- ranges([]int64类型)：压缩层级。

- chunkPool(chunkenc.Pool类型)：用于记录可复用的Chunk实例，Chunk池在前面已详细介绍过，不再赘述。

LeveledCompactor会对block目录进行多层压缩，每一层压缩后的block目录的时间跨度都有所不同，默认分为3个层级，每个层级压缩后block的时间跨度是2h、2h×5和2h×5×5。压缩层级是在Prometheus TSDB启动时调用ExponentialBlockRanges()方法计算得到的，其具体代码实现如下，计算得到的层级结果会被保存到LeveledCompactor.ranges字段中。

```
// minSize是该Prometheus TSDB中block目录跨越的最小时间范围，默认是2h(其单位是毫秒)
func ExponentialBlockRanges(minSize int64,steps,stepSize int)[]int64 {
  ranges := make([]int64,0,steps)
  curRange := minSize
  for i := 0;i < steps;i++ { // 计算每个层级中block目录所能跨越的时间范围，每个范围递增5倍
    ranges = append(ranges,curRange)
    curRange = curRange * int64(stepSize)
  }
  return ranges // 默认返回值是[2h,2h*5,2h*5*5]
}
```

3.9.1 压缩计划

Prometheus TSDB压缩操作的第一步就是生成压缩计划，即计算哪些block目录会参与此次的压缩操作。压缩计划是由LeveledCompactor.Plan()方法生成的，它会读取当前Prometheus TSDB下的全部block目录，并从每个block目录下的meta.json文件中加载元数据，然后将这些元数据信息封装成dirMeta集合交给plan()方法进行后续的筛选。

在LeveledCompactor.plan()方法中，首先会按照MinTime对dirMeta集合进行排序，然后由LeveledCompactor.selectDirs()方法返回一组可压缩的block目录，如果未找到任何一组可压缩的block目录，则只进行时序数据的删除。它会找到tombstone数量达到一定阈值且时间跨度较大的block目录，清理其中待删除的时序数据。LeveledCompactor.plan()方法的具体代码实现如下。

```
func(c *LeveledCompactor)plan(dms []dirMeta)([]string,error){
  sort.Slice(dms,func(i,j int)bool { // 按照MinTime对dirMeta集合进行排序
    return dms[i].meta.MinTime < dms[j].meta.MinTime
  })
```

```
    dms = dms[:len(dms)-1]
    var res []string
    for _,dm := range c.selectDirs(dms){ // 调用selectDirs()方法获取一组可压缩的block目录
      res = append(res,dm.dir)
    }
    // 检测是否存在可压缩的block目录分组，若存在任意一组可压缩的block目录，则从该方法返回（略）

    // 如果没有找到任何一组可压缩的block目录，则查找需要删除时序数据的block目录
    for i := len(dms)- 1; i >= 0; i-- {
      meta := dms[i].meta
      if meta.MaxTime-meta.MinTime < c.ranges[len(c.ranges)/2] {
        break  // 如果前遍历到的block时间跨度较小，则不进行压缩
      }
      // tombstone个数达到一定阈值（包含5%）且时间跨度较大的block目录才会触发此处的删除操作
      if float64(meta.Stats.NumTombstones)/float64(meta.Stats.NumSeries+1)> 0.05 {
        return []string{dms[i].dir},nil
      }
    }
    return nil,nil
  }
```

了解前面一系列的准备工作之后，需要深入LeveledCompactor.selectDirs()方法分析它如何筛选出一组可压缩的block目录，后续的LeveledCompactor.Compact()方法会将这组block目录压缩成一个时间跨度较大的block目录。在selectDirs()方法中会按照压缩层级一层一层地查找可压缩的block目录分组。为了便于读者理解，这里通过一个示例进行说明，假设某个Prometheus TSDB实例中有5个时间跨度为2h的block目录，它们的时间跨度分别是[1,3]、[6,8]、[9,11]、[12,14]和[16,18]，如图3-32所示。

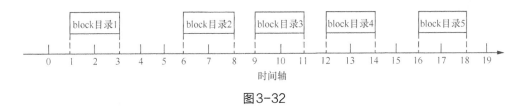

图3-32

selectDirs()方法首先会筛选可压缩成10h的block目录，如图3-33所示，block目录1和block目录2被分为一组（对应图中的group1），block目录4和block目录5被分为一组（对应图中的group2）。注意，这里的block目录3由于横跨了[0,10]和[10,20]这两个时间范围，因此未被分到任何一组中，后面在筛选可压缩成50h的block目录分组时，block目录3会被分配到合适的分组中，并参与压缩。

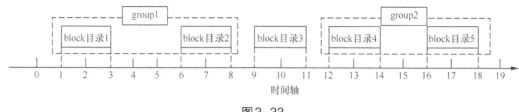

图3-33

上述block目录分组操作是在splitByRange()函数中完成的，它是selectDirs()方法中的步骤之一，具体代码实现如下。

```
func splitByRange(ds []dirMeta,tr int64)[][]dirMeta {
  var splitDirs [][]dirMeta
  for i := 0 ; i < len(ds); {
    var(
      group []dirMeta
      t0    int64
      m     = ds[i].meta
)
    if m.MinTime >= 0 { // 对齐 MinTime 时间戳
      t0 = tr *(m.MinTime / tr)
    } else {
      t0 = tr *((m.MinTime - tr + 1)/ tr)
    }
    // 没有完全在当前 [t0,t0+tr] 范围内的 block 目录，都不会被分配到当前分组中，例如上例中的 block
目录3
    if ds[i].meta.MinTime < t0 || ds[i].meta.MaxTime > t0+tr {
      i++
      continue
    }
    // 将在 [t0,t0+tr] 区域内的 block 目录分为一组
    for ; i < len(ds); i++ { // 注意，因为这里循环变量使用的是i，所以每个block只能被分到一个group
      if ds[i].meta.MinTime < t0 || ds[i].meta.MaxTime > t0+tr {
        break
      }
      group = append(group,ds[i])// 记录能够完全落到group分组内的block目录
    }
    if len(group)> 0 {
      splitDirs = append(splitDirs,group)// 记录所有group分组
    }
  }
  return splitDirs
}
```

通过splitByRange( )函数得到了多组block目录，例如上述实例中的group1和group2。下面来看LeveledCompactor.selectDirs( )方法，该方法会首先调用splitByRange( )函数检查低压缩级别中是否存在可压缩的block组，如果存在，则从中选择一组返回，如果没有，再去检查高压缩级别中可压缩block的分组，具体实现如下。

```
func(c *LeveledCompactor)selectDirs(ds []dirMeta)[]dirMeta {
   highTime := ds[len(ds)-1].meta.MinTime
   for _,iv := range c.ranges[1:] {
      // 通过splitByRange( )方法获取多组可压缩的block目录集合
      parts := splitByRange(ds,iv)
      if len(parts)== 0 {
         // 在低压缩级别中，找不到可压缩的block目录组，则继续检查下一个压缩级别，
         // 默认是前面提到的2h、2h*5和2h*5*5这3个压缩层次
         continue
      }

   Outer:
      for _,p := range parts { // 遍历所有block分组
         // 如果当前block分组中存在压缩失败的block目录，则跳过当前分组（略）
         // 当前分组的时间范围,mint是该组block中最小的MinTime,maxt是该组block中最大的
         // MinTime
         mint := p[0].meta.MinTime
         maxt := p[len(p)-1].meta.MaxTime
         // 满足下面任一条件，当前分组即可被压缩
         //(1).当前分组已写满或当前激活的block不在当前分组中，即不会有新数据写入当前分组中
         //(2).当前分组中有多个block需要压缩，如果只有一个block目录，则压缩就没有意义了
         if(maxt-mint == iv || maxt <= highTime)&& len(p)> 1 {
            return p
         }
      }
   }
   return nil
}
```

到这里，通过LeveledCompactor.Plan( )方法生成压缩计划的核心逻辑就分析完了。

3.9.2　压缩数据

通过LeveledCompactor.Plan( )方法生成压缩计划之后，Prometheus TSDB会调用LeveledCompactor.Compact( )方法对选中的block目录分组进行压缩，整个压缩操作的核

心步骤大致如下。

步骤1. 遍历指定的一组待压缩的 block 目录，通过前面介绍的 OpenBlock( ) 函数为每个 block 目录创建对应的 Block 实例。读取每个 block 目录下的 meta.json 文件，获取元数据。

步骤2. 调用 compactBlockMetas( ) 方法计算压缩后的部分元数据信息，该函数的第一个参数（uid）是压缩后 block 目录唯一标识，第二个参数（blocks）是参与压缩的 block 目录的元数据。compactBlockMetas( ) 函数在创建压缩后的 block 目录对应的 BlockMeta 实例时，除填充 uid、MinTime 和 MaxTime 字段之外，还会填充 Compaction 字段（BlockMetaCompaction 类型），具体代码实现如下。

```go
func compactBlockMetas(uid ulid.ULID,blocks ...*BlockMeta)*BlockMeta {
    res := &BlockMeta{ // 创建BlockMeta实例
        ULID:    uid,// 新生成的随机UID
        MinTime: blocks[0].MinTime,// 该压缩分组中最小的MinTime
        MaxTime: blocks[len(blocks)-1].MaxTime,// 该压缩分组中最大的MaxTime
    }
    // 下面主要计算BlockMeta.Compaction字段
    sources := map[ulid.ULID]struct{}{}
    for _,b := range blocks { // 遍历该压缩分组中每个block目录对应的BlockMeta实例
        // BlockMetaCompaction.Level记录的是最深的压缩层次
        if b.Compaction.Level > res.Compaction.Level {
            res.Compaction.Level = b.Compaction.Level
        }
        // 记录了原始的block目录的UID，即当前压缩的block目录原始的祖先block
        for _,s := range b.Compaction.Sources {
            sources[s] = struct{}{}
        }
        // 记录此次压缩前各个父block目录的描述信息
        res.Compaction.Parents = append(res.Compaction.Parents,BlockDesc{
            ULID:    b.ULID,
            MinTime: b.MinTime,
            MaxTime: b.MaxTime,
        })
    }
    res.Compaction.Level++ // 增加压缩Level
    for s := range sources { // 获取压缩后block的Sources信息
        res.Compaction.Sources = append(res.Compaction.Sources,s)
    }
```

```
    // 对 Sources 进行排序（略）
    return res
}
```

为了便于读者理解，图3-34展示了compactBlockMetas（）函数整理得到上述元数据的
过程。

步骤3. 调用LeveledCompactor.write（）方法，其中不仅会压缩Chunk文件中的时序数
据，还会对index文件进行重写，将BlockMeta元数据写入新block目录中的
meta.json文件。另外，LeveledCompactor.Write（）方法也是通过调用其write（）
方法实现的。

```
func(c *LeveledCompactor)write(dest string,meta *BlockMeta,blocks ...BlockReader)
(err error){
    // 根据压缩后 block 目录的 UID 创建一个临时目录，并获取相应的读写权限
    dir := filepath.Join(dest,meta.ULID.String())
    tmp := dir + ".tmp"
    if err = os.RemoveAll(tmp); err != nil ...
    if err = os.MkdirAll(tmp,0777); err != nil ...

    var chunkw ChunkWriter // 创建 chunks.Writer 实例，向压缩后的 block 目录写入 Chunk 文件
    chunkw,err = chunks.NewWriter(chunkDir(tmp))
    // 创建 index.Writer 实例，用于向压缩后的 block 目录写入 index 文件
    indexw,err := index.NewWriter(filepath.Join(tmp,indexFilename))
    // 真正进行压缩的地方，其中完成 chunk 数据的压缩和 index 文件的重写等，后面具体分析其实现
    if err := c.populateBlock(blocks,meta,indexw,chunkw); err != nil ...
    // 向压缩后的 block 目录中写入 meta.json 文件
    if err = writeMetaFile(tmp,meta); err != nil ...
    // 关闭 chunkw 和 indexw（略），这里需要读者回顾一下前面对 index.Writer 关闭过程的介绍，
    // 其中会完成 index 文件中 Label Index Table、Postings Table 以及 indexTOC 部分的写入
    // 在压缩后的 block 目录中创建一个空的 tombstones 文件
    if err := writeTombstoneFile(tmp,NewMemTombstones()); err != nil ...

    df,err := fileutil.OpenDir(tmp)
    // 将前面对压缩后 block 目录的修改刷新到磁盘中（略）
    if err := renameFile(tmp,dir); err != nil ... // 重命名临时目录
    return nil
}
```

了解了LeveledCompactor.Compact（）方法中3个核心步骤的具体实现之后，下面分析
Compact（）方法的代码实现就比较轻松了，具体如下。

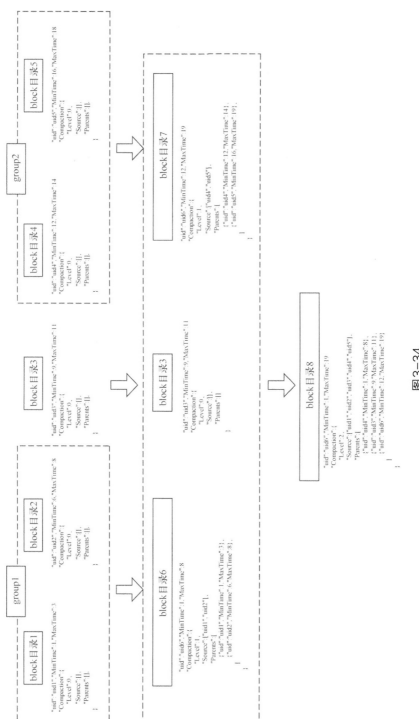

图3-34

```
func(c *LeveledCompactor)Compact(dest string,dirs ...string)(uid ulid.ULID,err error)
{
    var(
        // 记录该组待压缩block目录对应的Block实例、元数据以及UID
        blocks []BlockReader
        bs      []*Block
        metas   []*BlockMeta
        uids    []string
    )


    for _,d := range dirs { // 遍历该组待压缩的block
        b,err := OpenBlock(d,c.chunkPool)// 创建Block实例
        meta,err := readMetaFile(d)// 读取当前block目录下的meta.json文件，获取元数据
        metas = append(metas,meta)// 将每个block的元数据记录到metas中
        blocks = append(blocks,b)// 将每个block目录对应的Block实例记录到blocks以及bs中
        bs = append(bs,b)
        uids = append(uids,meta.ULID.String())// 将每个block目录的唯一标识UID记录到uids中
    }
    uid = ulid.MustNew(ulid.Now(),...)// 随机生成一个UID，作为压缩后的block目录的UID

    meta := compactBlockMetas(uid,metas...)// 计算压缩后block目录的元数据
    // 调用LeveledCompactor.write()方法压缩时序数据，在压缩后的block目录中创建相应的
    // Chunk文件、index文件以及meta.json元数据文件
    err = c.write(dest,meta,blocks...)
    // 如果压缩出现异常，会对该分组中的全部block目录进行标记（略）
    return uid,merr
}
```

LeveledCompactor.write()方法中真正完成 Chunk 文件以及 index 文件压缩的是 populateBlock()方法。这里首先需要介绍该方法中涉及的基础组件——ChunkSeriesSet接口，该接口是一组时序数据的抽象，其中定义了遍历该组时序的相关方法，具体如下。

```
type ChunkSeriesSet interface {
    Next()bool // 后续是否有可遍历的时序数据
    At()(labels.Labels,[]chunks.Meta,Intervals)// 返回当前迭代的时序信息
}
```

ChunkSeriesSet接口有多个实现，如图 3-35 所示。

这里着重介绍的是 compactionSeriesSet 以及 compactionMerger 两个结构体。compactionSeriesSet结构体是对一个block目录下时序数据的抽象，主要用于迭代其中的时序，其定义核心字段如下。

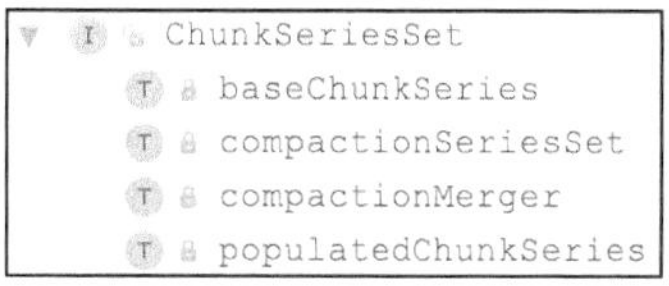

图3-35

- index（IndexReader 类型）、chunks（ChunkReader 类型）和 tombstones（TombstoneReader 类型）：用于读取 block 目录下 index 文件、Chunk 文件以及 tombstones 文件的 Reader。

- p（index.Postings 类型）：block 目录下 index 文件中的 Postings 部分，其中记录了该 block 中全部的时序编号。

- l（labels.Labels 类型）：当前迭代时序关联的 Label 集合。

- c（[]chunks.Meta 类型）：当前迭代时序关联的 Chunk 元数据以及具体的 Chunk 数据。

- intervals（Intervals 类型）：当前迭代时序已经被删除的部分。

　　每次调用 compactionSeriesSet.Next() 方法时，都会迭代对应 block 目录下的一条时序，将其对应的 Label 集合、Chunk 元数据以及时序数据、待删除的部分都记录到 compactionSeriesSet 实例相应的字段中，等待 At() 方法返回。注意，如果其中某个 Chunk 文件中的时序数据已经全部被标记为待删除的状态，则不会返回其相关的 Chunk 信息。compactionSeriesSet.Next() 方法的具体代码实现如下。

```
func(c *compactionSeriesSet)Next()bool {
    if !c.p.Next(){ // 检测该index.Postings中是否还有可迭代的时序
        return false
    }
    // 根据时序编号获取其中待删除的部分,TombstoneReader的具体实现在前面
    // 已经详细分析过了，这里不再赘述
    c.intervals,err = c.tombstones.Get(c.p.At())
    // 根据时序编号获取对应的Label集合以及Chunk元数据,IndexReader的具体实现在前面已经详细分析
    // 过了，这里不再赘述
    if err = c.index.Series(c.p.At(),&c.l,&c.c); err != nil ...


    // 这里得到的Chunk集合中，可能有一些已经在tombstones文件中被标记为删除，下面会将被删除
    // 的Chunk对应的元数据剔除，不再读取这些Chunk文件，其中的时序数据也不会参与后续的压缩操作，从而
    // 实现删除的效果
    if len(c.intervals)> 0 {
        chks := make([]chunks.Meta,0,len(c.c))
        for _,chk := range c.c { // 遍历全部Chunk文件，过滤已全部删除的Chunk
            if !(Interval{chk.MinTime,chk.MaxTime}.isSubrange(c.intervals)){
                chks = append(chks,chk)// 将未全部删除的Chunk元数据记录下来
            }
        }
    }
```

```
      c.c = chks
  }
  for i := range c.c { // 遍历未删除的Chunk元数据，读取对应的Chunk文件
    chk := &c.c[i]
    chk.Chunk,err = c.chunks.Chunk(chk.Ref)// 读取Chunk文件中的时序数据
  }
  return true
}
```

compactionMerger 结构体的作用是封装两个 ChunkSeriesSet 实例，其底层两个 ChunkSeriesSet 实例中记录的时序数据都是有序的（按照时序的 Label 集合排序），其定义如下。

- a,b（ChunkSeriesSet 类型）：底层封装的两个 ChunkSeriesSet 实例。

- aok,bok（bool 类型）：用于标识两个 ChunkSeriesSet 实例是否还有可迭代的时序。

- l（labels.Labels 类型）、c（[]chunks.Meta 类型）和 intervals（Intervals 类型）：这 3 个字段与 compactionSeriesSet 结构体中的类似，分别用于记录当前迭代时序的 Label 集合、Chunk 数据以及元数据、待删除的部分。

在 newCompactionMerger() 函数初始化 compactionMerger 实例的过程中，会预先调用一次底层 ChunkSeriesSet 实例的 Next() 方法来迭代其中的第一个时序。compactionMerger.Next() 方法会合并迭代底层的两个 ChunkSeriesSet 实例，返回较小的时序，如果迭代到的时序相同，则需要进行合并，其具体代码实现如下。

```
func(c *compactionMerger)Next()bool {
  // 当两个底层的ChunkSeriesSet实例都没有可迭代时序的时候，表示当前compactionMerger
  // 实例迭代完成（略）
  var lset labels.Labels
  var chks []chunks.Meta
  // 目前两个ChunkSeriesSet实例中各有一个可迭代的时序，这里会比较这两个时序的Label集合，
  // 返回较小的一个
  d := c.compare()
  if d > 0 { // 此次b返回的时序较小，该时序会被返回
    lset,chks,c.intervals = c.b.At()
    c.l = append(c.l[:0],lset...)
    c.c = append(c.c[:0],chks...)
    c.bok = c.b.Next()// 调用b.Next()方法，准备下一个时序信息
  } else if d < 0 { // 此次a返回的时序较小，该时序会被返回
    ... ...
```

```
    } else { // 如果两个时序的Label集合相同, 则表示它们实际上为一条时序, 将其信息进行合并后返回
      l,ca,ra := c.a.At()
      _,cb,rb := c.b.At()
      for _,r := range rb { // 合并时序待删除的部分
        ra = ra.add(r)
      }
      c.l = append(c.l[:0],l...)// 时序的Label集合
      c.c = append(append(c.c[:0],ca...),cb...)// 合并Chunk数据以及元数据
      c.intervals = ra
      c.aok = c.a.Next()// 推进底层的两个ChunkSeriesSet实例, 准备下一次迭代
      c.bok = c.b.Next()
    }
    return true
}
```

通过前面的介绍可知,compactionSeriesSet主要负责时序的迭代,compactionMerger负责时序的简单合并。下面回到populateBlock()方法继续分析,先看该方法的前3个步骤。

步骤1. 遍历该组待压缩Block,读取每个Block中的index文件,将其Symbol Table中的字符串记录到allSymbols这个map中,供后续压缩使用。

步骤2. 为每个Block创建对应的compactionSeriesSet实例,其中封装了该Block对应的IndexReader、ChunkReader、TombstoneReader以及该Block中全部的时序编号。

步骤3. 将所有的compactionSeriesSet实例使用compactionMerger合并起来,最终得到的效果如图3-36所示。

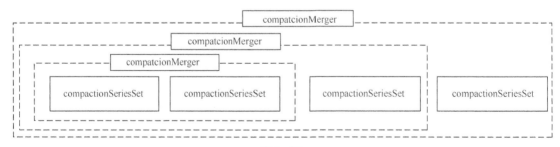

图3-36

populateBlock()方法前3步的具体代码实现如下。

```
func(c *LeveledCompactor)populateBlock(blocks []BlockReader,meta *BlockMeta,
indexw IndexWriter,chunkw ChunkWriter)error {
```

```
    var(
        set ChunkSeriesSet
        // 用于记录压缩后index文件中的Symbol Table
        allSymbols = make(map[string]struct{},1<<16)
    )

    for i,b := range blocks { // 遍历该组待压缩的block目录
        // 获取每个block目录关联的IndexReader、ChunkReader以及TombstoneReader,
        // 并记录到closers切片中,在退出该方法时,会统一关闭这些资源(略)
        indexr,err := b.Index()
        closers = append(closers,indexr)
        chunkr,err := b.Chunks()
        closers = append(closers,indexr)
        tombsr,err := b.Tombstones()
        closers = append(closers,indexr)

        // 获取当前block目录下index文件中的Symbol Table存储的字符串,并这些字符串
        // 全部记录到allSymbols这个map中
        symbols,err := indexr.Symbols()
        for s := range symbols {
            allSymbols[s] = struct{}{}
        }
        // index文件的Postings部分有一个特殊的映射,它记录了一个特殊的Label(AllPostingsKey)
        // 到所有时序编号的映射,这里就是获取该Postings
        all,err := indexr.Postings(index.AllPostingsKey())
        all = indexr.SortedPostings(all)// 对全部时序编号进行排序
        // 为每一个block目录创建对应的compactionSeriesSet实例
        s := newCompactionSeriesSet(indexr,chunkr,tombsr,all)
        if i == 0 {
            set = s
            continue
        }
        // 创建compactionMerger,用于合并两个compactionSeriesSet实例
        set,err = newCompactionMerger(set,s)
    }
    ... ...
}
```

继续populateBlock()方法后续的步骤。

步骤4. 将allSymbols这个map中记录的字符串写入压缩后block目录中的index
文件。

步骤5. 遍历步骤3得到的ChunkSeriesSet，处理迭代到的每个时序数据。如果当前迭代的时序中没有对应的Chunk返回，则表示该时序在该组压缩的block目录中已经被完全删除。

步骤6. 如果当前迭代的时序有对应的Chunk返回，则需要逐个检测这些Chunk中是否存在待删除的部分。如果存在，则通过deletedIterator迭代器从该Chunk中迭代出未删除的点，并将这些点写入新的Chunk中。最后使用新Chunk替换原Chunk，这样就可以清理掉待删除的时序点。此时得到的Chunk集合中保存的是当前迭代时序压缩后的点，这里会写入压缩后block目录下的Chunk文件中。

步骤7. 根据步骤6得到的Chunk集合，创建该时序在index文件中的Series部分。

步骤8. 更新压缩后block目录的元数据，例如，该block目录中时序的个数、Chunk文件的个数以及时序点的个数。

步骤9. 释放该时序关联的Chunk实例，即将其放回到Chunk池中，等待重用。

步骤10. 记录该时序中Label Name与Label Value之间的映射关系，以及其中各个Label与该时序的映射关系。

步骤11. 在完成所有时序的迭代之后，会根据步骤10中记录的映射关系，写入压缩后block目录下index文件中的Label Index部分以及Postings部分。另外，在index.Writer.Close()方法中，会先完成index文件中Label Index Table、Postings Table以及indexTOC这3部分的写入，最后将index文件内容刷新到磁盘，并关闭index文件。

图3-37展示了上述步骤的执行流程。

最后来看populateBlock()方法中步骤4～步骤11的具体代码实现。

```
func(c *LeveledCompactor)populateBlock(blocks []BlockReader,meta *BlockMeta,
indexw IndexWriter,chunkw ChunkWriter)error {
  ... ... // 前面3步（略）
  var(
    postings = index.NewMemPostings()
    values   = map[string]stringset{}
    i        = uint64(0)
)
  // 写入压缩后index文件的Symbol Table部分的内容
  if err := indexw.AddSymbols(allSymbols); err != nil ...
```

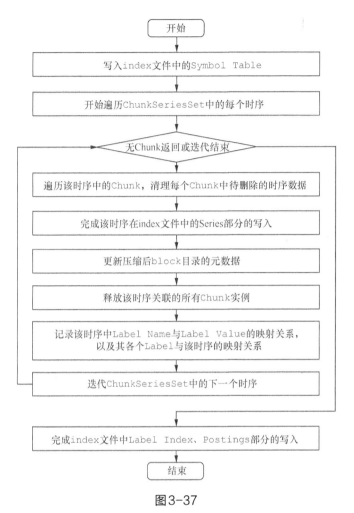

图3-37

```
for set.Next(){ // 前面得到的ChunkSeriesSet中记录压缩涉及的所有时序数据
    // 这里得到的Chunk都是未被完全删除的，但是其中可能存在部分待删除的Chunk
    lset,chks,dranges := set.At()
    // 检测chks集合是否为空，如果为空，则表示全部的Chunk都被删除了，无须执行后续的压缩操作（略）
    if len(dranges)> 0 { // 如果该时序中有待删除的部分，则需要将待删除的数据过滤掉
        for i,chk := range chks {
            if !chk.OverlapsClosedInterval(dranges[0].Mint,dranges[len(dranges)-1].Maxt)
            {
                continue
            }
            // 创建一个XORChunk实例用于存储参与压缩的数据
            newChunk := chunkenc.NewXORChunk()
            app,err := newChunk.Appender()
```

```
                    // 通过deletedIterator迭代器过滤已删除的时序数据，它只返回未删除的点
                    it := &deletedIterator{it: chk.Chunk.Iterator(),intervals: dranges}
                    for it.Next(){ // 通过deletedIterator迭代器将未删除的点写入newChunk中
                        ts,v := it.At()
                        app.Append(ts,v)
                    }
                    chks[i].Chunk = newChunk // 替换原有的Chunk实例
                }
            }
            // 将该时序写入压缩后的block目录中
            if err := chunkw.WriteChunks(chks...); err != nil ...
            // 在index文件中写入该时序相应的Series部分
            if err := indexw.AddSeries(i,lset,chks...); err != nil ...
            // 更新压缩后block目录中的chunk个数以及时序个数
            meta.Stats.NumChunks += uint64(len(chks))
            meta.Stats.NumSeries++
            // 更新压缩后block目录中时序点的个数
            for _,chk := range chks {
                meta.Stats.NumSamples += uint64(chk.Chunk.NumSamples())
            }
            for _,chk := range chks { // 释放前面使用的Chunk实例，即将其放回Chunk池中等待重用
                if err := c.chunkPool.Put(chk.Chunk); err != nil ...
            }
            for _,l := range lset { // 记录Label Name与Label Value之间的映射关系
                valset,ok := values[l.Name]
                if !ok {
                    valset = stringset{}
                    values[l.Name] = valset
                }
                valset.set(l.Value)
            }
            postings.Add(i,lset)// 记录Label与该时序编号的映射关系
            i++
        }


        s := make([]string,0,256)
        for n,v := range values {
            s = s[:0]
            for x := range v {
                s = append(s,x)
            }
            // 将Label Name到Label Value的映射关系写入index文件中的Label Index部分
```

```
        if err := indexw.WriteLabelIndex([]string{n},s); err != nil...
    }
    // 将Label与时序编号的映射关系记录到index文件的Postings部分
    for _,l := range postings.SortedKeys(){
        if err := indexw.WritePostings(l.Name,l.Value,postings.Get(l.Name,l.Value)); ...
    }
    return nil
```

在populateBlock（）方法进行block目录压缩的时候，使用到MemPostings和deletedIterator两个组件，下面简单分析一下这两个组件的实现。

1. MemPostings

MemPostings结构体在内存中维护了Label与时序编号的映射关系，这里的时序编号在前面介绍index文件时已经详细介绍过了，这里不再重复。需要读者注意的是，它并不是前面介绍的Postings接口的实现。MemPostings的定义如下。

- m（map[labels.Label][]uint64类型）：Label与时序编号的映射关系，初始化大小为512。

- mtx（sync.RWMutex类型）：在读写上述映射关系（m字段）时，需要获取该锁进行同步。

- ordered（bool类型）：标识上面的m字段中，每组时序编号是否是有序的，在后面介绍的EnsureOrder（）方法中会完成时序编号的排序，并进入有序模式。一旦进入有序模式，则后续的写入操作都必须保证每组时序编号都是有序的。

在上述populateBlock（）方法压缩各个时序的过程中，会调用MemPostings.Add（）方法记录多个Label与单个时序编号的映射关系，其中第一个参数（id）是时序编号，第二个参数（lset）是该时序关联的Label集合，具体代码实现如下。

```
func(p *MemPostings)Add(id uint64,lset labels.Labels){
    p.mtx.Lock()// 在写入之前需要加锁同步
    for _,l := range lset {
        p.addFor(id,l)// 向每个Label关联的时序编号集合中添加该编号
    }
    // allPostingsKey是一个特殊的Label，其中记录了所有写入MemPostings的时序编号
    // 后面会看到该集合的用处
    p.addFor(id,allPostingsKey)
    p.mtx.Unlock()// 写入完成后释放锁
}
```

```
func(p *MemPostings)addFor(id uint64,l labels.Label){
    list := append(p.m[l],id)// 在指定Label关联的集合中记录该时序编号
    p.m[l] = list
    if !p.ordered { return } // 未处于有序模式，则直接返回，无须进行后面的排序操作
    // 如果当前MemPostings处于有序模式，则需要在添加新时序编号后进行重新排序
    for i := len(list)- 1 ; i >= 1 ; i-- {  // 因为追加是在尾部完成的，所以排序从尾部开始
        if list[i] >= list[i-1] {
            break
        }
        list[i],list[i-1] = list[i-1],list[i]
    }
}
```

MemPostings.EnsureOrder( ) 方法的功能是对各个Label关联的时序编号集合进行排序，让MemPostings实例切换成有序模式，具体实现如下。

```
func(p *MemPostings)EnsureOrder(){
    // 加锁同步（略）
    // 如果当前MemPostings实例已经处于有序模式，则直接返回
    n := runtime.GOMAXPROCS(0)
    workc := make(chan []uint64)
    var wg sync.WaitGroup
    wg.Add(n)
    for i := 0 ; i < n ; i++ { // 启动多个goroutine进行排序
        go func(){
            for l := range workc {
                sort.Slice(l,func(i,j int)bool { return l[i] < l[j] })// 排序
            }
            wg.Done()// goroutine排序结束
        }()
    }

    for _,l := range p.m { // 遍历所有的映射关系，对每组时序编号进行排序
        workc <- l
    }
    close(workc)// 关闭workc通道，使得goroutine排序结束
    wg.Wait()// 等待上面启动的goroutine排序结束
    p.ordered = true // 设置ordered标识
}
```

MemPostings提供了两个查询方式，一个是Get( ) 方法，它会将指定Label对应的时序编号集合封装成listPostings实例返回，其实现比较简单，这里不再展开介绍。另一种查

询方式是Iter()方法，它会迭代MemPostings.m字段中的全部映射关系，并将其传入回调函数中进行处理，其具体代码实现如下。

```
func(p *MemPostings)Iter(f func(labels.Label,Postings)error)error {
  // 加锁同步（略）
  for l,p := range p.m { // 遍历所有的映射关系，并传入回调函数中进行处理
    if err := f(l,newListPostings(p)); err != nil ...  // 省略错误处理的相关代码
  }
  return nil
}
```

在MemPostings.Delete()方法中会删除指定的时序编号，这里的删除是将其从已有Label对应的时序集合中删除，但是不会影响这些时序后续被重新添加到MemPostiongs中。Delete()方法的具体代码实现如下。

```
func(p *MemPostings)Delete(deleted map[uint64]struct{}){
  var keys []labels.Label
  p.mtx.RLock()// 加锁
  for l := range p.m { // 获取当前已有Label集合的快照，这样可以减少加锁时间
    keys = append(keys,l)
  }
  p.mtx.RUnlock()

  for _,l := range keys { // 遍历上面得到的Label集合快照
    p.mtx.Lock()// 每处理一个Label就获取一次锁，可以防止长时间阻塞
    found := false
    for _,id := range p.m[l] {  // 检测每组时序编号集合中是否包含待删除的时序编号
      if _,ok := deleted[id]; ok {
        found = true
        break
      }
    }
    if !found { // 未包含待删除的时序编号，则解锁后检测下一个Label关联的集合
      p.mtx.Unlock()
      continue
    }
    repl := make([]uint64,0,len(p.m[l]))
    for _,id := range p.m[l] { // 从该组时序中过滤掉待删除的时序编号
      if _,ok := deleted[id]; !ok {
        repl = append(repl,id)
      }
    }
```

```
          if len(repl)> 0 { // 记录修改后的时序编号
            p.m[l] = repl
        } else { // 清理完删除的时序编号后，如果该Label对应的时序集合为空，
                    // 则将其直接从m字段中删除
            delete(p.m,l)
        }
        p.mtx.Unlock()
    }
}
```

MemPostings组件不仅在block压缩的过程中会使用到，在3.10节介绍Head窗口的相关实现时，还会见到其身影。

2. deletedIterator

在LeveledCompactor.populateBlock()方法中进行压缩操作时，每条时序会对应多个Chunk实例，某些Chunk实例中可能会包含一些已删除的时序数据。为了将这些已删除的时序数据清理掉，populateBlock()方法会使用deletedIterator迭代Chunk中的时序数据，deletedIterator只会返回未被删除的时序数据。deletedIterator迭代器的定义如下。

- it(chunkenc.Iterator类型)：底层封装的Chunk迭代器，其实就是前面介绍的xorIterator。

- intervals(Intervals类型)：该时序中已删除的时间范围。

deletedIterator的核心是Next()方法，它在迭代底层Chunk中的每个时序点的同时，还会检测该时序点是否处于已删除的时间范围中，如果处于其中，则表示该时序点已被删除，不会将其返回，具体实现如下。

```
func(it *deletedIterator)Next()bool {
Outer:
  for it.it.Next(){
    ts,_ := it.it.At()// 迭代底层Chunk，获取每个时序点
    for _,tr := range it.intervals {
      if tr.inBounds(ts){ // 如果该时序点已删除，则继续迭代下一个时序点
        continue Outer
      }
      if ts > tr.Maxt { // 遍历的时间范围已经超过了当前的Interval,tr需要后移，重新检测
        it.intervals = it.intervals[1:]
        continue
      }
      return true
```

```
        }
        return true
    }
    return false
}
```

通过Next()方法找到一个未被删除的时序点之后,就可以使用deletedIterator.At()方法将其返回,At()方法的实现比较简单,这里不再展开分析,感兴趣的读者可以参考其代码进行学习。

3.10　Head

在前面介绍Prometheus TSDB的设计思想时提到,Prometheus TSDB会将近期(默认是一个block的时间跨度,即2h)的时序数据写入内存中,对该时间范围内的时序数据的读取,也是从内存中进行,如图3-38所示,本节要介绍的Head即为上述内存的窗口。

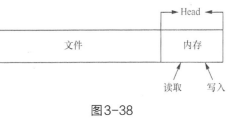

图3-38

3.10.1　memSeries

在介绍Head结构体之前,依然需要来了解一下Head结构体涉及的基础组件。memSeries用来维护内存中的一条时序数据,其核心字段如下。

- ref(uint64类型):当前memSeries实例的唯一ID。

- lset(labels.Labels类型):该时序关联的Label集合。

- chunks([]*memChunk类型):chunks字段是该时序中的Chunk部分,用于存储时序点。

- chunkRange(int64类型):每个memChunk实例默认的时间跨度。

- firstChunkID(int类型):chunks切片中第一个memChunk实例的编号,在memSeries进行truncate之后,该ID会增加。

- nextAt(int64类型):记录下一次触发cut()方法时创建新memChunk实例的时间

截上限，后面会详细分析 cut（）方法的实现。

- lastValue（float64 类型）：写入该 memSeries 实例的最后一个时序点的 value 值。

- sampleBuf（[4]sample 类型）：缓存最近写入的 4 个时序点。

- pendingCommit（bool 类型）：是否有时序数据等待写入当前 memSeries 实例，后面在介绍 headAppender 结构体时会看到该字段的作用。

- app（chunkenc.Appender 类型）：向当前 memChunk 中写入数据的 chunkenc.Appender 实例，chunkenc.Appender 接口的实现在前面已经详细介绍过了，这里不再赘述。

memSeries 结构体中存储时序数据的核心是 chunks 字段，其中元素为 memChunk 实例，每个 memChunk 实例都存储了该时序在一段时间范围内的数据，其底层封装了前面介绍的 XORChunk 实例。memChunk 结构体核心字段如下。

- chunk（chunkenc.Chunk 类型）：底层封装的 XORChunk 实例。

- minTime、maxTime（int64 类型）：该 memChunk 实例的时间范围。

另外，需要强调的是，memSeries.chunks 字段中的最后一个元素是当前可写的 Chunk 实例，其余的 memChunk 实例均为只读的状态。

memSeries 实例的初始化由 newMemSeries（）函数完成，其中会填充上述核心字段。memSeries 实例初始化完成之后，就可以通过 memSeries.append（）方法向其中写入时序数据。append（）方法的参数分别是写入时序点的 timestamp 以及 value 值，该方法有两个返回值，第一个表示该时序点是否写入成功，另一个则表示此次写入是否触发了新 memChunk 实例的创建。下面来看 memSeries.append（）方法的具体实现。

```
func(s *memSeries)append(t int64,v float64)(success,chunkCreated bool){
   const samplesPerChunk = 120
   // 获取该memSeries实例中可写的memChunk实例，即chunks字段中的最后一个memChunk实例
   c := s.head()
   if c == nil {
      // 第一次向该memSeries实例写入时序点时，无可写的memChunk实例，此时会调用cut()方法进行创建，
      // 其中除创建memChunk实例之外，还会更新memSeries.nextAt字段，确定创建下一个memChunk
      // 实例的时间点。后面会详细介绍cut()方法的实现。
      c = s.cut(t)
      chunkCreated = true // 创建了新的memChunk实例，将chunkCreated标记为false
   }
   numSamples := c.chunk.NumSamples()// 计算memChunk实例中时序点的个数
```

```
    // 默认情况下，每个memChunk只写入120个点，如果当前memChunk已经写入了30个点（25%），
    // 这里会重新计算nextAt，这样做主要是为了防止出现过于密集或过于稀疏的memChunk实例
    if numSamples == samplesPerChunk/4 {
        s.nextAt = computeChunkEndTime(c.minTime,c.maxTime,s.nextAt)
    }
    if t >= s.nextAt { // 当timestamp超过nextAt字段时，会触发cut()方法创建新的memChunk实例
        c = s.cut(t)
        chunkCreated = true
    }
    // 将该时序点写入当前memChunk实例,memSeries.app字段也是cut()方法初始化完成的
    s.app.Append(t,v)
    c.maxTime = t // 更新当前memChunk的最大timestamp
    s.lastValue = v // 记录写入的最后一个时序点的value值
    // 更新写入的最后4个时序点
    s.sampleBuf[0] = s.sampleBuf[1]
    s.sampleBuf[1] = s.sampleBuf[2]
    s.sampleBuf[2] = s.sampleBuf[3]
    s.sampleBuf[3] = sample{t: t,v: v}
    return true,chunkCreated
}
```

在上面的append()方法中看到，当第一次向memSeries实例写入数据或是超出当前可写memChunk实例的时间范围的时候，都需要调用memSeries.cut()方法创建新的memChunk实例。cut()方法不仅会初始化memChunk实例，还会创建相应的Appender实例并更新memSeries.app字段，具体实现如下。

```
func(s *memSeries)cut(mint int64)*memChunk {
    c := &memChunk{
        chunk:   chunkenc.NewXORChunk(),// 创建memChunk底层的XORChunk实例
        minTime: mint,// 初始化memChunk的时间范围
        maxTime: math.MinInt64,
    }
    s.chunks = append(s.chunks,c)// 将新建的memChunk实例记录到memSeries.chunks集合中
    // 根据指定的mint和chunkRange计算下一次进行cut()操作的时间上限，当写入数据超过该时间戳时，
    // 会触发cut()操作。注意,nextAt字段会在后面memChunk写入25%时进行调整
    _,s.nextAt = rangeForTimestamp(mint,s.chunkRange)
    // 为当前memChunk实例创建Appender并记录到memSeries.app字段中，后续通过该Appender写入点
    app,err := c.chunk.Appender()
    s.app = app
    return c
}
```

如果需要读取某个memChunk实例的数据，可以通过memSeries.iterator( )方法查找指定memChunk实例关联的迭代器，具体实现如下。

```
func(s *memSeries)iterator(id int)chunkenc.Iterator {
    c := s.chunk(id)// 根据ID获取对应的memChunk实例（id-firstChunkID即为其在chunks字段中的下标）
    // 如果找不到对应的memChunk实例，则返回空迭代器（略）
    // 如果读取的不是当前可写的memChunk实例，可以直接返回xorIterator进行迭代
    if id-s.firstChunkID < len(s.chunks)-1 {
        return c.chunk.Iterator()
    }
    // 如果读取的是chunks中的最后一个memChunk实例，则使用memSafeIterator迭代器进行迭代，
    // 其底层也是依赖xorIterator进行迭代的，但是在迭代最后4个时序点的时候，会直接从sampleBuf中获取
    it := &memSafeIterator{
        Iterator: c.chunk.Iterator(),
        i:        -1,
        total:    c.chunk.NumSamples(),
        buf:      s.sampleBuf,
    }
    return it
}
```

随着时序数据的不断写入，memSeries.chunks字段中存储的memChunk实例会不断增加，占用的内存也会不断增加。为了避免占用过多的内存，Prometheus TSDB会定时将Head窗口的部分数据持久化到磁盘，形成block目录。在完成持久化之后，Prometheus TSDB会将这部分时序数据从Head窗口删除，其实就是清理无用的memChunk实例。该清理操作是在memSeries.truncateChunksBefore( )方法中完成的，其主要功能就是将已过期的memChunk实例删除，具体实现如下。

```
func(s *memSeries)truncateChunksBefore(mint int64)(removed int){
    var k int
    for i,c := range s.chunks { // 遍历memChunk实例
        if c.maxTime >= mint { // 过滤未过期的memChunk实例
            break
        }
        k = i + 1 // 当前memChunk实例可以被清除
    }
    s.chunks = append(s.chunks[:0],s.chunks[k:]...)// 清理memChunk
    s.firstChunkID += k // 增加memSeries第一个memChunk的ID,k为清理的memChunk实例个数
    return k
}
```

3.10.2 stripeSeries

stripeSeries 结构体是一个 memSeries 集合，其中存储的 memSeries 实例会按照 ID 进行分区，每个分区对应一把锁，这样可以提高并发。stripeSeries 结构体的大致结构体如图3-39所示。

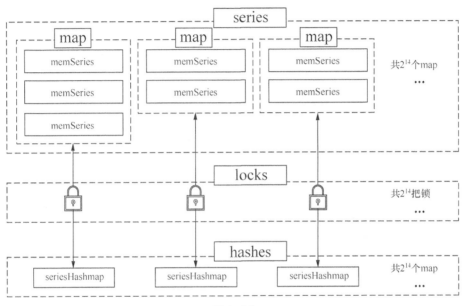

图3-39

这里简单说明 stripeSeries 中的 3 个核心字段，series 字段是一个 map 集合，每个 map 的 key 为 memSeries 的 ID，value 为对应的 memSeries 实例。hashes 字段实际上存储了与 series 字段相同的 memSeries 实例，只不过其组织方式不同，hashes 字段中的 key 是时序 Label 集合的 hash 值，value 为对应的 memSeries 实例。这两个字段中的每个 map 都对应一把锁，这些锁就存放在 stripeSeries.locks 字段中。这里锁的类型是 stripeLock，该结构体在 sync.RWMutex 之上进行了简单的优化，即其中添加了字节填充，防止两把锁被存储到同一个 Cache Line。

了解了 stripeSeries 的结构之后，来看其提供的存取方法。首先来看 stripeSeries.getOrSet() 方法，该方法根据 Label 集合的 hash 值查找对应的 memSeries 实例，如果查找失败，则将新建的 memSeries 实例作为对应的 value 记录下来，具体实现如下：

```
func(s *stripeSeries)getOrSet(hash uint64,series *memSeries)(*memSeries,bool){
    i := hash & stripeMask // 通过Label集合的hash值确定该时序所在的分区
    s.locks[i].Lock()// 获取对应的分区锁
```

```
   // 根据 Label 集合查找 memSeries 实例，如果 hashes 中存在对应的 memSeries 实例，则直接将其返回
   if prev := s.hashes[i].get(hash,series.lset); prev != nil {
     s.locks[i].Unlock()// 释放分区锁
     return prev,false
   }
   // 如果 hashes 中不存在对应的 memSeries 实例，则将参数传入的 memSeries 实例设置进去
   s.hashes[i].set(hash,series)
   s.locks[i].Unlock()// 释放锁
   // 在新增 memSeries 实例的时候，需要同时将该 memSeries 添加到 series 集合中
   i = series.ref & stripeMask // 根据 memSeries 的 ID 确定其在 series 中的分区
   s.locks[i].Lock()// 获取分区对应的锁
   s.series[i][series.ref] = series // 记录 memSeries 实例
   s.locks[i].Unlock()// 释放分区锁
   return series,true
 }
```

另外，stripeSeries 还提供了 getByHash() 和 getById() 方法，它们分别根据 Label 集合的 hash 值以及 memSeries 的 ID 值查询对应 memSeries 实例，但其中没有新增 memSeries 实例的逻辑。

stripeSeries.gc() 方法是 Head 清理过期时序数据的核心方法之一，它会遍历所有 hashes 集合中的 memSeries 实例，通过前面介绍的 truncateChunksBefore() 方法将所有过期的 memChunk 删除，具体实现如下。

```
func(s *stripeSeries)gc(mint int64) (map[uint64]struct{},int){
  var(
    deleted  = map[uint64]struct{}{}
    rmChunks = 0
  )
  // 遍历 stripeSeries 中的 memSeries，将每个 memSeries 中严格小于 mint 时间戳的 memChunk 清理掉
  for i := 0; i < stripeSize; i++ {
    s.locks[i].Lock()// 加分区锁
    for hash,all := range s.hashes[i] {
      for _,series := range all {
        series.Lock()// 加锁
        // 通过 truncateChunksBefore() 方法将每个 memSeries 中过期的 memChunk 清理掉，
        // truncateChunksBefore() 方法在前面已经介绍过了，这里不再在赘述
        rmChunks += series.truncateChunksBefore(mint)
        if len(series.chunks)> 0 || series.pendingCommit { // memSeries 未被全部清空
          series.Unlock()
          continue
        }
```

```
        // 如果当前memSeries中的memChunk实例全部都被清理掉了，则将该memSeries实例
        // 从series和hashes切片中删除，同时也会将其在hashes切片中的映射关系删除
        j := int(series.ref & stripeMask)// 根据memSeries的ID确定其在series集合中的分区
        if i != j {
            s.locks[j].Lock()
        }
        deleted[series.ref] = struct{}{}  // 记录被删除的memSeries的ID
        // 将待删除的memSeries实例从hashes以及series集合中删除
        s.hashes[i].del(hash,series.lset)
        delete(s.series[j],series.ref)
        if i != j {  // 释放所有的锁
            s.locks[j].Unlock()
        }
        series.Unlock()
    }
}
s.locks[i].Unlock()
}
return deleted,rmChunks  // 返回删除的memSeries实例的ID和删除的memChunk实例的个数
}
```

3.10.3　Head结构体

最后来看Head结构体，它是对内存block窗口的抽象。Head结构体的核心字段如下。

● chunkRange（int64类型）：该窗口中每个block目录所表示的时间范围，默认是2h。

● wal（*wal.WAL类型）：WAL实例，用于读写WAL日志。

● appendPool（sync.Pool类型）：RefSample切片池，用于缓存可重用的RefSample切片。

● bytesPool（sync.Pool类型）：用于缓存重用的byte缓冲区。

● minTime、maxTime（int64类型）：当前Head的时间范围，注意，后面会根据minTime和maxTime字段值判断当前Head实例是否已被初始化。

● lastSeriesID（uint64类型）：当前Head窗口最大的时序编号。

● series（*stripeSeries类型）：记录写入Head窗口的时序数据，stripeSeries的核心功能在前面已经详细分析过了，这里不再赘述。

- symbols（map[string]struct{}类型）：记录了Head窗口中出现的所有字符串，当Head窗口持久化成block目录的时候，该集合中记录的字符串会被写入index文件的 Symbols Table 部分。

- values（map[string]stringset类型）：记录所有时序中Label Name与Label Value之间的映射关系，持久化时会被写入index文件的 Label Index 部分。

- postings（*index.MemPostings）：记录了Label集合与时序编号的映射关系，持久化时会被写入index文件的 Postings 部分。

- tombstones（*memTombstones类型）：记录待删除时序的时间范围。

1. 写入时序

在向Head窗口写入时序数据的时候，需要先通过Head.Appender()方法获取相应的Appender接口实例。Appender接口负责向TSDB中批量写入时序数据，在正常完成一次批量写入之后，需要调用Commit()方法将前面写入的时序真正提交到Head中，如果写入出现异常，则可以调用Rollback()方法放弃此次批量写入的时序数据，这两个操作有点类似于关系数据库中的"事务"。下面是Appender接口的具体定义。

```
type Appender interface {
    // 写入时序数据，后面会详细介绍Add()方法和AddFast()方法的区别
    Add(l labels.Labels,t int64,v float64)(uint64,error)
    AddFast(ref uint64,t int64,v float64)error

    Commit()error // 将前面批量写入的时序数据提交到Head中
    Rollback()error // 回滚此次批量写入
}
```

Appender接口有多个实现，这里重点介绍headAppender的实现，核心字段如下。

- head（*Head类型）：当前Appender实例关联的Head实例，通过该Appender实例写入的时序数据会被记录到该Header实例中。

- mint、maxt（int64类型）：此次写入的时序点中的最大timestamp以及最小timestamp。

- minValidTime（int64类型）：写入时间戳的下限，小于此timestamp的点无法写入。

- series（[]RefSeries类型）、samples（[]RefSample类型）：headAppender实例会在内存中暂时维护WAL日志，在提交批量写入的同时，会将WAL日志持久化，RefSeries和RefSample的结构在前面介绍WAL日志时已经详细分析过了，这里不再重复。

创建headAppender实例的过程由Head.appender（）方法完成，如下所示。

```
func(h *Head)appender()*headAppender {
  return &headAppender{
    head:          h,
    minValidTime: h.MaxTime()- h.chunkRange/2,// 写入时间戳的下限
    mint:          math.MaxInt64,// 后面会根据mint和maxt判断当前headAppender是否初始化
    maxt:          math.MinInt64,
    // 从appendPool池中获取一个缓冲区，用于缓冲RefSample类型的WAL日志
    samples:       h.getAppendBuffer(),
  }
}
```

完成headAppender实例的初始化之后，可以调用Add（）方法写入时序数据。Add（）方法会根据Label集合查询时序对应的stripeSeries实例，若查找失败，则需要进行创建并记录相应的WAL日志，具体实现如下。

```
func(a *headAppender)Add(lset labels.Labels,t int64,v float64)(uint64,error){
    // 检测写入时序点的timestamp是否合理（略）
    // 根据时序的Label集合获取对应的memSeries实例
    s,created := a.head.getOrCreate(lset.Hash(),lset)
    if created { // 新建一条时序，需要添加一条RefSeries类型的WAL日志
      a.series = append(a.series,RefSeries{
        Ref:    s.ref,
        Labels: lset,
      })
    }
    return s.ref,a.AddFast(s.ref,t,v)
}
```

在getOrCreate（）方法中，会根据Label集合查找memSeries实例，若查找失败，则新建memSeries实例，除此之外还会调用getOrCreateWithID（）方法完成如下操作。

● 在Head.symbols字段中记录了该时序涉及的Label Name字符串和Label Value字符串。

● 在Head.values字段中记录该时序中Label Name与Label Value之间的映射关系。

● 在Head.postings字段中记录每个Label到时序编号的映射关系。

getOrCreateWithID（）方法的具体实现如下。

```
func(h *Head)getOrCreateWithID(id,hash uint64,lset labels.Labels)(*memSeries,bool){
    s := newMemSeries(lset,id,h.chunkRange)// 创建新的memSeries实例
    s,created := h.series.getOrSet(hash,s)// 将新建的memSeries实例添加到Head.series集合
    // 将每个Label到时序编号的映射关系记录到postings字段中
    h.postings.Add(id,lset)
    for _,l := range lset {
        // 将Label Name与Label Value之间的映射记录到values字段中
        valset,ok := h.values[l.Name]
        if !ok {
            valset = stringset{}
            h.values[l.Name] = valset
        }
        valset.set(l.Value)
        // 在symbols字段中记录Label Name字符串和Label Value字符串
        h.symbols[l.Name] = struct{}{}
        h.symbols[l.Value] = struct{}{}
    }
    return s,true
}
```

获得 memSeries 实例之后，会通过 AddFast() 方法记录写入时序点对应的 RefSample 日志，并设置 pendingCommit 标志，具体实现如下。

```
func(a *headAppender)AddFast(ref uint64,t int64,v float64)error {
    s := a.head.series.getByID(ref)// 根据ID获取对应的memSeries实例
    // 检测该点是否能正常写入（略）
    // 设置该memSeries实例的待提交标志，这样，在后面介绍gc()方法时就会知道该memSeries实例
    // 中有待提交的时序数据，即使它符合了其他全部的清理条件，也不会被清理掉
    s.pendingCommit = true
    // 更新headAppender的mint字段和maxt字段
    if t < a.mint { a.mint = t }
    if t > a.maxt { a.maxt = t }
    // 记录一条RefSample类型的WAL日志
    a.samples = append(a.samples,RefSample{
        Ref:    ref,
        T:      t,
        V:      v,
        series: s,
    })
    return nil
}
```

最后，可以通过 Commit() 方法将上述写入的时序点提交到 Head 中保存。Commit()

方法首先会调用log()方法完成WAL日志的持久化，具体实现如下。

```
func(a *headAppender)log()error {
    buf := a.head.getBytesBuffer()// 从bytesPool中获取一个缓冲区
    defer func(){ a.head.putBytesBuffer(buf)}()// 在方法结束时，将该缓冲区放回池中，等待使用

    var rec []byte
    var enc RecordEncoder
    if len(a.series)> 0 { // 对RefSeries类型的日志进行编码，然后写入日志文件中
        rec = enc.Series(a.series,buf)
        buf = rec[:0]
        if err := a.head.wal.Log(rec); err != nil ...
    }
    return nil
}
```

完成WAL日志的写入之后，Commit()方法会将前面Add()方法写入的时序点提交到对应的memSeries实例中，大致实现如下。

```
func(a *headAppender)Commit()error {
    if err := a.log(); err != nil ...  // 写入WAL日志
    // 遍历RefSample类型的WAL日志，将时序点写入对应的memSeries实例中
    for _,s := range a.samples {
        // memSeries.append() 方法的具体实现在前面已经详细介绍过了
        ok,chunkCreated := s.series.append(s.T,s.V)
        s.series.pendingCommit = false // 清空pendingCommit标识
    }
    return nil
}
```

最后来看Rollback()方法的实现就比较简单了，它首先会清空所有涉及的memSeries实例的待提交状态，然后回收对应的缓冲区，大致实现如下。

```
func(a *headAppender)Rollback()error {
    // 清空全部memSeries的待提交标志
    for _,s := range a.samples {
        s.series.pendingCommit = false
    }
    a.head.putAppendBuffer(a.samples)
    a.samples = nil
    return a.log()
}
```

2. 读取时序

介绍完向 Head 窗口写入时序的相关实现之后，下面来看从 Head 读取时序数据的逻辑。Head.Chunks() 方法返回的是 headChunkReader 实例，其 Chunk() 方法会根据传入的 ID 在 Head 中查找对应的 memSeries 实例，然后再从中获取相应的 memChunk 实例返回，具体实现如下。

```
func(h *headChunkReader)Chunk(ref uint64)(chunkenc.Chunk,error){
    sid,cid := unpackChunkID(ref)// 其中低40位是memSeries ID, 高24位是Chunk ID
    s := h.head.series.getByID(sid)// 根据ID查找memSeries实例
    // 若查找失败，则返回nil(略)
    c := s.chunk(int(cid))// 在上面的memSeries实例中查找memChunk
    return &safeChunk{
        Chunk: c.chunk,
        s:     s,
        cid:   int(cid),
    },nil
}
```

Head.Index() 方法返回的是 headIndexReader 实例，其 Symbols()、LabelValues()、Postings()、SortedPostings()、Series() 和 LabelIndices() 方法的实现比较简单，主要逻辑是复制 Head 中对应的字段，例如 Symbols() 方法会复制 Head.symbols 集合中的字符串并返回，其他方法类似，这里不再展开分析。

3. 清理数据

在进行时序数据删除时，如果待删除的时间范围与 Head 窗口有交集，则会调用 Head.Delete() 方法从 Head 实例中删除涉及的时序数据。该方法会根据 mint、maxt 参数确定待删除的时间范围，还会根据传入的 Matcher 确定待删除的时序，具体实现如下。

```
func(h *Head)Delete(mint,maxt int64,ms ...labels.Matcher)error {
    // 修正mint以及maxt，保证两者不会超过Head的时间范围
    mint,maxt = clampInterval(mint,maxt,h.MinTime(),h.MaxTime())
    // 创建headIndexReader实例，读取该Head实例中的索引信息
    ir := h.indexRange(mint,maxt)
    // 读取符合条件的postings信息（时序ID与Label集合的映射关系）
    p,err := PostingsForMatchers(ir,ms...)
    var stones []Stone
    for p.Next(){ // 遍历符合条件的时序
        // 根据时序编号查找时序对应的memSeries实例
        series := h.series.getByID(p.At())
        // 根据memSeries的minTime和maxTime确定其是否已被初始化，未初始化的memSeries实例
        // 无须进行处理
```

```
        t0,t1 := series.minTime(),series.maxTime()
        if t0 == math.MinInt64 || t1 == math.MinInt64 {
            continue
        }
        // 修正t0和t1，保证它们在当前memSeries范围内
        t0,t1 = clampInterval(mint,maxt,t0,t1)
        // 创建Stone实例并记录到stones数组中，等待后续压缩时进行删除
        stones = append(stones,Stone{p.At(),Intervals{{t0,t1}}})
    }
    var enc RecordEncoder
    if h.wal != nil {
        // 创建Tombstones实例并写入WAL日志文件中，具体过程前面已经分析过了，这里不再重复
        if err := h.wal.Log(enc.Tombstones(stones,nil)); err != nil ...
    }
    for _,s := range stones { // 将Stone添加到tombstones字段中缓存
        h.tombstones.addInterval(s.ref,s.intervals[0])
    }
    return nil
}
```

在 Head 窗口中的时序数据持久化到磁盘上，并形成 block 目录之后，已持久化的时序数据就可以被清理掉了。为了及时释放内存，完成时序数据持久化之后，Prometheus TSDB 会立即调用 Head.gc() 方法，该方法会将 Head.minTime 之前的全部时序数据清理掉，主要依赖于前面介绍的 stripeSeries.gc() 方法来实现时序清理功能。另外，该方法还会重建 Head 中存储的索引信息，具体实现如下。

```
func(h *Head)gc(){
    mint := h.MinTime()// Head.minTime之前的时序数据都会被删除
    // 调用stripeSeries.gc()方法清理每个memSeries中过期的时序数据，其实现在前面已经详细介绍过了，
    // 这里不再重复
    deleted,chunksRemoved := h.series.gc(mint)
    seriesRemoved := len(deleted)
    // 如果Head完全删除了某个时序，则从postings集合中删除Label与该时序编号
    // 之间的映射关系
    h.postings.Delete(deleted)

    // 下面根据postings重建Symbols Table以及Label Index两个部分
    symbols := make(map[string]struct{})
    values := make(map[string]stringset,len(h.values))
    if err := h.postings.Iter(func(t labels.Label,_ index.Postings)error {
        symbols[t.Name] = struct{}{} // 记录Label Name字符串和Label Value字符串
        symbols[t.Value] = struct{}{}
```

```
    ss,ok := values[t.Name] // 记录 Label Name 与 Label Value 之间的映射关系
    if !ok {
      ss = stringset{}
      values[t.Name] = ss
    }
    ss.set(t.Value)
    return nil
}); err != nil...
h.symbols = symbols // 更新 symbols 字段和 values 字段，这里省略加锁和解锁的过程
h.values = values
}
```

Head.Truncate()方法是对 gc()方法的封装，完成时序清理的准备工作和善后工作。该方法首先会判断当前 Head 实例是否为初始化状态，初始状态的 Head 窗口是空的，无须进行任何清理操作；如果不是初始化状态，则更新其 MinTime 字段，然后调用 gc()方法清理已持久化的时序数据。完成 Head 窗口的清理之后，还会检测是否有足够的 WAL Segment 文件来创建新的 Checkpoint 文件。Head.Truncate()方法的具体实现如下。

```
func(h *Head)Truncate(mint int64)error {
  // 根据 Head.minTime 字段判断当前 Head 是否为初始化状态
  initialize := h.MinTime()== math.MaxInt64
  // 若当前 Head 不包含 mint 之前的时序数据，则直接返回（略）
  // 更新 minTime 字段，如果有必要，还需要更新 maxTime 字段
  atomic.StoreInt64(&h.minTime,mint)
  for h.MaxTime()< mint {
    atomic.CompareAndSwapInt64(&h.maxTime,h.MaxTime(),mint)
  }
  if initialize { return nil } // 初始化状态的 Head 不包含任何数据，无须进行后续的 gc()操作
  h.gc()// 调用 gc()方法，清理 Head.minTime 之前的时序数据，这里不再展开分析
  // 若 Head.wal 字段为空，则无须进行后续的 Segment 文件清理以及 Checkpoint 的创建，直接返回（略）
  start = time.Now()
  m,n,err := h.wal.Segments()
  n-- // 最近的 Segment 文件不参与 Checkpoint 的创建
  n = m +(n-m)/3 // 当存在3个及3个以上 Segment 文件时，才需要创建新的 Checkpoint
  if n <= m {
    return nil
  }

  keep := func(id uint64)bool { return h.series.getByID(id)!= nil }
  // 创建 Checkpoint,Checkpoint()函数的具体实现在前面已经详细分析过了，这里不再重复
```

```
        if _,err = Checkpoint(h.logger,h.wal,m,n,keep,mint); err != nil ...
        return nil
}
```

最后，Head还提供了一个loadWAL()方法，它主要负责在Prometheus TSDB启动的时候加载WAL日志以恢复Head实例的各项数据，该方法会在3.11节分析DB实例初始化的时候详细分析。

3.11　DB

介绍完Prometheus TSDB的全部基础组件之后，本节将要详细分析DB结构体，它是Prometheus TSDB的入口，也是Prometheus TSDB与Prometheus其他模块交互的门面，一方面对外提供简单易用的接口，另一方面掩盖Prometheus TSDB内部存储的复杂性。DB还负责协调前面介绍的各种基础组建，将Prometheus TSDB中各个独立的功能组件整合成一个完整的TSDB功能。DB结构体的核心字段如下。

- dir(string类型)：Prometheus TSDB的所有文件都在根目录下，前面介绍的block目录、WAL日志等文件都在此目录下。

- lockf(fileutil.Releaser类型)：该DB实例对应的锁文件。该文件是否创建是由DB实例的配置所决定的。

- opts(*Options类型)：该DB实例的关键配置在该Options实例中，下面简单看一下其中的核心配置项。

  - WALFlushInterval(time.Duration类型)：WAL日志刷新到磁盘上的频率，默认为5s。

  - RetentionDuration(uint64类型)：时序数据在磁盘上存储的时间上限，单位为毫秒，当时序数据在磁盘上存储的时间超过该上限时会被删除，默认为15天。

  - BlockRanges([]int64类型)：每一层压缩后的block目录的时间跨度，默认分为[2h,2h*5,2h*5*5]这3个时间跨度，单位是毫秒。

  - NoLockfile(bool类型)：是否创建lock文件。

- chunkPool(chunkenc.Pool类型)：Chunk池，用于重用Chunk实例。

- head(*Head类型)：3.10节介绍的内存Head窗口，实现近期时序数据的内存读写。

- blocks（[]*Block类型）：该DB下的所有Block实例，每个Block对应一个block目录。

- mtx（sync.RWMutex类型）：在修改blocks切片时，必须获取该锁进行同步。

- cmtx（sync.Mutex类型）：控制压缩操作的锁。

- compactionsEnabled（bool类型）：该DB实例是否开启了压缩操作，可以通过配置进行修改。

- compactor（Compactor类型）：Compactor接口用于压缩block目录，在前面已经详细介绍过，同时也负责Head窗口的持久化。

- compactc（chan struct{}类型）：DB实例启动的时候会同时启动一个goroutine，配合该channel触发前面介绍的压缩操作，后面会进行详细。

3.11.1 初始化流程

了解了DB结构体的核心字段之后，下面开始分析DB实例的初始化过程，该过程是在Open（）函数中完成的，大致步骤如下。

步骤1. 生成DB目录并获取足够的读写权限。

步骤2. 如果在该DB实例的目录下存在旧版本的index索引文件或是旧版本的WAL日志文件，则会进行升级处理。

步骤3. 创建DB实例，下面开始初始化其核心字段。

步骤4. 根据NoLockfile配置项决定是否创建lock文件。

步骤5. 创建LeveledCompactor实例，用于block目录的压缩。

步骤6. 创建WAL实例，用于读写WAL日志。

步骤7. 创建并初始化Head实例，用于缓存近期写入的时序数据以及相关的索引信息。

步骤8. 加载DB实例下已有的block目录，同时会删除无法读取的block目录以及过期的block目录。

步骤9. 启动定期压缩的goroutine。

Open（）函数的具体实现如下。

```
func Open(dir string,l log.Logger,r prometheus.Registerer,opts *Options)
(db *DB,err error){
    // 创建DB目录并获取足够的读写权限, 省略异常处理代码（略）
    if err := os.MkdirAll(dir,0777); err != nil ...
    if l == nil { l = log.NewNopLogger()}
    if opts == nil { // 如果未指定该DB实例的参数, 则使用默认参数, 即这里的DefaultOptions
        opts = DefaultOptions
    }
    // 如果在该DB实例的目录下存在旧版本的index索引文件或是旧版本的WAL日志文件, 则会进行升级, 具体
    // 的升级流程这里省略了, 感兴趣的读者可以参考代码进行学习
    db = &DB{ // 创建DB实例
        dir:                dir,
        logger:             l,// 如果未指定Logger, 则代表使用nopLogger, 它不会输出任何日志
        opts:               opts,
        compactc:           make(chan struct{},1),
        donec:              make(chan struct{}),
        stopc:              make(chan struct{}),
        compactionsEnabled: true,// 是否开启压缩功能
        chunkPool:          chunkenc.NewPool(),
    }
    if !opts.NoLockfile { // 根据参数决定是否创建lockfile
        absdir,err := filepath.Abs(dir)
        lockf,_,err := fileutil.Flock(filepath.Join(absdir,"lock"))// 创建lock文件
        db.lockf = lockf // 更新lockf字段
    }
    // 创建LeveledCompactor实例,LeveledCompactor的功能在前面已经详细介绍
    // 过了, 这里不再重复
    db.compactor,err = NewLeveledCompactor(r,l,opts.BlockRanges,db.chunkPool)
    // 创建WAL实例,WAL日志的功能在前面已经详细介绍过了, 这里不再重复
    wlog,err := wal.New(l,r,filepath.Join(dir,"wal"))

    // 创建Head实例,Head窗口的相关实现在前面已经详细介绍过了, 这里不再展开赘述
    // 注意, 这里的第四个参数指定了Head窗口中memChunk实例的时间跨度, 也就是最小block的
    // 时间跨度（默认2h）
    db.head,err = NewHead(r,l,wlog,opts.BlockRanges[0])

    // 加载DB实例下已有的block目录, 同时会删除无法读取的block目录以及过期的block目录
    if err := db.reload(); err != nil ...


    if err := db.head.Init(); err != nil ... // 初始化Head窗口
```

```
    go db.run()// 启动定期压缩的goroutine
    return db,nil
}
```

　　LeveledCompactor、WAL 和 Head 等基础组件的实现在前面已经详细分析过了，在 Open() 函数中不仅会初始化上述核心组件，还会调用 DB.reload() 方法扫描 DB 目录下的全部 block 目录，为每个 block 创建对应的 Block 实例，同时清理过期的 block 目录。reload() 方法的核心步骤如下。

步骤1.　遍历 DB 下的全部 block 目录，记录过期的 block 目录以及已被压缩过的 block 目录，这两类 block 目录都可以被正常删除，这里会将它们记录到 deleteable 集合中。另外还会记录读取 meta.json 文件异常的 block 目录。

步骤2.　检测读取 meta.json 元数据文件失败的 block 目录是否在 deleteable 集合中，如果读取 meta.json 元数据文件失败的 block 目录不在 deleteable 集合中，即表示该 block 目录在 reload() 方法的后续步骤中不会被删除，则会在这里抛出异常。

步骤3.　再次遍历该 DB 实例下的 block 目录，为每个 block 目录创建对应的 Block 实例，然后按照其 MinTime 进行排序。

步骤4.　将步骤3中新建的 Block 实例更新到 DB.blocks 字段。

步骤5.　对于不再需要的 Block 实例，例如待删除的 block 目录，这里会调用 Close() 方法将其关闭，释放底层的相关资源。

步骤6.　遍历 deleteable 集合，删除其中全部的 block 目录。

步骤7.　如果全部 block 目录都被删除，则直接返回；否则，会调用 Head.Truncate() 方法将已经持久化的时序数据清理掉。

　　DB.reload() 方法的具体实现如下。

```
func(db *DB)reload()(err error){
    dirs,err := blockDirs(db.dir)// 获取DB目录下全部的block目录
    var(
        blocks    []*Block
        corrupted = map[ulid.ULID]error{}
        opened    = map[ulid.ULID]struct{}{}
        deleteable = map[ulid.ULID]struct{}{}
    )
```

```
for _,dir := range dirs { // 遍历block目录
    // 读取该block目录下的meta.json文件，获取block目录对应的元数据
    meta,err := readMetaFile(dir)
    // 如果读取元数据失败，则将该block目录记录到corrupted集合中，后续检测时会使用
    if err != nil {
        // 获取该block目录的ulid，若获取失败，则表示该目录不是一个block目录，省略异常处理代码
        ulid,err2 := ulid.Parse(filepath.Base(dir))
        corrupted[ulid] = err // 将该block目录的ulid记录到corrupted中
        continue
    }
    // 检测当前block目录是否过期，默认存储15天，beyondRetention()方法的具体实现后面将详细分析
    if db.beyondRetention(meta){
        deleteable[meta.ULID] = struct{}{} // 如果过期，则将该block记录到deleteable集合中
        continue
    }
    // 将当前block目录的Parent目录记录到deleteable集合中，Parents字段记录了当前block
    // 目录是由哪些block目录压缩而来的。Parents字段中记录的block目录是已经被压缩过的，
    // 压缩结果即当前blocks目录，可以安全地将其删除掉
    for _,b := range meta.Compaction.Parents {
        deleteable[b.ULID] = struct{}{}
    }
}
// 检测读取meta.json元数据文件失败的block目录是否在deleteable集合中，如果不在其中，
// 即表示后续操作也不会删除这些block目录，则会在这里抛出异常
for c,err := range corrupted {
    if _,ok := deleteable[c] ; !ok ...
}

for _,dir := range dirs { // 再次遍历dirs中的目录
    meta,err := readMetaFile(dir)// 从meta.json文件中读取block元数据
    if _,ok := deleteable[meta.ULID]; ok { // 跳过待删除的block
        continue
    }
    b,ok := db.getBlock(meta.ULID)// 检测是否已为该block目录创建对应的Block对象
    if !ok {
        // 为指定block目录创建对应的Block实例，其中会创建读取Chunk、Index以及tombstones等文
        // 件对应的Reader实例
        b,err = OpenBlock(dir,db.chunkPool)
    }
    blocks = append(blocks,b)// 将Block实例记录到blocks中
    opened[meta.ULID] = struct{}{} // 记录已经打开的block目录的ulid
}
```

```
// 对已打开的block目录进行排序,这里是按照MinTime进行排序的
sort.Slice(blocks,func(i,j int)bool {
   return blocks[i].Meta().MinTime < blocks[j].Meta().MinTime
})
db.mtx.Lock()
oldBlocks := db.blocks // 记录之前的blocks字段
db.blocks = blocks // 更新blocks字段,此时即可通过新的blocks集合读取时序数据
db.mtx.Unlock()

for _,b := range oldBlocks {  // 遍历oldBlocks中全部的Block实例,关闭前面未打开的block
   if _,ok := opened[b.Meta().ULID]; ok { // 跳过目前还需要使用的block目录
      continue
   }
   // 若发现无用的block目录,例如待删除的block目录,则调用Block.Close()方法关闭底层的相关资源
   if err := b.Close(); err != nil ...
}

for ulid := range deleteable { // 将deleteable中记录的全部block目录删除掉
   if err := os.RemoveAll(filepath.Join(db.dir,ulid.String())); err != nil ...
}
// 如果blocks字段为空,则表示全部的block目录都被删除了,这里会直接返回(略)
maxt := blocks[len(blocks)-1].Meta().MaxTime // 获取目前Block实例中最大的MaxTime
// 调用Head.Truncate()方法,将maxt之前的时序数据从Head窗口清理掉,同时尝试创建Checkpoint
// 并清理WAL Segment文件
return errors.Wrap(db.head.Truncate(maxt),"head truncate failed")
}
```

在上面调用的 **DB.beyondRetention()** 方法中,会计算当前可保留的最小时间戳,并判断传入的 block 目录是否可以保留,如图 3-40 所示。

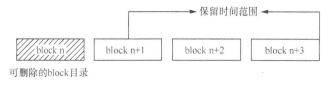

图3-40

```
func(db *DB)beyondRetention(meta *BlockMeta)bool {
   // 如果将RetentionDuration配置项设置为0,则表示不会过期,在这里直接返回false(略)
   db.mtx.RLock()
   blocks := db.blocks[:]
   db.mtx.RUnlock()
```

```
    // 检测blocks的长度（略）
    last := blocks[len(db.blocks)-1] // 获取当前最新的block目录
    // 计算当前可保留的最小时间戳，该时间戳之前的block目录会被全部删除
    mint := last.Meta().MaxTime - int64(db.opts.RetentionDuration)
    return meta.MaxTime < mint
}
```

通过reload()方法为block目录创建对应的Block实例，接下来调用Head.Init()方法加载最新的Checkpoint以及WAL日志，恢复Head窗口中的数据，具体实现如下。

```
func(h *Head)Init()error {
    // 检测wal字段是否为空（略）
    cp,n,err := LastCheckpoint(h.wal.Dir())// 获取最新的Checkpoint
    if err == nil {
        // 创建segmentBufReader，读取Checkpoint目录下的Segment文件，省略异常处理的相关代码
        sr,err := wal.NewSegmentsReader(filepath.Join(h.wal.Dir(),cp))
        // 回放Checkpoint中记录的WAL日志，省略异常处理的相关代码
        if err := h.loadWAL(wal.NewReader(sr)); err != nil ...
        n++
    }
    // 创建segmentBufReader，读取Checkpoint之后的所有Segment文件，并回放该部分的WAL日志
    sr,err := wal.NewSegmentsRangeReader(h.wal.Dir(),n,-1)
    err = h.loadWAL(wal.NewReader(sr))
    // 所有的Segment文件正常回放，则此处会直接返回（略）
    // 尝试恢复损坏的Segment文件，WAL.Repair()方法在前面已经详细分析过了，这里不再赘述
    if err := h.wal.Repair(err); err != nil ...
    return nil
}
```

下面深入分析一下回放WAL日志的逻辑。在Head.loadWAL()方法中，主goroutine负责读取WAL日志，同时会启动多个worker goroutine负责消费主goroutine读取的WAL日志。需要注意的是，这些处理WAL日志的worker goroutine是分区进行的，如图3-41所示，这里启动了3个worker goroutine，有3个Channel负责将WAL日志传递到这3个worker goroutine中进行处理。每个Channel传输的都是全量的WAL日志，但是每个worker goroutine只处理自己分区中的WAL日志。主goroutine会从最后的一个Channel中获取已经处理完成的buffer进行重用。这是一个典型的"生产者—消费者"模型。

下面来看Head.loadWAL()方法的具体实现。

```
func(h *Head)loadWAL(r *wal.Reader)error {
    minValidTime := h.MinTime()// 获取Header窗口的timestamp下限
    var unknownRefs uint64
```

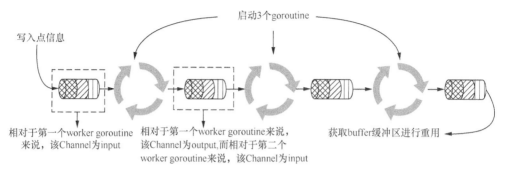

图3-41

```
var(
    wg          sync.WaitGroup
    n          = runtime.GOMAXPROCS(0)// 决定启动 goroutine 的个数
    firstInput = make(chan []RefSample,300)
    input      = firstInput
)
wg.Add(n)
for i := 0;i < n;i++ { // 启动多个 goroutine
    output := make(chan []RefSample,300)
    go func(i int,input <-chan []RefSample,output chan<- []RefSample){
        // 调用 processWALSamples() 方法处理 WAL 日志，其中只会处理当前 goroutine 负责的分区
        unknown := h.processWALSamples(minValidTime,uint64(i),uint64(n),input,output)
        atomic.AddUint64(&unknownRefs,unknown)
        wg.Done()
    }(i,input,output)
    // 注意这里，上一个 goroutine 的 output 将作为下一个 goroutine 的 input
    input = output
}

var(
    dec      RecordDecoder
    series   []RefSeries
    samples  []RefSample
    tstones  []Stone
)
for r.Next(){ // 主 goroutine 开始读取 WAL 日志
    series,samples,tstones = series[:0],samples[:0],tstones[:0]
    rec := r.Record()
```

```
        switch dec.Type(rec){ // 根据 WAL 日志的类型进行分类处理
        case RecordSeries:
            series,err := dec.Series(rec,series)// 反序列化得到时序相关的元信息
            for _,s := range series {
                // 在 Head 中创建该时序对应的 memSeries 实例
                h.getOrCreateWithID(s.Ref,s.Labels.Hash(),s.Labels)
                if h.lastSeriesID < s.Ref {
                    h.lastSeriesID = s.Ref
                }
            }
        case RecordSamples:
            samples,err := dec.Samples(rec,samples)// 反序列化得到时序点的信息
            for len(samples)> 0 { // 下面将 samples 进行分组，并发送到 input 通道中
                n := 5000
                if len(samples)< n { // 每次发送到 input 通道的时序点的上限个数是 5000
                    n = len(samples)
                }
                var buf []RefSample
                // 这里会读取图 3-41 中的最后一个 Channel，该 buf 中的点已被处理完成，因此主 goroutine
                // 会重用该 buf
                select {
                case buf = <-input:
                default:
                }
                firstInput <- append(buf[:0],samples[:n]...)// 将时序点批量写入 firstInput 通道
                samples = samples[n:]
            }
        case RecordTombstones:
            tstones,err := dec.Tombstones(rec,tstones)// 反序列化得到待删除的时序信息
            for _,s := range tstones {
                for _,itv := range s.intervals {
                    if itv.Maxt < minValidTime {
                        continue // 该部分时序已经过期（已持久化），不会再记录到 Head 窗口中
                    }
                    // 记录待删除的时序部分，memTombstones 的相关实现前面已经详细分析过了，这里不再重复
                    h.tombstones.addInterval(s.ref,itv)
                }
            }
        default:
            return errors.Errorf("invalid record type %v",dec.Type(rec))
        }
    }
```

```
    close(firstInput)// 通知第一个worker goroutine，数据已经全部写入完成
    for range input { // 等待全部时序点被work goroutine处理完
    }
    wg.Wait()// 等待work goroutine运行结束
    return nil
}
```

在 loadWAL( ) 方法中启动的每个 worker goroutine 都是通过 Head.processWALSamples( )
方法处理 WAL 日志的，这里先简单介绍一下该方法的参数。

- minValidTime（uint64 类型）：Head 窗口所能覆盖的最小 timestamp，该 timestamp 之
  前的 WAL 日志都会被过滤掉，因为其对应的操作已经被持久化。

- partition、total（uint64 类型）：该 worker goroutine 所负责的分区编号，以及分区的
  总个数。

- input、output（<-chan []RefSample 类型）：两个 Channel 都用于批量传输 WAL 日志。
  当前 worker goroutine 从 input 通道读取 WAL 日志进行处理，处理完成之后，当前
  worker goroutine 会将这些 WAL 日志通过 output 通道传递给下一个 worker goroutine
  处理。

processWALSamples( ) 方法的具体实现如下。

```
func(h *Head)processWALSamples(minValidTime int64,partition,total uint64,
   input <-chan []RefSample,output chan<- []RefSample,)(unknownRefs uint64){
   mint,maxt := int64(math.MaxInt64),int64(math.MinInt64)
   for samples := range input { // 处理input通道传过来的[]RefSample集合
     for _,s := range samples { // 遍历该RefSample集合，将时序点加载到Head窗口中
       // 如果该时序点已小于Head窗口的覆盖范围，或是该时序点不属于worker goroutine处理的分区，
       // 则跳过该点
       if s.T < minValidTime || s.Ref%total != partition {
         continue
       }
       // 查找该时序点对应的memSeries实例，该时序对应的memSeries实例已在主goroutine创建过了
       ms := h.series.getByID(s.Ref)
       // 若查找memSeries实例失败，则跳过该时序点（略）
       _,chunkCreated := ms.append(s.T,s.V)// 将时序点的timestamp和value值写入
memSeries
       // 更新maxt和mint变量，为最后更新Head.MinTime和MaxTime做准备（略）
     }
     // 将该RefSample集合写入output通道，由下一个worker goroutine继续处理
     output <- samples
```

```
    }
    h.updateMinMaxTime(mint,maxt)// 更新Head的minTime和maxTime
    return unknownRefs
}
```

到目前为止，DB.Open（）方法已经完成了LeveledCompactor和Head等组件的创建以及初始化、block目录的加载、重放WAL日志恢复Head窗口等操作，最后，Open（）方法还会启动一个run goroutine定期触发压缩操作，run goroutine的具体操作如下。

```
func(db *DB)run(){
    backoff := time.Duration(0)
    for {
        select {
        // 监听stopc通道，检测当前DB实例是否已经关闭（略）
        case <-time.After(backoff): // 等待退避时间到期
        }

        select {
        case <-time.After(1 * time.Minute): // 等待1min，向compactc通道写入信号
            select {
            case db.compactc <- struct{}{}:
            default:
            }
        case <-db.compactc: // 读取compactc通道
            err := db.compact()// 触发压缩操作，该过程的具体实现在下面会详细分析
            if err != nil {
                // 如果压缩出现异常，则需要进行等待，每次退避的时间并不是完全相等的，exponential()用于
                // 计算具体的退避时间
                backoff = exponential(backoff,1*time.Second,1*time.Minute)
            } else {
                backoff = 0
            }
        case <-db.stopc:
            return
        }
    }
}
```

在DB.compact（）方法中主要完成了两件事：一是持久化Head窗口中的时序数据；二是压缩磁盘上已有的block目录。首先来看持久化Head窗口的代码片段。

```
// 检测compactionsEnabled字段，查看是否开启压缩功能（略）
for {
```

```
// 检测整个DB实例是否已关闭（略）
// 检测Head窗口中时序数据的时间跨度，如果时间跨度较小，则无须进行持久化（略）
// 计算此次Head窗口持久化的时间范围
mint,maxt := rangeForTimestamp(db.head.MinTime(),db.opts.BlockRanges[0])
head := &rangeHead{
    head: db.head,
    mint: mint,
    maxt: maxt - 1,
}
// 调用Write()方法持久化上述指定时间范围的Head窗口，其核心实现是前面介绍的write()方法，
// 这里不再展开介绍
if _,err = db.compactor.Write(db.dir,head,mint,maxt,nil); err != nil...
// 持久化完成之后，会产生新的block目录，下面会调用reload()方法重新加载block目录，其具体逻辑
// 在前面已经分析过了，这里不再重复
if err := db.reload(); err != nil ...  // 省略异常处理的相关代码
}
```

下面再来看触发 block 目录压缩的代码片段，这里首先会通过前面介绍的 LeveledCompactor. Plan() 方法获取可压缩的block目录分组，然后通过LeveledCompactor.Compact() 方法进行真正的压缩，最后调用DB.reload()方法重新加载block目录，具体实现如下。

```
for {
    plan,err := db.compactor.Plan(db.dir)// 获取此次压缩的block目录分组
    // 检测可压缩的block分组是否为空，若无可压缩的block分组，则直接返回（略）
    // 检测整个DB实例是否已关闭（略）
    // 通过LeveledCompactor.Compact()方法进行压缩，其具体实现在前面已经详细分析过了，这里不再
    // 赘述
    if _,err := db.compactor.Compact(db.dir,plan...); err != nil ...
    runtime.GC()
    // block目录压缩之后，会产生新的block目录，下面会调用reload()方法重新加载这些block目录
    if err := db.reload(); err != nil ...
    runtime.GC()
}
```

DB 实例初始化的相关实现到这里就全部介绍完了。接下来将会详细分析 Prometheus 其他模块如何通过DB实现时序数据的查询。

3.11.2　Querier接口

DB 结构体对外部模块提供了 Querier() 方法，用于对时序数据进行查询，该方法会返回一个Querier实例，Querier接口中定义了查询时序数据的相关方法，其定义如下。

```
type Querier interface {
    Select(...labels.Matcher)(SeriesSet,error)// 根据指定的Label查询指定的时序

    LabelValues(string)([]string,error)// 根据Label Name查询Label Value

    Close()error // 释放该Querier实例的底层资源

    LabelValuesFor(string,labels.Label)([]string,error)// 该方法未被实现
}
```

Querier接口有两个实现，如图3-42所示，这两个实现将在下面进行详细的分析。

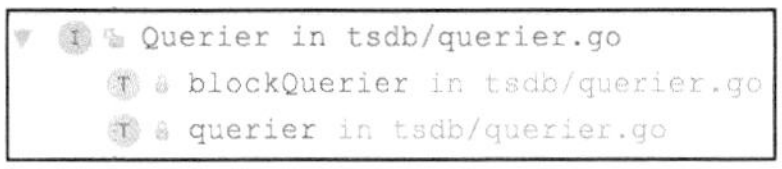

```
▼ ⓘ 🔧 Querier in tsdb/querier.go
    ⓣ 🔧 blockQuerier in tsdb/querier.go
    ⓣ 🔧 querier in tsdb/querier.go
```

图3-42

1. blockQuerier 实现

blockQuerier 结构体是 Querier 的接口实现之一，每个 blockQuerier 实例对应一个 block 目录，它专注于查询该 block 目录下的时序数据，定义如下。

- index（IndexReader 类型）：用于读取该 block 目录下的 index 索引文件。

- chunks（ChunkReader 类型）：用于读取该 block 目录下的 Chunk 文件。

- tombstones（TombstoneReader 类型）：用于读取该 block 目录下的 tombstones 文件。

- mint、maxt（int64 类型）：该 block 目录所覆盖的时间范围。

blockQuerier 实例的初始化比较简单，通过前面介绍的 Block.Index()、Chunks()、Tombstones() 方法初始化上述字段即可，这里不再展开分析，感兴趣的读者可以参考其代码进行学习。

blockQuerier.LabelValues() 方法底层通过前面介绍的 Block.indexr 字段来读取 block 目录下的 index 索引文件，具体实现如下。

```
func(q *blockQuerier)LabelValues(name string)([]string,error){
    // 根据Label Name查找对应的Label Index,其中记录了对应的Label Value
    tpls,err := q.index.LabelValues(name)// 这里省略异常处理的相关代码
    res := make([]string,0,tpls.Len())
    for i := 0; i < tpls.Len(); i++ { // 遍历StringTuples集合,获取其中的Label Value并返回
        vals,err := tpls.At(i)
        res = append(res,vals[0])
    }
    return res,nil
}
```

blockQuerier.Select()方法会根据指定的labels.Matcher进行过滤，返回符合条件的时序。根据Label查找时序的核心是postingsForMatcher()函数，核心步骤如下。

步骤1. 若传入的Matcher匹配空字符串，则查询不包含该Label Name的时序并返回。

步骤2. 若Matcher为EqualMatcher类型，则直接根据Label查找对应的时序并返回。

步骤3. 查找Label Name对应的Label Value集合。若Matcher为PrefixMatcher类型，则可以通过二分查找法快速查找到匹配的Label Value；否则，需要该Label Value集合进行遍历，通过Matches()方法逐个匹配。

步骤4. 根据步骤3得到的Label集合，查找对应的时序并返回。

了解了postingsForMatcher()函数的核心步骤之后，应该可以看出它实际是在查找Posings，postingsForMatcher()函数的具体实现如下。

```go
func postingsForMatcher(ix IndexReader,m labels.Matcher)(index.Postings,error){
    // 如果该Matcher匹配的是空字符串，则查询不包含该Label Name的时序，下面会详细
    // 分析postingsForUnsetLabelMatcher()方法的具体实现
    if m.Matches(""){
        return postingsForUnsetLabelMatcher(ix,m)
    }

    // 如果是EqualMatcher类型的Matcher，则直接根据Label查找匹配的时序并返回
    if em,ok := m.(*labels.EqualMatcher); ok {
        it,err := ix.Postings(em.Name(),em.Value())
        return it,nil
    }
    tpls,err := ix.LabelValues(m.Name())// 根据Label Name查找对应的Label Value
    var res []string
    if pm,ok := m.(*labels.PrefixMatcher); ok { // 针对PrefixMatcher的特殊处理
        res,err = tuplesByPrefix(pm,tpls)// 通过二分查找法查找匹配的Label Value
    } else {
        for i := 0 ; i < tpls.Len(); i++ {
            vals,err := tpls.At(i)
            if m.Matches(vals[0]){ // 检测Label Value是否符合条件
                res = append(res,vals[0])// 记录符合条件的Label Value
            }
        }
    }
    // 若查找到的res集合为空，则返回emptyPostings，它用于表示一个空的Postings
    var rit []index.Postings
```

```
    for _,v := range res { // 遍历Label Value查找对应的时序
      it,err := ix.Postings(m.Name(),v)
      rit = append(rit,it)
    }
    // 将所有符合条件的Postings合并成一个Postings实例返回
    return index.Merge(rit...),nil
  }
```

这里有几个点需要深入分析一下，一个是postingsForUnsetLabelMatcher()函数，其中会过滤掉包含该Label Name的全部时序，具体实现如下。

```
func postingsForUnsetLabelMatcher(ix IndexReader,m labels.Matcher)
(index.Postings,error){
    tpls,err := ix.LabelValues(m.Name())// 查找Label Name匹配的Label Index
    var res []string
    for i := 0 ; i < tpls.Len(); i++ {
      vals,err := tpls.At(i)// 遍历Label Index信息，获取Label Name对应的Label Value
      // 当该Label Value不符合Matcher时，才会将其记录下来，前面已经提到该Matcher
      // 只能匹配空字符串，因此这里会记录所有不为空的Label Value
      if !m.Matches(vals[0]){
        res = append(res,vals[0])
      }
    }
    var rit []index.Postings
    // 根据Label查询对应的Postings，即包含该Label Name的全部Postings,Postings中记录了
    // Label与时序编号之间的映射关系
    for _,v := range res {
      it,err := ix.Postings(m.Name(),v)
      rit = append(rit,it)
    }
    // 通过AllPostingsKey获取该index中的全部时序编号
    allPostings,err := ix.Postings(index.AllPostingsKey())
    // 从allPostings中过滤掉前面得到的rit集合中的全部时序（这些时序都包含了Label Name),并将过滤
    // 结果返回
    return index.Without(allPostings,index.Merge(rit...)),nil
  }
```

另一个需要介绍的是tuplesByPrefix()函数，在查找到指定Label Name对应的Label Value之后，会调用该方法快速找到符合PrefixMatcher的Label Value，具体实现如下。

```
func tuplesByPrefix(m *labels.PrefixMatcher,ts StringTuples) ([]string,error){
    tslen := ts.Len()
    i := sort.Search(tslen,func(i int)bool { // 二分查找，快速找到大于或等于前缀字符串的位置
```

```
         vs,err := ts.At(i)
         val := vs[0]
         l := len(m.Prefix())
         if l > len(vs){
            l = len(val)
         }
         return val[:l] >= m.Prefix()
     })
     var matches []string
     for; i < tslen; i++ { // 遍历范围从i开始
         vs,err := ts.At(i)
         if err != nil || !m.Matches(vs[0]){ // 检测Label Value是否符合Matcher的条件
            return matches,err
         }
         matches = append(matches,vs[0])// 记录符合条件的Label Value
     }
     return matches,nil
}
```

最后，这里还涉及 3 个 Postings 接口的实现，分别是 removedPostings、mergedPostings 和 intersectPostings。在 removedPostings 实例中封装了 full 和 remove 两个 Postings，在迭代 removedPostings 实例时，会返回属于 full Postings 但不属于 remove Postings 的时序编号。在 mergedPostings 实例中封装了 a 和 b 两个 Postings，在迭代 mergedPostings 实例时，会返回同时属于 a Postings 和 b Postings 的时序编号，即 a 和 b 的并集。intersectPostings 同样也封装了 a 和 b 两个 Postings，在迭代 intersectPostings 实例时，会返回 a 和 b 的交集。这 3 个 Postings 接口的实现比较简单，这里不再展开分析，感兴趣的读者可以参考源码进行学习。

介绍完 postingsForMatcher() 方法的实现之后，来看调用它的 PostingsForMatchers() 函数，其中通过 postingsForMatcher() 方法获取匹配所有 Matcher 的时序之后，会计算这些时序的交集（得到上面的 intersectPostings 实例）并返回，具体实现如下。

```
func PostingsForMatchers(ix IndexReader,ms ...labels.Matcher)(index.Postings,error){
    var its []index.Postings
    for _,m := range ms { // 遍历传入的Matcher集合
        // 根据传入的Matcher集合,从index文件中获取符合条件的时序(Postings集合)
        it,err := postingsForMatcher(ix,m)
        its = append(its,it)
    }
    // 将上述过滤得到的Postings集合封装成intersectPostings实例返回
    return ix.SortedPostings(index.Intersect(its...)),nil
}
```

在通过PostingsForMatchers()方法完成时序的查找之后,LookupChunkSeries()函数会将这些时序封装成baseChunkSeries实例返回。baseChunkSeries结构体是ChunkSeriesSet接口的实现之一,在前面介绍压缩流程的时候已经详细介绍了ChunkSeriesSet接口的定义以及与压缩相关的两个实现,这里不再赘述。baseChunkSeries结构体的主要功能是根据Postings中记录的时序编号,从index索引文件中读取对应的Label以及Chunk元数据,具体定义如下。

- p(index.Postings类型):该baseChunkSeries实例底层的Postings实例。

- index(IndexReader类型):用于读取关联的index索引文件。

- tombstones(TombstoneReader类型):用于读取关联的tombstones文件。

- lset(labels.Labels类型):记录当前迭代到的时序的Label集合。

- chks([]chunks.Meta类型):记录当前迭代到的时序的Chunk元数据,注意,其中Chunk字段未被填充。

- intervals(Intervals类型):记录当前迭代到的时序已删除的时间范围。

baseChunkSeries的核心功能在其Next()方法之中,它会从指定的Postings实例中获取时序的Label以及时序编号信息,然后从对应的index索引文件中查询相应的Chunk元数据,最后会读取tombstones文件,将已删除的Chunk对应的元数据过滤掉,具体实现如下。

```
func(s *baseChunkSeries)Next()bool {
  var(
    lset     labels.Labels
    chkMetas []chunks.Meta
    err      error
  )
  for s.p.Next(){ // 遍历Postings实例中的时序
    ref := s.p.At()
    // 从index索引文件中读取时序对应的Label以及Chunk元数据信息,index.Reader的具体原理
    // 在前面已经详细分析过了,这里不再重复
    if err := s.index.Series(ref,&lset,&chkMetas); err != nil ...

    s.lset = lset // 记录该时序的Label集合
    s.chks = chkMetas // 记录该时序对应的Chunk元数据
    // 获取该时序已删除的时间范围,memTombstones的相关内容在前面已经详细分析过了,这里不再重复
    s.intervals,err = s.tombstones.Get(s.p.At())
    // 过滤chks,将其中已经完全删除的Chunk的元数据过滤掉
```

```
    if len(s.intervals)> 0 {
       chks := make([]chunks.Meta,0,len(s.chks))
       for _,chk := range s.chks {
          if !(Interval{chk.MinTime,chk.MaxTime}.isSubrange(s.intervals)){
             chks = append(chks,chk)
          }
       }
       s.chks = chks
    }
    return true
  }
  return false
}
```

baseChunkSeries.At() 方法会返回 chks、lset 以及 intervals 字段，其实现比较简单，这里不再展开分析。

最后，回到 blockQuerier.Select() 方法继续分析，它首先会将 LookupChunkSeries() 函数返回的 baseChunkSeries 实例封装成 populatedChunkSeries 实例，populatedChunkSeries 是 ChunkSeriesSet 接口的另一个实现，它会根据底层的 baseChunkSeries 实例，从相应的 Chunk 文件中读取时序数据，定义如下。

- set(ChunkSeriesSet 类型)：底层封装的 ChunkSeriesSet 实例，在上述场景中即为 baseChunkSeries 实例。

- chunks(ChunkReader 类型)：用于读取关联的 Chunk 文件。

- mint、maxt(int64 类型)：当前 populatedChunkSeries 实例的时间范围。

- chks([]chunks.Meta 类型)：记录当前迭代到的时序数据，其中 Chunk 字段已被填充。

- lset(labels.Labels 类型)：记录当前迭代到的时序的 Label 集合。

- intervals(Intervals 类型)：记录当前迭代到的时序已删除的时间范围。

populatedChunkSeries 的核心同样是 Next() 方法，其中会先将查询范围以外的 Chunk 过滤掉，然后根据 Chunk.Ref 字段读取 Chunk 文件，将时序数据填充到 chunks.Meta.Chunk 字段中，具体实现如下。

```
func(s *populatedChunkSeries)Next()bool {
   for s.set.Next(){ // 迭代底层的baseChunkSeries实例
```

```
    lset,chks,dranges := s.set.At()// 当前迭代的时序信息
    for len(chks)> 0 {
        if chks[0].MaxTime >= s.mint { // 将不在查询范围内的Chunk过滤掉
            break
        }
        chks = chks[1:]
    }


    for i,rlen := 0,len(chks); i < rlen; i++ { // 迭代该时序剩余的Chunk
        j := i -(rlen - len(chks))
        c := &chks[j]
        if c.MinTime > s.maxt { // 将不在查询范围内的Chunk过滤掉
            chks = chks[:j]
            break
        }
        // 从Chunk文件中读取时序数据，并记录到chunks.Meta.Chunk字段中
        c.Chunk,s.err = s.chunks.Chunk(c.Ref)
        // 省略错误处理的相关代码（略）
    }
    // 如果经过过滤之后，当前时序已经没有Chunk可以返回，则重新迭代下一个时序（略）
    // 更新lset、chks以及intervals字段,populatedChunkSeries.At()方法会将这3个字段返回
    s.lset = lset
    s.chks = chks
    s.intervals = dranges
    return true
    }
    return false
}
```

blockQuerier.Select()方法最后会将上述populatedChunkSeries实例封装成blockSeriesSet实例返回。blockSeriesSet实现了SeriesSet接口，SeriesSet接口与前面介绍的ChunkSeriesSet接口类似，也是用来表示时序的集合，并提供了相应的方法来迭代其中的时序，唯一的区别在于两者At()方法的返回值类型有所不同。blockSeriesSet结构体的定义如下。

- set（ChunkSeriesSet类型）：底层封装的ChunkSeriesSet实例，即populatedChunkSeries实例。

- cur（Series类型）：当前迭代的时序。

- mint、maxt（int64类型）：此次查询的时间范围。

blockSeriesSet.Next()方法也比较简单，它会迭代底层的populatedChunkSeries实例中的时序信息并封装成chunkSeries实例，在At()方法中会将其返回。chunkSeries实现了Series接口，该接口表示一条单独的时序，定义如下。

```
type Series interface {
    Labels()labels.Labels // 该时序的Label集合

    Iterator()SeriesIterator // 用于迭代该时序中的每个点
}
```

SeriesIterator接口的具体定义如下。

```
type SeriesIterator interface {
    Seek(t int64)bool // 将当前迭代器快速推进到指定时间戳的位置
    At()(t int64,v float64)// 返回当前迭代的点

    Next()bool // 检测后续是否还存在可迭代的点
}
```

在chunkSeries.Iterator()方法中返回的chunkSeriesIterator迭代器，创建chunkSeriesIterator实例的过程由newChunkSeriesIterator()函数完成，具体实现如下。

```
func newChunkSeriesIterator(cs []chunks.Meta,dranges Intervals,mint,maxt int64)
*chunkSeriesIterator {
    it := cs[0].Chunk.Iterator()// 获取该时序中第一个Chunk的迭代器
    // 如果时序中包含待删除的时序片段，则需要使用deletedIterator迭代器，
    // deletedIterator在前面已经详细分析过，这里不再展开
    if len(dranges)> 0 {
        it = &deletedIterator{it: it,intervals: dranges}
    }
    return &chunkSeriesIterator{ // 创建chunkSeriesIterator实例
        chunks: cs,// 当前时序的全部Chunk信息
        i:      0,// 当前迭代的Chunk的下标
        cur:    it,// 当前Chunk的迭代器
        mint: mint,
        maxt: maxt,
        intervals: dranges,// 待删除的时间范围
    }
}
```

chunkSeriesIterator迭代器的使用方式与普通迭代器相同，在其Next()方法中会检测当前迭代的Chunk中是否还有点可迭代，若当前Chunk已迭代完成，则切换到下一个

Chunk继续迭代；若当前时序的全部Chunk都迭代完成，则返回false结束当前时序的迭代过程。

```
func(it *chunkSeriesIterator)Next()bool {
    if it.cur.Next(){ // 检测当前Chunk是否有点可以继续迭代
        t,_ := it.cur.At()// 获取点的时间戳
        // 检测该点的时间戳是否超出查询范围（略）
        return true
    }
    if it.i == len(it.chunks)-1 { // 若全部Chunk都迭代完成，则返回false
        return false
    }
    // 若当前Chunk已迭代完成，则切换到下一个Chunk继续迭代
    it.i++
    it.cur = it.chunks[it.i].Chunk.Iterator()
    if len(it.intervals)> 0 { // 如果时序中包含待删除的时序片段，则需要使用deletedIterator迭
                              // 代器
        it.cur = &deletedIterator{it: it.cur,intervals: it.intervals}
    }
    return it.Next()
}
```

在chunkSeriesIterator.At()方法中会将当前Chunk迭代到的点返回，其实现比较简单，这里不再展开分析。

blockQuerier实现的大致原理就分析到在这里了。

2. querier实现

querier结构体是Querier接口的另一个实现，其底层封装了多个blockQuerier实例，核心字段如下。

● blocks（[]Querier类型）：底层封装的blockQuerier实例。

querier.LabelValues()方法底层是通过递归调用lvals()方法实现的，在递归的末端会将每两个时序的Label合并到一个string集合中。querier.lvals()方法的具体实现如下。

```
func(q *querier)lvals(qs []Querier,n string) ([]string,error){
    if len(qs)== 0 { // 第一个递归出口
        return nil,nil
    }
    if len(qs)== 1 {
```

```
        // 第二个递归出口,blockQuerier.LabelValues( )方法在前面已详细分析过,这里不再重复
        return qs[0].LabelValues(n)
    }
    l := len(qs)/ 2    // qs中包含多个blockQuerier实例,则需要继续递归
    s1,err := q.lvals(qs[:l],n)
    s2,err := q.lvals(qs[l:],n)
    return mergeStrings(s1,s2),nil
}
```

mergeStrings( )函数的功能是将两个Label Value集合合并成一个,在合并的同时会保证Label Value的顺序,具体实现如下。

```
func mergeStrings(a,b []string)[]string {
    maxl := len(a)
    if len(b)> len(a){
        maxl = len(b)
    }
    res := make([]string,0,maxl*10/9)// 预测res集合

    for len(a)> 0 && len(b)> 0 {
        d := strings.Compare(a[0],b[0])
        if d == 0 { // a和b两个集合包含相同的Label Value
            res = append(res,a[0])
            a,b = a[1:],b[1:]
        } else if d < 0 {
            res = append(res,a[0])
            a = a[1:]
        } else if d > 0 {
            res = append(res,b[0])
            b = b[1:]
        }
    }
    res = append(res,a...)// a和b中剩余的Label Value
    res = append(res,b...)
    return res
}
```

querier.Select( )方法的实现与LabelValues( )方法类似,其底层依赖sel( )方法递归调用,获取每个blockQuerier查询到的SeriesSet实例,然后将这些SeriesSet实例合并成mergedSeriesSet实例返回。mergedSeriesSet结构体是SeriesSet接口的实现之一,其具体定义如下。

● a、b(SeriesSet类型): 底层封装的两个SeriesSet实例。

● cur（Series类型）：当前迭代到的Series实例。

● adone、bdone（bool类型）：// 标识a和b两个SeriesSet实例是否已迭代完成

在mergedSeriesSet.Next（）方法中会分别迭代底层的两个SeriesSet实例，并按照时序的Label进行比较，返回较小的时序，当两者包含相同的时序时，会将这两个时序合并成chainedSeries实例返回。chainedSeries是Series接口的实现之一，其Iterator（）方法返回的chainedSeriesIterator迭代器会分别迭代底层的两个Series实例，其实现比较简单，这里不再展开分析，感兴趣的读者可以参考其代码进行学习。

3.11.3　删除接口

DB结构体中最后要介绍的两个方法是CleanTombstones（）方法和Delete（）方法。DB.CleanTombstones（）方法会调用当前DB下全部Block实例的CleanTombstones（）方法，删除相应block目录下待删除的时序片段，并重写这些block目录。DB.CleanTombstones（）方法的具体实现如下。

```go
func(db *DB)CleanTombstones()(err error){
   // 省略加锁解锁的相关代码
   newUIDs := []ulid.ULID{}
   defer func(){
      if err != nil { // 如果发生错误，则会将新生成的block目录删除掉
         for _,uid := range newUIDs {
            dir := filepath.Join(db.Dir(),uid.String())
            if err := os.RemoveAll(dir); err != nil...
         }
      }
   }()
   blocks := db.blocks[:]
   for _,b := range blocks {
      // 逐个调用Block实例的CleanTombstones()方法，清理待删除的时序片段
      if uid,er := b.CleanTombstones(db.Dir(),db.compactor); er != nil
      if uid != nil {
         // 如果当前block目录有待删除的时序片段，则会重写block目录并返回新block目录的ulid
         newUIDs = append(newUIDs,*uid)
      }
   }
   return errors.Wrap(db.reload(),"reload blocks")
}
```

DB.Delete()方法主要负责删除指定时间范围内符合条件的时序数据。如果某个 block 目录覆盖了该范围的时序数据，则启动一个 goroutine 进行处理；另外还会启动单独的 goroutine 对 Head 中的时序进行删除。前面介绍时序数据删除的时候也提到过，这里的删除只是在 tombstones 文件中添加一条记录进行"标记删除"，而非真正的物理删除。DB.Delete()方法的具体实现如下。

```
func(db *DB)Delete(mint,maxt int64,ms ...labels.Matcher)error {
    // 省略加锁解锁的相关代码
    var g errgroup.Group
    for _,b := range db.blocks {
        if b.OverlapsClosedInterval(mint,maxt){ // 检测该block是否在指定的时间范围内有数据
            g.Go(func(b *Block)func()error { // 启动单独的goroutine，删除该block目录下的数据
                return func()error { return b.Delete(mint,maxt,ms...)}
            }(b))
        }
    }
    g.Go(func()error { // 启动单独的goroutine，删除Head中对应范围的时序数据
        return db.head.Delete(mint,maxt,ms...)
    })
    return g.Wait()// 等待上述goroutine全部结束后返回
}
```

3.11.4 写入操作

DB.Appender()方法返回的 dbAppender 结构体与前面介绍的 headAppender 结构体继承了同一个 Appender 接口。因为 dbAppender 中内嵌了 headAppender，所以通过 DB 写入时序数据时，实际是写入 Head 这个内存窗口中。

这里唯一需要注意的地方就是 dbAppender.Commit()方法，它在提交批量写入的时序数据时，会检测 Head 窗口所覆盖的时间范围，当超出上限时，会触发前面介绍的压缩操作，将 Head 窗口中的时序数据持久化成 block 目录，具体实现如下。

```
func(a dbAppender)Commit()error {
    err := a.Appender.Commit()// 将批量写入提交到Head窗口
    // 检测Head窗口覆盖的时间范围
    if a.db.head.MaxTime()-a.db.head.MinTime()> a.db.head.chunkRange/2*3 {
        select {
        case a.db.compactc <- struct{}{}: // 触发压缩操作
        default:
        }
```

```
        }
        return err
    }
```

3.12 本章小结

TSDB 模块是 Prometheus 本地时序存储的实现，也是 Prometheus 的核心模块。本章从多个方面详细分析了 Prometheus TSDB 模块，其中涉及 Prometheus TSDB 的理论基础、工作原理以及核心代码实现。

在本章的开始简单介绍了 Prometheus TSDB 的演进过程。接下来重点阐述 Facebook Gorilla 论文的核心思想，该思想也是 Prometheus TSDB 实现的基础。每个时序点由 timestamp 和 value 两部分构成，Facebook Gorilla 论文分别针对这两部分的数据提出了高效的压缩方式：一个是对时间戳的 delta-of-delta 压缩方式，另一个是对时序点 value 值的 XOR 压缩方式。

理论基础介绍完成之后，开始对 Prometheus TSDB 的实现进行分析。首先阐述了 Prometheus TSDB 在磁盘上的目录以及文件的组织方式，以及每个目录和文件的含义与功能。随后详细分析了 Prometheus TSDB 时序存储的核心实现，其中介绍了 Chunk 接口实现、Chunk 池化处理、Meta 元数据结构以及读写时序数据用到的 ChunkWriter、ChunkReader 的实现。接下来简单介绍了对时序 Label 的抽象以及相关组件。

index 索引文件是 DB 系统实现高效查询的基础，这里详细分析了 Prometheus TSDB 中 index 文件的组织方式，说明了其中各部分如何协调工作实现 Label 以及时序的快速查询。同时，也深入剖析了 index 文件中各个部分内容的读写流程。

WAL 日志机制是数据库防止数据丢失、提高写入性能的常用手段之一，Prometheus TSDB 也引入了 WAL 日志的相关概念。这里对 Prometheus TSDB 中 WAL 日志文件的物理结构和逻辑结构进行了深入分析，也带领读者详细分析了 WAL 日志读写方面的代码实现。接下来还介绍了 Checkpoint 机制的相关内容，Checkpoint 是 WAL 日志定期压缩和清理的结果，其目的是减少宕机恢复的时长、降低磁盘占用率。

接下来介绍了 Prometheus TSDB 删除时序的相关内容。在删除时序数据时，Prometheus TSDB 采用了"标记删除"的策略来降低删除操作的成本，这里详细介绍了 tombstones 文件的读写实现，此外，读取时序数据时，也会根据 tombstones 文件的删除记录来过滤已删除部分的数据。

为了减少 block 目录的数量并提高磁盘的使用率，Prometheus TSDB 会定期执行压缩操作。在该过程中不仅会根据配置的压缩层级，将多个较小的 block 目录压缩成较大的 block 目录，还会根据 tombstones 文件中的记录删除相应范围的时序数据。另外，压缩过程中还会清理过期的 block 目录。3.9 节对 Prometheus TSDB 中压缩计划的生成以及具体压缩操作的执行逻辑和实现进行了全方位的剖析。

Prometheus TSDB 根据时序数据的特性（时间越近的数据，读写越频繁），将近期读写的时序数据放入内存的 Head 窗口中，本章对 Head 窗口涉及的基础组件以及 Head 窗口中数据的存储方式、读写等方面进行了详细介绍。

本章最后详细介绍了 Prometheus TSDB 模块的对外接口——DB 结构体，它作为 Prometheus TSDB 的门面，一方面对外提供简单易用的接口，另一方面协调上述组件的运作来实现 TSDB 的完整功能。这些方面在本章最后都进行了简要的分析。

希望读者阅读完本章之后，能够彻底理解 Prometheus TSDB 的运作原理以及核心实现。如果在实践中需要实现或优化类似的存储工具，希望读者可以参考本章内容，这能更好地完成开发或优化工作。当然，Prometheus TSDB 模块也是后续介绍的其他模块的持久化基础，也希望本章能为读者后续的阅读以及后续 Prometheus 的源码分析打下基础。

第4章

scrape 模块详解

从本章开始，将介绍 Prometheus Server 的相关内容，图 4-1 展示了 Prometheus Server 的源码目录结果。

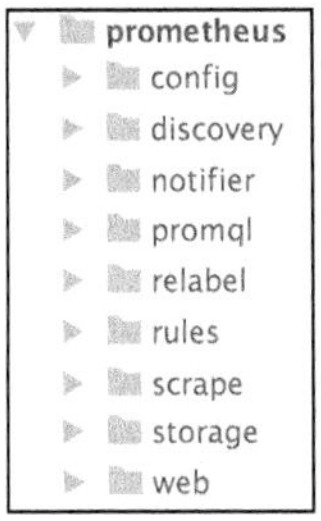

这里对每个目录的功能进行简单说明。

- config 目录：负责读取 prometheus.yml 配置文件并转换成内部的 Config 实例。

- discovery 目录：负责支持多种服务发现组件。

- notifier 目录：告警相关，主要负责通知 AlertManager

- promql 目录：支持 promql 语句的解析和执行。

- relabel 目录：提供对 Relabel 操作的支持。

- rules 目录：提供对 Recording Rule 以及 Alerting Rule 的支持。

- scrape 目录：负责从 target 抓取时序数据。

- storage 目录：对 Prometheus 的本地存储以及远程存储进行的一层封装。

- web 目录：Prometheus Server 对外提供的 API 接口以及 Web 界面。

从第 1 章展示的 Prometheus 整体架构图中可以看出，Prometheus Server 中的 scrape 模块会通过 HTTP 请求的方式从客户端以及 exporter 抓取（pull）时序数据。本章将深入分析 scrape 模块的工作原理和核心逻辑的实现。

在开始之前，先通过图 4-2 完整鸟瞰一下 scrape 模块的结构。

图 4-1

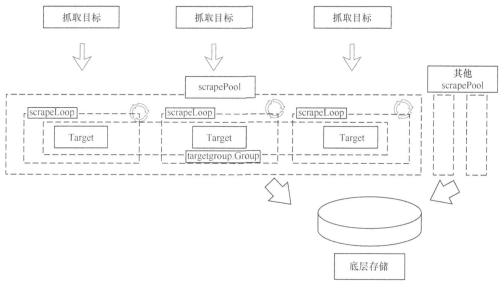

图4-2

4.1　Target

在介绍prometheus.yml配置文件的时候提到，用户可以通过"scrape_configs"部分配置Prometheus Server抓取的目标信息（target），其中不仅仅有要抓取的URL地址，同时也描述了Prometheus Server与target交互的协议信息。当然，Prometheus Server也可以依赖服务发现组件动态获取target信息。target的信息用户可以从Prometheus提供的Web UI中查看到，具体地址是http://localhost:9090/metrics，如图4-3所示。

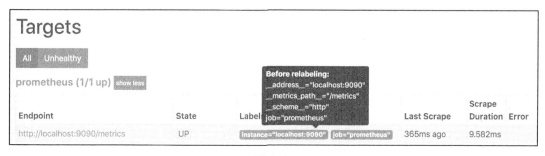

图4-3

在Prometheus Server中使用Target结构体抽象抓取监控数据的目标，其核心字段如下。

- discoveredLabels（labels.Labels 类型）：记录了 target 信息中经过 Relabel 处理之前的 Label 集合，也就是图 4-3 中展示的 Before relabeling 的内容。在使用服务发现组件的时候，会携带多个以 "__meta_" 开头的 Label，也会记录在该 Label 集合中。

- labels（labels.Labels 类型）：记录了 discoveredLabels 集合经过 Relabel 处理之后得到的 Label 集合，如图 4-3 中展示的 Labels 的内容。该字段中记录的 Label 集合会被追加到时序中进行持久化。

- params（map[string][]string 类型）：从该 Target 对应的目标中抓取监控数据时，需要携带的 HTTP 参数。

- lastError（error 类型）：记录最近一次从该 Target 抓取监控数据时产生的异常。

- lastScrape（time.Time 类型）：记录最近一次从该 Target 抓取监控数据的时间戳。

- lastScrapeDuration（time.Duration 类型）：记录最近一次从该 Target 抓取监控的耗时。

- health（TargetHealth 类型）：标记该 Target 是否在线，该字段的可选项为 HealthUnknown、HealthGood、HealthBad。

- metadata（metricMetadataStore 类型）：记录从该 Target 抓取到的所有指标的元信息。metricMetadataStore 接口提供了查询指标元数据的方法，定义如下。

```
type metricMetadataStore interface {
    listMetadata()[]MetricMetadata // 返回全部指标的元数据
    getMetadata(metric string)(MetricMetadata,bool)// 获取某个指标的元数据
}
```

在本章后面的内容中将会介绍 metricMetadataStore 接口的具体实现——scrapeCache 结构体。

通过 metricMetadataStore 接口查询得到的 MetricMetadata 实例中封装了指标的元数据，其核心字段如下。

- Metric（string 类型）：指标名称。

- Type（MetricType 类型）：指标类型。

- Help（string 类型）：该指标相关的帮助信息。

- Unit（string 类型）：该指标的单位。

在 scrape 模块抓取监控的核心过程中，主要涉及 Target 中的 3 个方法，这里需要简单

介绍一下。首先是Target.URL（）方法，它会根据labels字段中记录的schema信息、address信息、path信息以及params信息，确定抓取监控数据时使用的URL地址。Target.URL（）方法的具体实现如下。

```go
func(t *Target)URL()*url.URL {
  params := url.Values{}
  for k,v := range t.params { // 记录Target.params字段中的HTTP请求参数
    params[k] = make([]string,len(v))
    copy(params[k],v)
  }
  // 遍历Target.labels集合，若Label Name包含"__param_"前缀，则会被当作HTTP请求参数
  // 记录到params中
  for _,l := range t.labels {
    if !strings.HasPrefix(l.Name,model.ParamLabelPrefix){
      continue
    }
    ks := l.Name[len(model.ParamLabelPrefix):]
    if len(params[ks])> 0 {
      params[ks][0] = l.Value
    } else {
      params[ks] = []string{l.Value}
    }
  }
  return &url.URL{ // 从labels中获取schema、address和path，并将各部分组装起来构造URL
    Scheme:   t.labels.Get(model.SchemeLabel),
    Host:     t.labels.Get(model.AddressLabel),
    Path:     t.labels.Get(model.MetricsPathLabel),
    RawQuery: params.Encode(),
  }
}
```

然后，Target.report（）方法负责更新最近一次抓取Target监控的状态信息，其中包括该Target的在线状态信息、最近一次抓取的时间以及抓取耗时，具体实现如下。

```go
func(t *Target)report(start time.Time,dur time.Duration,err error){
  if err == nil { // 根据抓取过程中是否出现异常，设置其在线状态
    t.health = HealthGood
  } else {
    t.health = HealthBad
  }
  t.lastError = err
  t.lastScrape = start // 更新最近一次抓取的时间
```

```
     t.lastScrapeDuration = dur //
   }
```

另外，Target.offset（）方法会计算Prometheus Server启动多长时间之后，第一次从该Target处抓取监控数据。该方法的主要目的是将每个Target第一次抓取的时间打散，防止Prometheus在同一时刻进行大量的抓取操作，从而造成性能问题。offset（）方法的具体实现如下。

```
func(t *Target)offset(interval time.Duration)time.Duration {
   now := time.Now().UnixNano()// 获取当前时间
   var(
      base   = now % int64(interval)
      offset = t.hash()% uint64(interval)// 为了避免并发抓取多个Target，通过hash值打散
      next   = base + int64(offset)
   )
   if next > int64(interval){ // 修正next，保证其不会超过interval
      next -= int64(interval)
   }
   return time.Duration(next)
}
```

另外，Target结构体中提供了读取上述核心字段的相关方法，这些方法的实现比较简单，这里不再展开分析，感兴趣的读者可以参考其代码。

4.2　scraper接口

了解了Target记录的基础信息之后，本节将会介绍scrape模块的核心接口——scraper接口。scraper接口中定义了从一个Target抓取监控数据的核心方法，其定义如下。

```
type scraper interface {
   // scrape方法是scraper接口的核心，它负责从Target抓取时序数据并写入指定的Writer中
   scrape(ctx context.Context,w io.Writer)(string,error)

   // 更新最近一次抓取Target监控时的状态信息
   report(start time.Time,dur time.Duration,err error)

   // 计算Prometheus Server第一次从Target抓取监控数据的时间
   offset(interval time.Duration)time.Duration
}
```

targetScraper是scraper接口的唯一实现，因为该实现内嵌了Target，所以它自动实现

了scraper接口的report( )方法和offset( )方法，而且targetScraper实例与Target实例之间是一对一的关系。targetScraper结构体的核心字段如下。

- client(*http.Client类型)：利用Target.URL( )方法获取URL之后，会通过该HTTP客户端发起HTTP请求。

- req(*http.Request类型)：记录此次抓取监控数据的HTTP请求。

- timeout(time.Duration类型)：HTTP请求的超时时间。

- buf(*bufio.Reader类型)：用于读取HTTP响应的缓冲区。

- gzipr(*gzip.Reader类型)：如果HTTP响应是gzip压缩过的，则需要使用gzip.Reader进行解压读取。

这里重点来看targetScraper.scrape( )方法，它会向Target.URL( )方法返回的地址发送HTTP请求来抓取时序数据，并将得到的HTTP响应体写入指定的缓冲区中，具体实现如下。

```go
func(s *targetScraper)scrape(ctx context.Context,w io.Writer)(string,error){
    if s.req == nil {
        // 创建HTTP请求，省略异常处理的相关代码
        req,err := http.NewRequest("GET",s.URL().String(),nil)
        // 添加HTTP请求头
        req.Header.Add("Accept",acceptHeader)
        req.Header.Add("Accept-Encoding","gzip")
        req.Header.Set("User-Agent",userAgentHeader)
        req.Header.Set("X-Prometheus-Scrape-Timeout-Seconds",
            fmt.Sprintf("%f",s.timeout.Seconds()))
        s.req = req
    }
    resp,err := ctxhttp.Do(ctx,s.client,s.req)// 发送HTTP请求，并等待HTTP响应
    if resp.StatusCode != http.StatusOK { // 检测HTTP响应码是否为200
        return "",fmt.Errorf("server returned HTTP status %s",resp.Status)
    }
    // 检测HTTP响应头，确定请求体的压缩方式
    if resp.Header.Get("Content-Encoding")!= "gzip" {
        // 若不是以gzip方式压缩，则直接将HTTP响应体写入指定的io.Writer中
        _,err = io.Copy(w,resp.Body)
        return "",err
    }
    // 若以gzip方式压缩，则需要使用gzip.Reader读取，并将读取的监控数据写入指定的io.Writer中（略）
    return resp.Header.Get("Content-Type"),nil
}
```

4.3 loop接口

通过前面对Target结构体和scrape接口实现的介绍，明确了从一个Target进行一次监控抓取的核心操作。Prometheus Server在loop接口中定义了定期从Target抓取监控数据的方法，需要注意的是，一个loop实例只能启动一次，而且不能被重用，一旦loop实例停止，则不可重新启动。loop接口的定义如下。

```
type loop interface {
    // 在run()方法中会定期向Target发起HTTP请求，抓取监控数据，并将返回结果写入底层存储中
    run(interval,timeout time.Duration,errc chan<- error)

    stop()// 停止当前的loop实例
}
```

scrapeLoop是loop接口的唯一实现，scrapeLoop实例与前面介绍的targetScraper接口以及Target也是一一对应的，而多个scrapeLoop实例隶属于一个scrapePool实例。scrapeLoop的核心字段如下。

- scraper(scraper类型)：记录关联的targetScraper实例。

- cache(*scrapeCache类型)：时序元数据的缓存，后面会详细介绍该缓存的实现。

- lastScrapeSize(int类型)：记录上次抓取的字节数。

- buffers(*pool.Pool类型)：buffer池，下面会详细介绍Pool的实现。后面介绍scrapePool时会看到，一个scrapePool下的所有scrapeLoop共享一个Pool实例。

- appender(func()storage.Appender类型)：用于向底层存储写入时序数据，后面会详细分析该函数。

- sampleMutator、reportSampleMutator(labelsMutator类型)：两个Label修改函数，后面会详细介绍其实现以及使用场景。注意，sampleMutator中会触发Relabel操作。

- ctx、scrapeCtx(context.Context类型)：ctx用于监听scrapePool是否停止。scrapeCtx会与stopped通道配合控制当前scrapeLoop的启停。

- cancel(func() 类型)：scrapeCtx关联的cancel函数。

了解了scrapeLoop的核心字段之后，接下来分析其run()方法，run()作为scrapeLoop的核心方法，会周期性地调用targetScraper.scrape()方法从Target抓取监控数据，并通过append()方法将监控数据写入底层存储中，大致实现如下。

```
func(sl *scrapeLoop)run(interval,timeout time.Duration,errc chan<- error){
    select {
    case <-time.After(sl.scraper.offset(interval)): // 等待初次从Target抓取时序数据
    case <-sl.scrapeCtx.Done():   // 监听当前scrapeLoop是否应停止
        close(sl.stopped)
        return
    }

    var last time.Time
    // 创建定时器，在下面的mainLoop循环中，每隔interval进行一次抓取操作
    ticker := time.NewTicker(interval)
    defer ticker.Stop()
mainLoop:
    for {
        // 通过scrapeCtx和ctx监听当前scrapeLoop以及其所在的scrapePool是否被停止（略）
        var(
            start            = time.Now()
            scrapeCtx,cancel = context.WithTimeout(sl.ctx,timeout)
    )
        // 根据上次抓取时返回的数据量，从buffers池中获取大小合适的buffer
        b := sl.buffers.Get(sl.lastScrapeSize).([]byte)
        buf := bytes.NewBuffer(b)
        // 从对应Target抓取时序数据，时序数据最终会被写入buf缓冲区中。TargetScraper.scrape()
        // 方法在前面已经分析过了，这里不再重复
        contentType,scrapeErr := sl.scraper.scrape(scrapeCtx,buf)
        cancel()
        if len(b)> 0 {
            sl.lastScrapeSize = len(b)// 统计此次抓取到的字节数
        }
        total,added,appErr := sl.append(b,contentType,start)// 将时序数据写入底层存储中
        sl.buffers.Put(b)// 将buffer放回池中，等待下次重用

        // 通过前面介绍的report()方法更新Target状态
        if err := sl.report(start,time.Since(start),total,added,scrapeErr); err != nil...
        last = start

        select {
        case <-sl.ctx.Done():// 监听当前scrapeLoop是否已被停止
            close(sl.stopped)
            return
        case <-sl.scrapeCtx.Done():// 监听所属的scrapePool是否已被停止
```

```
        break mainLoop
      case <-ticker.C: // 等待计时器到期，开始下一个抓取周期
      }
  }
  close(sl.stopped)
  sl.endOfRunStaleness(last,ticker,interval)
}
```

写入时序数据的 scrapeLoop.append() 方法是后续分析的重点，这里需要先来介绍一下 scrapeLoop.run() 方法中涉及的基础组件。

4.3.1　Pool

来看一下 scrapeLoop 中使用的 buffer 池，每个 pool.Pool 实例中包含多 bucket 分区，每个 bucket 分区即为一个 sync.Pool 实例，在每个 bucket 分区内只能保存固定大小的 buffer 缓冲区。Pool 结构体的核心字段如下。

- buckets（[]sync.Pool 类型）：每个 bucket 分区对应的 sync.Pool 实例。

- sizes（[]int 类型）：每个 bucket 分区中 buffer 缓冲区的大小。

- make（func(int)interface{} 类型）：当某个 bucket 分区中的 buffer 缓冲区全部耗尽，或未找到合适的 bucket 分区来获取 buffer 缓冲区的时候，scrape 模块会通过该函数新建 buffer 缓冲区并将其返回给调用方使用。

在创建 Pool 实例之前就需要确定每个 bucket 分区所存储的 buffer 缓冲区的大小，其中 maxSize、minSize 参数指定了 buffer 缓冲区大小的上下限，factor 参数指定 bucket 分区的递增比例，具体实现如下。

```
func New(minSize,maxSize int,factor float64,makeFunc func(int)interface{})*Pool {
  // 检测 minSize、maxSize、factor 等参数是否合法（略）
  var sizes []int
  // 计算每个 bucket 分区存储的 buffer 大小（从 minSize 开始，按照 factor 递增，直至 maxSize）
  for s := minSize; s <= maxSize; s = int(float64(s)* factor){
    sizes = append(sizes,s)
  }
  p := &Pool{ // 创建 Pool 实例
    buckets: make([]sync.Pool,len(sizes)),
    sizes:  sizes,
    make:   makeFunc,
```

```
        }
    return p
}
```

在通过Pool.Get（）方法获取buffer缓冲区时，首先会尝试查找大小合适的bucket分区，然后再从该分区中获取buffer缓冲区。无论是查找不到合适的bucket分区还是查找到的bucket分区中已无可用的buffer缓冲区，都会通过make函数新建buffer缓冲区返回。Get（）方法的具体实现如下。

```
func(p *Pool)Get(sz int)interface{} {
    for i,bktSize := range p.sizes {
        if sz > bktSize { // 当前bucket分区无法提供大小合适的buffer缓冲区，则继续尝试下一个分区
            continue
        }
        b := p.buckets[i].Get()// 从当前bucket分区中获取buffer缓冲区
        if b == nil { // 当前bucket分区中已无可用的buffer缓冲区，则通过make函数新建buffer
            b = p.make(bktSize)
        }
        return b
    }
    // 申请的buffer过大，没有合适的bucket分区，则直接通过make函数新建buffer缓冲区
    return p.make(sz)
}
```

当buffer缓冲区需要被释放时会调用Pool.Put（）方法。Put（）方法会查找合适的bucket分区缓存空闲的buffer缓冲区，如果该buffer缓冲区较大，则无法找到合适的bucket分区，也就无法缓存在Pool实例中。Pool.Put（）方法的实现比较简单，这里不再展开分析，感兴趣的读者可以参考其代码进行学习。

4.3.2　scrapeCache

scrapeLoop中另一个需要详细分析的组件是scrapeCache，在scrapeCache中记录了每个抓取时序的元数据，其核心字段如下。

- iter（uint64类型）：记录了抓取周期。每从Target抓取一次监控数据，即为一个"抓取周期"，该字段是单调递增的。

- series（map[string]*cacheEntry类型）：记录了时序的元数据。其中key是由时序的Label集合构成的字符串，可以唯一标识一条时序。value为时序对应的cacheEntry

实例，cacheEntry中记录的核心信息如下。

- ref（uint64类型）：时序在底层存储编号。

- lastIter（uint64类型）：该时序最后一次出现的抓取周期。

- lset（labels.Labels类型）：该时序的Label集合。

- hash（uint64类型）：Label集合的hash值。

● seriesPrev、seriesCur（map[uint64]labels.Labels类型）：记录最近两个抓取周期得到的时序。在每次抓取周期结束时会比较两个集合，如果某时序在上一个抓取周期中出现，而在此次抓取周期中未出现，则向底层存储写入一个"StaleNaN"时序点来标识该时序已过期。

● droppedSeries（map[string]*uint64类型）：记录已删除的时序。

● metadata（map[string]*metaEntry类型）：记录了metric的元数据。其中key为metric，value为对应的metaEntry实例。metaEntry中记录的元数据如下。

- lastIter（uint64类型）：该metric最近一次出现的抓取周期。

- typ（MetricType类型）：该metric的类型，MetricType实际是string的类型别名，可选项包括counter、gauge、histogram、gaugehistogram、summary、info、stateset和unknown。

- help（string类型）：该metric的帮助信息。

- unit（string类型）：该metric的单位。

Prometheus Server抓取监控数据时得到的响应实际上是一些文本信息，需要通过textparse.Parser解析才能被Prometheus Server识别，textparse.Parser的内容后面会进行详细分析。解析完成之后，在处理每条时序时都会调用scrapeCache的setType（）、setHelp（）和setUnit（）方法更新metadata字段中记录的metric元数据，这里以setType（）方法为例进行介绍，实现如下。

```
func(c *scrapeCache)setType(metric []byte,t textparse.MetricType){
  e,ok := c.metadata[yoloString(metric)] // 查询metric
  if !ok { // 新增metric，初始类型设置为MetricTypeUnknown
    e = &metaEntry{typ: textparse.MetricTypeUnknown}
    c.metadata[string(metric)] = e
  }
```

```
        e.typ = t // 指定metric类型
        e.lastIter = c.iter // 更新metric出现的抓取周期
    }
```

setHelp()方法、setUnit()方法分别更新 metaEntry.help 字段和 unit 字段，它们的实现与 setType()方法类似，这里不再展开分析，感兴趣的读者可以参考其代码进行学习。

在 scrapeLoop 处理时序数据的时候，不仅会更新 metadata 字段，还会同时更新 series 和 seriesCur 这两个集合。当一条时序第一次被处理的时候，会通过 scrapeCache.addRef() 方法在 series 集合中追加相应的 cacheEntry 记录。每处理完一条时序数据，就会通过 scrapeCache.trackStaleness()方法在 seriesCur 集合中记录当前时序。这两个方法的实现比较简单，这里不再展开分析，感兴趣的读者可以参考其代码进行学习。

在处理完此次抓取的时序数据之后，会调用 forEachStale()方法比较 seriesPrev 集合和 seriesCur 集合，如果发现过期时序（在 seriesPrev 出现而在 seriesCur 未出现的时序），则通过传入的回调函数向底层存储写入"StaleNaN"时序点来标识该时序已过期，具体实现如下。

```
func(c *scrapeCache)forEachStale(f func(labels.Labels)bool){
    for h,lset := range c.seriesPrev { // 遍历上一个抓取周期中出现的时序
        // 若该时序在此次抓取周期中没有出现，则需要通过传入的回调函数进行处理
        if _,ok := c.seriesCur[h]; !ok {
            if !f(lset){
                break
            }
        }
    }
}
```

在此次抓取周期中的全部时序都提交到底层存储之后，会调用 scrapeCache.iterDone()方法更新抓取周期以及上述字段中缓存的元数据，具体实现如下。

```
func(c *scrapeCache)iterDone(){
    for s,e := range c.series { // 遍历缓存的时序
        if c.iter-e.lastIter > 2 { // 超过两个抓取周期未出现的时序，会从series集合中被清理掉
            delete(c.series,s)
        }
    }
    for s,iter := range c.droppedSeries {
        if c.iter-*iter > 2 { // 超过两个抓取周期未出现的时序，会被清理掉
            delete(c.droppedSeries,s)
```

```
        }
    }
    for m,e := range c.metadata { // 若一个metric连续10个抓取周期未出现，则清理掉其元数据缓存
        if c.iter-e.lastIter > 10 {
            delete(c.metadata,m)
        }
    }
    // seriesPrev和seriesCur互换，并清空seriesCur缓存，为下一个抓取周期做准备
    c.seriesPrev,c.seriesCur = c.seriesCur,c.seriesPrev
    for k := range c.seriesCur {
        delete(c.seriesCur,k)
    }
    c.iter++ // 更新抓取周期
}
```

4.3.3 写入时序

介绍完Pool、scrapeCache等组件的基本原理之后，回头分析scrapeLoop.append()方法。在append()方法中会通过PromParser解析器解析此次抓取的全部时序数据，然后逐条遍历时序。对于每一条时序数据的处理流程大致如下。

- 更新metric元数据，其中涉及metric类型、help信息和单位等。

- 从PromParser中迭代具体的时序信息。

- 检测scrapeCache中是否已缓存了该时序的元数据，若没有则需要添加对应的缓存记录。

- 通过AddFast()方法或Add()方法将时序点写入到底层存储中。

- 调用scrapeCache.forEachStale()方法处理过期的元数据缓存。

- 若写入时序点的过程出现异常，则调用Rollback()方法进行回滚；若写入成功，则调用Commit()方法提交此次写入。

- 此次抓取到的时序数据全部处理完成之后，会调用scrapeCache.iterDone()方法递增抓取周期。

scrapeLoop.append()方法的具体实现如下。

```
func(sl *scrapeLoop)append(b []byte,contentType string,ts time.Time)(total,added int,
err error){
```

```
    var(
        app          = sl.appender()
        // 创建解析器，默认是PromParser，主要负责将抓取到的字符串解析成Prometheus内部实例
        p            = textparse.New(b,contentType)
        defTime      = timestamp.FromTime(ts)// 时间戳
)
loop:
    for { // 循环处理每一条时序
        var et textparse.Entry
        if et,err = p.Next(); err != nil ... // 解析发生异常或迭代完全部时序时，会跳出loop循环
        switch et {
        case textparse.EntryType:
            sl.cache.setType(p.Type())// 更新缓存中metric的类型
            continue
        case textparse.EntryHelp:
            sl.cache.setHelp(p.Help())// 更新缓存中metric的描述信息
            continue
        case textparse.EntryUnit:
            sl.cache.setUnit(p.Unit())// 更新缓存中metric的单位
            continue
        case textparse.EntryComment: // 忽略注释信息
            continue
        default:
        }
        total++
        t := defTime
        met,tp,v := p.Series()// 获取时序信息
        if tp != nil { // 如果该条时序明确指定了时间戳，则会覆盖defTime
            t = *tp
        }
        if sl.cache.getDropped(yoloString(met)){ // 发现已删的时序，则直接跳过
            continue
        }
        ce,ok := sl.cache.get(yoloString(met))// 从scrapeCache中查找时序对应的元数据
        if ok { // 缓存中已有该时序对应的cacheEntry
            switch err = app.AddFast(ce.lset,ce.ref,t,v); err { // 将时序点写入底层存储中
            case nil:
                if tp == nil { // 在scrapeCache.seriesCur中记录当前时序
                    sl.cache.trackStaleness(ce.hash,ce.lset)
                }
            // 省略异常处理的相关代码
            default:
```

```
                    break loop
            }
        }
        if !ok { // 缓存中没有该时序对应的cacheEntry
            var lset labels.Labels
            // 该方法会解析当前时序，将Label记录到lset中，其中，metric对应的Label Name是"__
name__",
            // 返回值是由时序的全部Label(包含metric)构成的字符串，可以唯一标识一条时序
            mets := p.Metric(&lset)
            hash := lset.Hash()
            // sampleMutator()函数会进行一系列Label的修改操作，其中就包括前面提到的Relabel操作，
            // 返回值就是该时序最终持久化的Label集合
            lset = sl.sampleMutator(lset)
            if lset == nil { // Label为空，则将该时序记录到droppedSeries中
                sl.cache.addDropped(mets)
                continue
            }

            var ref uint64
            ref,err = app.Add(lset,t,v)// 将时序点写入底层存储，返回时序编号
(series reference)
            // 异常处理（略）
            if tp == nil { // 在scrapeCache.seriesCur中记录当前时序
                sl.cache.trackStaleness(hash,lset)
            }
            sl.cache.addRef(mets,ref,lset,hash)// 添加元数据缓存
        }
        added++
    }
    // 省略异常处理的相关代码
    if err == nil { // 对于过期的时序，会向底层存储写入一个特殊标识（StaleNaN）
        sl.cache.forEachStale(func(lset labels.Labels)bool {
            _,err = app.Add(lset,defTime,math.Float64frombits(value.StaleNaN))
            // 省略异常处理的相关代码
            return err == nil
        })
    }
    if err != nil {
        app.Rollback()// 出现错误，则回滚此次写入
        return total,added,err
    }
    if err := app.Commit(); err != nil ... // 提交此次写入
```

```
    sl.cache.iterDone()// 此次抓取的时序数据处理完成,递增抓取周期
    return total,added,nil
  }
```

在scrapeLoop.run()方法中,通过append()方法完成时序数据写入之后,会调用scrapeLoop.report()方法更新该抓取周期的时间戳以及处理时序的耗时,同时也会记录相关监控,report()方法的大致实现如下。

```
func(sl *scrapeLoop)report(start time.Time,duration time.Duration,scraped,
          appended int,err error)error {
  // 更新此次抓取周期的时间戳以及该周期处理时序数据的时长
  sl.scraper.report(start,duration,err)

  ts := timestamp.FromTime(start)
  var health float64
  if err == nil {
    health = 1
  }
  app := sl.appender()
  // 记录scrapeHealthMetricName监控,该监控用于记录抓取操作是否正常
  if err := sl.addReportSample(app,scrapeHealthMetricName,ts,health); err != nil {
    app.Rollback()// 出现异常,则进行回滚,放弃该监控的写入
    return err
  }
  // 后面还会添加scrapeDurationMetricName、scrapeSamplesMetricName和
  // samplesPostRelabelMetricName共3个监控,具体写入方式与scrapeHealthMetricName一致,
  // 这里不再展示这部分代码
  return app.Commit()
}
```

到此为止,scrapeLoop从抓取时序、解析时序、时序点持久化到元数据更新的核心步骤都已经介绍完了,其中涉及的核心组件的原理这里也做了详细的分析。4.3.4节会深入介绍sampleMutator()方法以及Relabel操作的相关实现。

4.3.4　sampleMutator & reportSampleMutator

读者可以回顾一下prometheus.yml配置文件,其中有一个honor_labels配置项,该配置用于解决抓取到的Label Name与服务器端Label Name(一般为Target的Label)冲突的情况。在scrapeLoop.append()方法将时序点写入底层存储之前,会通过sampleMutator字段指定的回调函数调整写入时序的Label集合,其中就涉及对Label冲突的解决。

在初始化 scrapeLoop 实例的时候，sampleMutator 字段会被初始化为 mutateSampleLabels( )
函数，它首先根据 honor_labels 配置项处理 Label 冲突，然后再进行 Relabel 操作调整时序
写入底层存储的 Label 集合，具体实现如下。

```go
func mutateSampleLabels(lset labels.Labels,target *Target,honor bool,
    rc []*config.RelabelConfig)labels.Labels {
  lb := labels.NewBuilder(lset)
  if honor {
    // honor_labels配置项为true时出现冲突，会保留抓取到的Label Name
    for _,l := range target.Labels(){
      if !lset.Has(l.Name){
        lb.Set(l.Name,l.Value)
      }
    }
  } else {
    // honor_labels配置项为false时发生冲突，会在抓取到的Label Name前加上"exported_"前缀，
    // 而保持服务端Label Name不变
    for _,l := range target.Labels(){
      lv := lset.Get(l.Name)
      if lv != "" {
        lb.Set(model.ExportedLabelPrefix+l.Name,lv)
      }
      lb.Set(l.Name,l.Value)
    }
  }

  for _,l := range lb.Labels(){ // 如果Label Value为空，则将该Label删除
    if l.Value == "" { lb.Del(l.Name)}
  }
  res := lb.Labels()
  if len(rc)> 0 { // 触发Relabel操作
    res = relabel.Process(res,rc...)
  }
  return res
}
```

在 Prometheus Server 读取配置文件的时候，将 relabel_configs 配置项解析成
RelabelConfig 实例。relabel( ) 函数作为 Relabel 操作的核心，根据 RelabelConfig 中指定
的 Action 类型，决定如何确定要处理的 Label 以及如何处理这些 Label。下面展示了不同
Action 对应的行为。

● RelabelDrop：如果 Label Value 符合该 RelabelConfig 指定的正则表达式，则过滤

掉该时序。

- RelabelKeep：如果 Label Value 不符合该 RelabelConfig 指定的正则表达式，则过滤掉该时序。

- RelabelReplace：如果 Label Value 符合指定的正则表达式，则根据指定的模板生成新的 Label Name 和 Label Value。

- RelabelLabelDrop：如果 Label Name 符合指定的正则表达式，则将该 Label 删除。

- RelabelLabelKeep：如果 Label Name 不符合指定的正则表达式，则将该 Label 删除。

- RelabelLabelMap：匹配所有的 Label Name，符合指定正则表达式的 Label Name 会根据指定的模板生成新的 Label Name，此过程中的 Label Value 不变。

- RelabelHashMod：计算参与 Relabel 操作的 Label Value 的 hash 值并取模，然后生成新的 Label 记录该计算结果。

下面来看 relabel() 函数的具体实现。

```go
func relabel(lset labels.Labels,cfg *config.RelabelConfig)labels.Labels {
  values := make([]string,0,len(cfg.SourceLabels))
  for _,ln := range cfg.SourceLabels { // 参与Relabel操作的Label Value
    values = append(values,lset.Get(string(ln)))
  }
  val := strings.Join(values,cfg.Separator)
  lb := labels.NewBuilder(lset)
  switch cfg.Action { // 根据Action指定的行为进行处理
  case config.RelabelDrop: // 如果Label Value符合该RelabelConfig指定的正则表达式，则过滤掉
                           // 该时序
    if cfg.Regex.MatchString(val){
      return nil
    }
  case config.RelabelKeep: // 如果Label Value不符合该RelabelConfig指定的正则表达式，则过滤掉
                           // 该时序
    if !cfg.Regex.MatchString(val){
      return nil
    }
  case config.RelabelReplace:
    // 查找哪些Label Value符合RelabelConfig指定的正则表达式
    indexes := cfg.Regex.FindStringSubmatchIndex(val)
    // 未查找到匹配的Label Value，则此次Relabel操作结束（略）
    // 下面生成新的Label Name
```

```
    target := model.LabelName(cfg.Regex.ExpandString([]byte{},cfg.TargetLabel,
            val,indexes))
    // 检测新生成的 Label Name 是否合法（略）
    // 下面生成新的 Label Value
    res := cfg.Regex.ExpandString([]byte{},cfg.Replacement,val,indexes)
    // 检测新生成的 Label Value 是否合法（略）
    lb.Set(string(target),string(res))// 记录新生成的 Label Name 和 Label Value
case config.RelabelLabelDrop:
    for _,l := range lset { // 如果 Label Name 符合指定的正则表达式，则将该 Label 删除
        if cfg.Regex.MatchString(l.Name){
            lb.Del(l.Name)
        }
    }
case config.RelabelLabelKeep:
    for _,l := range lset { // 如果 Label Name 不符合指定的正则表达式，则将该 Label 删除
        if !cfg.Regex.MatchString(l.Name){
            lb.Del(l.Name)
        }
    }
    // 省略其他 Action 类型的相关代码
}
return lb.Labels()
}
```

reportSampleMutator（）函数与前面介绍的 mutateSampleLabels（）函数类似，也是为了解决 Label 冲突的问题，当出现冲突时，它会在 Prometheus Server 端的 Label Name 前追加"exported_"前缀，其实现比较简单，这里不再展开分析，感兴趣的读者可以参考其代码进行学习。

4.4 scrapePool

如果多个 Target 拥有一组公共 Label，则可以对它们进行分组。Prometheus Server 使用 targetgroup.Group 来组织这一组 Target，targetgroup.Group 实例与 Target 实例是一对多的关系。Group 结构体的核心字段如下。

- Targets（[]model.LabelSet 类型）：这里的 LabelSet 实际上是 map[LabelName] LabelValue 类型的别名，该字段记录了隶属于该 targetgroup.Group 的 Target，这里通过 Label 集合标识 Target。

- Labels（model.LabelSet 类型）：当前 targetgroup.Group 公共的 Label 集合，该

targetgroup.Group 中的每个 Target 都会包含这些 Label。

- Source（string 类型）：当前 targetgroup.Group 的唯一标识。

前面提到，Prometheus Server 中的每个 Target 实例都对应一个 scrapeLoop 实例，每个 scrapeLoop 实例负责定时从 Target 抓取时序数据。上述 targetgroup.Group 维护了一组 Target，每个 targetgroup.Group 实例对应一个 scrapePool 实例，在 scrapePool 实例中维护了多个 scrapeLoop 实例，与 targetgroup.Group 中的 Target 一一对应，如图 4-4 所示。

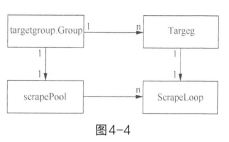

图 4-4

scrapePool 结构体的核心字段如下。

- client（*http.Client 类型）：HTTP 客户端。

- activeTarget（map [uint64]*Target 类型）：记录需要抓取的 Target。

- droppedTargets（[]*Target 类型）：记录已经删除的 Target。

- loops（map[uint64]loop 类型）：该字段中的每个 scrapeLoop 实例都对应 activeTargets 集合中的一个 Target 实例。

- newLoop（func（*Target, scraper, int, bool, []*config.RelabelConfig）loop 类型）：该函数负责为指定的 Target 实例创建相应的 scrapeLoop 实例。

- appendable（Appendable 类型）：用于向底层存储写入时序数据。

- config（*config.ScrapeConfig 类型）：ScrapeConfig 实例中记录了相应 Target 在 prometheus.yml 配置文件中的所有配置信息。ScrapeConfig 结构体中的字段与前面介绍的 scrape_configs 部分中的配置一一对应，这里不再展开分析。

当 scrape 模块从服务发现组件监听到 targetgroup.Group 信息变化时，会调用 newScrapePool() 函数为新增 targetgroup.Group 初始化相应的 scrapePool 实例，以及其使用到的基础组件，例如 HTTP 客户端、buffer 池等，并且指定初始化 scrapeLoop 实例的函数（但还没有创建 scrapeLoop 实例）。newScrapePool() 函数的具体实现如下。

```
func newScrapePool(cfg *config.ScrapeConfig,app Appendable,logger log.Logger)
    *scrapePool {
   // 创建HTTP客户端，该scrapePool中的所有scrapeLoop都使用HTTP客户端抓取时序
   client,err := config_util.NewClientFromConfig(cfg.HTTPClientConfig,cfg.JobName)
```

```
// 省略错误处理的相关代码
// 创建缓冲池, 该scrapePool中的scrapeLoop会共用该缓冲池
buffers := pool.New(1e3,100e6,3,
    func(sz int)interface{} { return make([]byte,0,sz)})

ctx,cancel := context.WithCancel(context.Background())// 用于关闭scrapePool
sp := &scrapePool{    // 创建scrapePool实例
    cancel:         cancel,
    appendable:     app,
    config:         cfg,
    client:         client,
    activeTargets: map[uint64]*Target{},
    loops:          map[uint64]loop{},
}
// 指定初始化scrapeLoop实例的函数, 注意, 此时还未创建scrapeLoop实例
sp.newLoop = func(t *Target,s scraper,limit int,honor bool,
        mrc []*config.RelabelConfig)loop {
    cache := newScrapeCache()// 为每个scrapeLoop实例绑定一个scrapeCache实例
    t.setMetadataStore(cache)
    return newScrapeLoop(
        ctx,
        s,// 与该scrapeLoop实例对应的targetScraper实例
        log.With(logger,"target",t),
        buffers,
        // mutateSampleLabels()和mutateReportSampleLabels()函数中会进行Relabel等修改
        // Label的操作
        func(l labels.Labels)labels.Labels { return mutateSampleLabels(l,t,
            honor,mrc)},
        func(l labels.Labels)labels.Labels { return mutateReportSampleLabels(l,t)},
        func()storage.Appender {
            // 获取底层存储对应的Appender, 在后面会详细介绍Prometheus Server部分提供的存储接口
            app,err := app.Appender()
            return appender(app,limit)
        },
        cache,
    )
    }
    return sp
}
```

　　完成scrapePool实例的初始化之后, scrape模块会立即调用scrapePool.Sync()方法。该方法会从对应的targetgroup.Group中获取最新的Target实例, 然后为每个Target创建对应的

scrapeLoop实例，最后每个scrapeLoop实例启动一个goroutine执行scrapeLoop.run()方法。scrapePool.Sync()方法的具体实现如下。

```go
func(sp *scrapePool)Sync(tgs []*targetgroup.Group){
  var all []*Target
  sp.mtx.Lock()
  sp.droppedTargets = []*Target{}
  for _,tg := range tgs { // 遍历TargetGroup
    targets,err := targetsFromGroup(tg,sp.config)// 获取Group中的全部Target
    // 省略错误处理的代码
    for _,t := range targets {
      if t.Labels().Len()> 0 { // 这里记录有Label的Target
        all = append(all,t)
      } else if t.DiscoveredLabels().Len()> 0 { // 记录droppedTargets
        sp.droppedTargets = append(sp.droppedTargets,t)
      }
    }
  }
  sp.mtx.Unlock()
  sp.sync(all)// 在sync()方法中会为每个Target创建scrapeLoop实例，并启动相应的goroutine
}
```

在targetsFromGroup()函数中会根据targetgroup.Group中的公共Label以及ScrapeConfig配置调整Target的Label集合，具体实现如下。

```go
func targetsFromGroup(tg *targetgroup.Group,cfg *config.ScrapeConfig)([]*Target,error)
{ targets := make([]*Target,0,len(tg.Targets))

  for i,tlset := range tg.Targets { // 遍历targetgroup.Group中的全部Target
    // 当前Target的Label总数
    lbls := make([]labels.Label,0,len(tlset)+len(tg.Labels))
    // 将Target原有的Label以及targetgroup.Group中的公共Label都记录到lbls中
    for ln,lv := range tlset {
      lbls = append(lbls,labels.Label{Name: string(ln),Value: string(lv)})
    }
    for ln,lv := range tg.Labels {
      if _,ok := tlset[ln] ; !ok {
        // Target原有的Label会覆盖targetgroup.Group中的公共Label
        lbls = append(lbls,labels.Label{Name: string(ln),Value: string(lv)})
      }
    }
```

```
        lset := labels.New(lbls...)
        // 注意这两个返回值，第一个lbls是经过Relabel操作之后得到的Label集合，而origLabels则
        // 是未经Relabel处理的Label集合
        lbls,origLabels,err := populateLabels(lset,cfg)
        if lbls != nil || origLabels != nil {
            // 经过populateLabels()函数处理之后，若该Target没有任何Label，则将其抛弃
            targets = append(targets,NewTarget(lbls,origLabels,cfg.Params))
        }
    }
    return targets,nil
}
```

populateLabels() 函数修改 Label 的核心步骤如下。

步骤 1. 为 Target 添加"job""__metrics_path__""__scheme__"这 3 个默认 Label。

步骤 2. 添加 ScapeConfig 配置中的 Label。

步骤 3. 执行 Relabel 操作，Relabel 操作的具体实现在前面已经详细介绍过了，这里不再在重复。

步骤 4. 校正"__address__"的 Label Value，其中记录了抓取 Target 的地址。

步骤 5. 清理"__meta_"开头的 Label，这些 Label 记录了一些内部信息，后续不再使用。

步骤 6. 检测"instance"这个 Label 是否存在，如果该 Label 不存在，则将其 Label Value 设置成 Target 的抓取地址。

步骤 7. 检测所有的 Label Value 是否合法，如果都合法，则正常返回；如果存在不合法的 Label Value，则返回 nil 并打印异常。

populateLabels() 函数的具体实现如下。

```
func populateLabels(lset labels.Labels,cfg *config.ScrapeConfig)
(res,orig labels.Labels,err error){
    scrapeLabels := []labels.Label{    // 创建3个默认Label
        {Name: model.JobLabel,Value: cfg.JobName},
        {Name: model.MetricsPathLabel,Value: cfg.MetricsPath},
        {Name: model.SchemeLabel,Value: cfg.Scheme},
    }
    lb := labels.NewBuilder(lset)
    for _,l := range scrapeLabels {
        if lv := lset.Get(l.Name); lv == "" { // 添加不存在的默认Label
```

```
          lb.Set(l.Name,l.Value)
      }
  }
  for k,v := range cfg.Params {
      if len(v)> 0 { // 添加ScapeConfig配置中的Label,Label Name前会添加"__param_"前缀
          lb.Set(model.ParamLabelPrefix+k,v[0])
      }
  }

  preRelabelLabels := lb.Labels()
  // 进行relabel操作，其中会根据配置过滤Label以及Target
  lset = relabel.Process(preRelabelLabels,cfg.RelabelConfigs...)
  // 如果lset为空，则表示当Target被过滤掉了，则这里会直接返回（略）
  // 校正AddressLabel的Label Value(略)

  // 将"__meta_"开头的Label全部清理掉，保证这些记录元数据的Label不会被添加到时序数据中
  for _,l := range lset {
      if strings.HasPrefix(l.Name,model.MetaLabelPrefix){
          lb.Del(l.Name)
      }
  }
  if v := lset.Get(model.InstanceLabel); v == "" {
      lb.Set(model.InstanceLabel,addr)// 针对instance这个Label Name的特殊处理
  }
  res = lb.Labels()
  // 检测最终Label Value是否都合法，如果存在不合法的Label Value，则直接返回并打印异常（略）
  return res,preRelabelLabels,nil
}
```

经过上述修改和调整之后，Target 的 Label 集合会被传入 scrapePool.sync() 方法中进行处理。该方法会为新 Target 创建对应的 scrapeLoop 实例，并启动单独的 goroutine 执行 scrapeLoop.run() 方法，同时也会停止废弃 Target 对应的 goroutine。sync() 方法的具体实现如下。

```
func(sp *scrapePool)sync(targets []*Target){
  var(
     uniqueTargets = map[uint64]struct{}{}
     interval      = time.Duration(sp.config.ScrapeInterval)
     timeout       = time.Duration(sp.config.ScrapeTimeout)
     limit         = int(sp.config.SampleLimit)
     honor         = sp.config.HonorLabels
     mrc           = sp.config.MetricRelabelConfigs
```

```
    )

    for _,t := range targets {
      t := t
      hash := t.hash()// Target的hash值
      uniqueTargets[hash] = struct{}{} // 记录此次传入的Target

      if _,ok := sp.activeTargets[hash] ; !ok { // 新创建的Target
        // 为每个Target创建一个targetScraper实例
        s := &targetScraper{Target: t,client: sp.client,timeout: timeout}
        // 为每个Target创建对应的scrapeLoop
        l := sp.newLoop(t,s,limit,honor,mrc)
        sp.activeTargets[hash] = t // 记录新建的Target
        sp.loops[hash] = l // 记录新建的scrapeLoop
        // 启动一个单独的goroutine，执行scrapeLoop.run()方法
        go l.run(interval,timeout,nil)
      } else { // 已有Target，则只更新discoveredLabels
        sp.activeTargets[hash].SetDiscoveredLabels(t.DiscoveredLabels())
      }
    }

    var wg sync.WaitGroup
    for hash := range sp.activeTargets { // 停止废弃Target对应的scrapeLoop
      if _,ok := uniqueTargets[hash] ; !ok {
        wg.Add(1)
        go func(l loop){
          l.stop()// 停止废弃Target对应的scrapeLoop
          wg.Done()
        }(sp.loops[hash])

        delete(sp.loops,hash)// 从loops集合中删除废弃Target对应的scrapeLoop
        delete(sp.activeTargets,hash)// 删除废弃的Target
      }
    }
    wg.Wait()
  }
```

    Prometheus Server还有专门触发prometheus.yml配置文件重载的机制，此时scrapePool
会通过其reload()方法重新应用新的配置信息。在reload()方法中会重启全部Target关联
的scrapeLoop goroutine，重启之后，scrapeLoop会使用新配置进行抓取。scrapePool.reload()
方法的具体实现如下。

```
func(sp *scrapePool)reload(cfg *config.ScrapeConfig){
    // 更新HTTP客户端
    client,err := config_util.NewClientFromConfig(cfg.HTTPClientConfig,cfg.JobName)
    sp.config = cfg  // 更新抓取配置
    sp.client = client // 更新client字段
    var(
        wg        sync.WaitGroup
        // 下面获取新的配置信息
        interval = time.Duration(sp.config.ScrapeInterval)
        timeout  = time.Duration(sp.config.ScrapeTimeout)
        limit    = int(sp.config.SampleLimit)
        honor    = sp.config.HonorLabels
        mrc      = sp.config.MetricRelabelConfigs
    )

    for fp,oldLoop := range sp.loops {
        var(
            t = sp.activeTargets[fp] // 获取当前scrapeLoop关联的Target
            // 使用新配置创建targetScraper实例
            s = &targetScraper{Target: t,client: sp.client,timeout: timeout}
            // 使用新配置创建scrapeLoop实例
            newLoop = sp.newLoop(t,s,limit,honor,mrc)
        )
        wg.Add(1)
        go func(oldLoop,newLoop loop){
            oldLoop.stop()// 停止旧scrapeLoop
            wg.Done()
            go newLoop.run(interval,timeout,nil)// 启动配置更新后的scrapeLoop
        }(oldLoop,newLoop)
        sp.loops[fp] = newLoop // 更新loops集合
    }
    wg.Wait()// 等待全部scrapeLoop更新完毕
}
```

4.5　Manager

在 Prometheus Server 中，通过 scrape.Manager 管理其中的 targetgroup.Group 实例，以及每个 targetgroup.Group 实例关联的 scrapePool。targetgroup.Group 以及 scrapePool 的工作原理在前面已经进行了详细分析。本节重点介绍 scrape.Manager 结构体，其核心字段如下。

- scrapeConfigs（map[string]*config.ScrapeConfig 类型）：记录抓取操作使用的配置信息，其中 key 为 jobName，value 是 ScrapeConfig 实例。

- targetSets（map[string][]*targetgroup.Group 类型）：当前 scrape.Manager 实例中维护的所有 targetgroup.Group 实例。

- scrapePools（map[string]*scrapePool 类型）：当前 scrape.Manager 实例中维护的所有 scrapePool 实例，targetSets 集合中每个 targetgrouop.Group 对应一个 scrapePool 实例。

- append（Appendable 类型）：Appendable 接口主要用于向底层存储写入时序数据，后面会详细介绍 Appendable 接口及其实现。

- triggerReload（chan struct{} 类型）：该通道用于通知后台 goroutine 执行 reload 操作。

在创建 Manager 实例之后会调用 Run（）方法接收可抓取的 targetgroup.Group 集合，其主 goroutine 会通过 updateTsets（）方法更新 targetSets 字段，在更新完成之后会向 triggerReload 通道写入一个信号，通知后台 goroutine 执行 reload 操作。Manager.run（）方法的具体实现如下。

```
func(m *Manager)Run(tsets <-chan map[string][]*targetgroup.Group)error {
  go m.reloader()// 启动后台 goroutine 执行 reloader() 方法
  for {
    select {
    case ts := <-tsets:
      m.updateTsets(ts)// 更新 targetSets 字段，其实现比较简单，这里不再展开分析
      select {
      // targetSets 字段更新之后，通过 triggerReload 通道通知 reloader goroutine 重新加载 Group
      case m.triggerReload <- struct{}{}:
      default:
      }
    case <-m.graceShut: // 监听当前 Manager 实例是否已关闭
      return nil
    }
  }
}
```

Manager.reloader（）方法会监听 triggerReload 通道，从该通道监听到信号时会调用 reload（）方法，具体实现如下。

```
func(m *Manager)reloader(){
  ticker := time.NewTicker(5 * time.Second)// 定时器
  defer ticker.Stop()
```

```
    for {
      select {
      case <-m.graceShut: // 监听当前Manager实例是否已关闭
        return
      case <-ticker.C: // 每5s
        select {
        case <-m.triggerReload: // 监听是否需要进行reload操作
          m.reload()
        case <-m.graceShut: // 监听当前Manager实例是否已关闭
          return
        }
      }
    }
  }
```

Manager.reload（）方法会遍历更新后的targetSets字段，其中会为新增的Group创建对应的scrapePool实例，对于已有的targetgroup.Group则重用之前的scrapePool实例。然后，会为每个targetgroup.Group启动一个goroutine，以调用前面介绍的scrapePool.Sync（）方法。Manager.reload（）方法的具体实现如下。

```
func(m *Manager)reload(){
  m.mtxScrape.Lock()
  var wg sync.WaitGroup
  for setName,groups := range m.targetSets { // 遍历当前targetSets字段中记录的全部Group
    var sp *scrapePool
    existing,ok := m.scrapePools[setName]
    if !ok {  // 处理新增的targetgroup.Group
      scrapeConfig,ok := m.scrapeConfigs[setName] // 获取Group对应的抓取配置
      // 为新加的TargetGroup创建对应的scrapePool实例
      sp = newScrapePool(scrapeConfig,m.append,
              log.With(m.logger,"scrape_pool",setName))
      m.scrapePools[setName] = sp
    } else {
      sp = existing // 对于已存在的targetgroup.Group会重用对应的scrapePool实例
    }
    wg.Add(1)
    // 每个Group单独启动一个goroutine从而调用Sync
    go func(sp *scrapePool,groups []*targetgroup.Group){
      sp.Sync(groups)
      wg.Done()
    }(sp,groups)
  }
```

```
    m.mtxScrape.Unlock()
    wg.Wait()
}
```

Manager 中最后一个需要介绍的是 ApplyConfig（）方法，它在重载 prometheus.yml 配置文件的时候会被调用，其中主要完成两件事。

1.关闭已删除的 targetgroup.Group 对应的 scrapePool 实例。

2.如果 targetgroup.Group 的抓取配置发生变化，则会通过 reload（）方法重启对应的 scrapePool 实例。

Manager.ApplyConfig（）方法的具体实现如下。

```
func(m *Manager)ApplyConfig(cfg *config.Config)error {
    // 省略加锁解锁的相关代码
    c := make(map[string]*config.ScrapeConfig)
    for _,scfg := range cfg.ScrapeConfigs {
        c[scfg.JobName] = scfg
    }
    m.scrapeConfigs = c // 更新 scrapeConfigs 字段

    for name,sp := range m.scrapePools {
        if cfg,ok := m.scrapeConfigs[name]; !ok {
            sp.stop()// 停止已删除的 targetgroup.Group 对应的 scrapePool
            delete(m.scrapePools,name)
        } else if !reflect.DeepEqual(sp.config,cfg){
            sp.reload(cfg)// 如果抓取配置发生变化，则通过前面介绍的 reload（）方法，重启 scrapePool
        }
    }
    return nil
}
```

4.6 本章小结

scrape 模块是 Prometheus Server 的关键模块之一，它会根据 prometheus.yml 文件中的配置信息周期性地从客户端、exporter 或 PushGateway 抓取时序数据，然后根据配置执行 Relabel 等操作，最终将时序数据持久化到底层存储。

本章首先介绍了 Prometheus Server 整个项目的目录结构，以及各个目录的核心功能。之后介绍了 Target 结构体以及 targetgroup.Group 结构体，它们是 Prometheus 对抓取目标的抽象。接下来介绍了 scraper 接口以及 loop 接口，它们共同实现了从一个 Target 抓取时序数据的功能，其中 scraper 接口的实现中定义了具体抓取的行为，loop 接口的实现则会控制抓取周期、缓存时序元信息、维护 buffer 池、执行 Relabel 处理以及持久化时序数据。

对 scrape 模块中的 Target 进行分组，而分组的概念由 targetgroup.Group 结构体进行抽象。每个实例 targetgroup.Group 对应一个 scrapePool 实例，该 scrapePool 实例则维护了所有关联 Target 实例对应的 scrapeLoop，负责这些 scrapeLoop 的启动和停止。

所有 scrapePool 实例都是由 scrape.Manager 管理的。scrape.Manager 会通过服务发现组件监听 Target 信息的变化，并触发 scrapePool 的新建、销毁以及重载。另外，scrape.Manager 还会监听 prometheus.yml 配置文件的重载。

第5章
storage 模块

storage 模块是 Prometheus Server 与 Prometheus TSDB 以及 Remote Storage 之间的桥梁。在 Prometheus Server 抓取到时序数据之后，会通过 storage 模块将这些时序数据写入本地存储以及远端存储中。

storage 模块对本地存储和远端存储进行了封装和适配，对外提供统一接口。本地存储，也就是第 3 章介绍的 Prometheus TSDB，会将时序数据持久化到本地磁盘中；远端存储则是 Prometheus Server 通过网络或其他方式将时序数据传输到远端服务器，再由远端存储进行持久化，Prometheus 可使用的远端存储有 InfluxDB、OpenTSDB 和 TiKV 等。感兴趣的读者可以参考 Prometheus 官方文档，其中罗列了所有可用的远端存储。根据远端存储是否可读写，可以将它们分为两类，一类为可读远端存储，另一类为可写远端存储。

5.1 写入

在第 4 章分析 scrape 模块时提到，scrape.Manager、scrapePool 和 scrapeLoop 等组件中都包含了一个 Appendable 类型的字段，该接口中只定义了一个 Appender() 方法，其返回值为 storage.Appender 类型。storage.Appender 接口与 Prometheus TSDB 中的 tsdb.Appender 接口类似，定义了写入时序点的相关方法，具体如下。

```
type Appender interface {
    // 向底层存储写入时序点
    Add(l labels.Labels,t int64,v float64)(uint64,error)
    AddFast(l labels.Labels,ref uint64,t int64,v float64)error

    Commit()error // 将批量写入的时序数据提交到底层存储
```

```
    Rollback()error // 放弃此次批量写入的时序数据
  }
```

图5-1展示了storage.Appender接口的实现，在本节中会逐个介绍这些storage.Appender接口的实现。

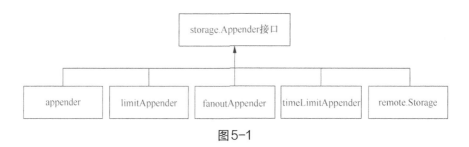

图5-1

Storage接口是storage模块的核心接口之一，它实现了Appendable接口，同时也内嵌了Queryable接口，与查询相关的接口将在5.2节详细介绍。Stroage接口的定义比较简单，其核心依然是Appender()方法，这里不再展示其代码。图5-2展示了Storage接口的继承关系。

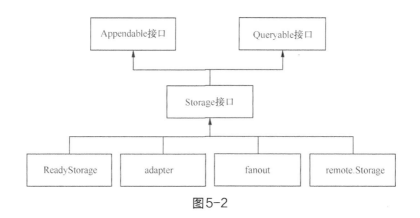

图5-2

ReadyStorage结构体和adapter结构体都是Storage接口的实现，两者的实现比较简单。

从名字就可以看出，adapter结构体是一个适配器，其主要功能是将Prometheus TSDB中tsdb.DB结构体的功能适配到Storage接口。

ReadyStorage实例中封装了一个adapter实例，而adapter实例中则封装了一个tsdb.DB实例，Storage接口的所有相关方法调用最终都是由tsdb.DB实例完成的。ReadyStorage结构体和adapter结构体的Appender()方法返回的都是图5-1中的appender实例，appender的功能也是进行适配，它将Prometheus TSDB中tsdb.Appender结构体的功能适配到storage.

Appender 接口。ReadyStorage 和 adapter 的定义这里就不再展开分析了，感兴趣的读者可以参考其代码进行学习。

remote.Storage 结构体是 Prometheus Server 对多个远端存储的抽象，remote.Storage 中的核心字段如下。

- queues（[]*QueueManager 类型）：QueueManager 实际上是一个队列，每个 QueueManager 实例对应一个远端存储，其中维护了 Prometheus Server 写入远端存储的时序数据。

- queryables（[]storage.Queryable 类型）：该字段中每个 Queryable 实例对应一个远端存储。远端存储也实现了 Queryable 接口，用于从该远端存储查询时序数据。

- localStartTimeCallback（startTimeCallback 类型）：该字段实际上指向了 Ready Storage.StartTime() 方法，用于获取本地所存储的最小时间戳。

- flushDeadline（time.Duration 类型）：刷新时间戳。

在初始化 Storage 实例之后会调用 ApplyConfig() 方法，其中会根据远端存储的配置创建对应的 QueueManager 实例以及 Queryable 实例，并更新 queues 字段和 queryables 字段。下面重点展示 ApplyConfig() 方法对可写远端存储的处理。

```
func(s *Storage)ApplyConfig(conf *config.Config)error {
    // 省略加锁和解锁的过程
    newQueues := []*QueueManager{}
    for i,rwConf := range conf.RemoteWriteConfigs { // 遍历可写远端存储的配置信息
        c,err := NewClient(i,&ClientConfig{ // 根据配置创建HTTP客户端,省略异常处理的相关代码
            URL:              rwConf.URL,
            Timeout:          rwConf.RemoteTimeout,
            HTTPClientConfig: rwConf.HTTPClientConfig,
        })
        newQueues = append(newQueues,NewQueueManager(// 创建远端存储对应的QueueManager实例
            s.logger,
            rwConf.QueueConfig,
            conf.GlobalConfig.ExternalLabels,
            rwConf.WriteRelabelConfigs,
            c,
            s.flushDeadline,
))
    }
    for _,q := range s.queues { // 停止之前远端存储对应的QueueManager
        q.Stop()
```

```
    }

    s.queues = newQueues
    for _,q := range s.queues { // 启动最新远端存储对应的QueueManager
      q.Start()
    }
    // 下面会遍历可读的远端存储的相关配置，其大致过程与上面处理可写远端存储配置的过程类似，这里不再
    // 做深入分析
    return nil
  }
```

remote.Storage不仅实现了Appendable接口，同时也实现了Appender接口，其中Appender()方法直接返回了该实例本身，Add()、AddFirst()方法会遍历queues字段中维护的QueueManager实例，并逐个调用QueueManager.append()方法将点写入对应的远端存储中，大致实现如下。

```
func(s *Storage)Add(l labels.Labels,t int64,v float64)(uint64,error){
  // 省略异常处理的相关代码
  for _,q := range s.queues {
    if err := q.Append(&model.Sample{ // 通过QueueManager将时序点写入远端存储
      Metric:    labelsToMetric(l),
      Timestamp: model.Time(t),
      Value:     model.SampleValue(v),
    }); ... // 省略异常处理的相关代码
  }
  return 0,nil
}
```

将时序数据发送到远端存储之后，是否能真正持久化是由远端存储控制的，因此remote.Storage.Commit()方法和Rollback()方法都是空实现。

最后再来看fanout结构体，其中封装了本地和远端两类存储，外部调用时无法察觉到其实现细节，而是看到Storage接口。fanout结构体的核心字段如下。

● primary(Storage类型)：本地存储，实际是ReadyStorage实例。

● secondaries([]Storage类型)：远端存储，fanout实例中可以封装多个远端存储。

fanout.Appender()方法会将本地存储关联的Appender实例以及远端存储关联的Appender封装成fanoutAppender实例并返回，具体实现如下。

```
func(f *fanout)Appender()(Appender,error){
  primary,err := f.primary.Appender()// 获取本地存储关联的Appender实例
```

```
      // 获取远端存储关联的Appender实例
      secondaries := make([]Appender,0,len(f.secondaries))
      for _,storage := range f.secondaries {
        appender,err := storage.Appender(
        secondaries = append(secondaries,appender)
      }
      return &fanoutAppender{ // 将本地Appender和远端Appender封装成fanoutAppender
        logger:      f.logger,
        primary:     primary,
        secondaries: secondaries,
      },nil
    }
```

在 fanoutAppender 实现的 Add( )、AddFast( )、Commit( ) 和 Rollback( ) 方法中，会对其中封装的全部存储逐个调用对应的方法，这里以 Add( ) 方法为例进行简单分析，其他方法的实现类似。

```
    func(f *fanoutAppender)Add(l labels.Labels,t int64,v float64)(uint64,error){
      ref,err := f.primary.Add(l,t,v)// 将时序点写入本地存储

      for _,appender := range f.secondaries { // 将时序点写入全部远端存储
        if _,err := appender.Add(l,t,v); err != nil ...
      }
      return ref,nil
    }
```

可见，fanoutAppender 与 fanout 类似，也是 storage 模块的一个门面。

最后，简单介绍一下 Appender 接口的另外两个实现——timeLimitAppender 和 limitAppender，它们是 Appender 接口的装饰器，其中 timeLimitAppender 会检测写入时序点的 timestamp 是否合法，而 limitAppender 则会限制每次批量写入的点的个数。这里以 timeLimitAppender.Add( ) 方法为例进行介绍。

```
    func(app *timeLimitAppender)Add(lset labels.Labels,t int64,v float64)
    (uint64,error){
      if t > app.maxTime { // 检测写入时序点的timestamp是否合法
        return 0,storage.ErrOutOfBounds
      }
      ref,err := app.Appender.Add(lset,t,v)// 委托为底层Appender实例完成写入
      return ref,nil
    }
```

5.2　查询

除了提供写入时序数据的功能之外，Storage接口还继承了Queryable接口，该接口中只定义了一个Querier()方法，返回一个storage.Querier接口实例。storage.Querier接口与第3章介绍的tsdb.Querier接口类似，其定义如下。

```
type Querier interface {
    Select(*SelectParams,...*labels.Matcher)(SeriesSet,error)// 查询时序

    LabelValues(name string)([]string,error)// 根据Label Name查询对应的Label Value集合

    Close()error // 关闭Querier实例，释放相关资源
}
```

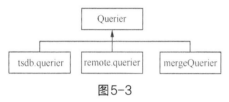

图5-3

图5-3展示了Querier接口的常用实现。

这里简单提一下，Select()方法的第一个参数为SelectParams类型，其中指定了查询的起止时间、查询Step()以及使用的聚合函数，在后面会详细介绍这些字段在查询过程中起到的作用。

Select()方法的返回值为storage.SeriesSet接口的实例，它与第3章介绍的tsdb.SeriesSet类似，是用来抽象一组时序集合的。storage.SeriesSet接口的定义如下，其中定义了迭代时序的相关方法。

```
type SeriesSet interface {
    Next()bool
    At()Series
    Err()error
}
```

这里的storage.Series接口与前面介绍的tsdb.Series相同，都用于表示一条时序。storage.Series接口中定义了从该时序获取Label信息以及时序点的相关方法，具体定义如下。

```
type Series interface {
    Labels()labels.Labels    // 返回该时序的Label集合，该Label集合唯一标识该时序
    Iterator()SeriesIterator // 返回该时序的迭代器
}
```

storage.SeriesIterator迭代器与前面介绍的tsdb.SeriesIterator相同，都用于迭代一条时序中的点，其定义如下。

```
type SeriesIterator interface {
```

```
        Seek(t int64)bool // 将当前迭代器快速推进到指定时间戳的位置
        At()(t int64,v float64)// 返回当前迭代的点
        Next()bool // 检测后续是否还存在可迭代的点
        Err()error // 返回迭代过程中发生的异常
    }
```

前面提到，ReadyStorage 实例的底层封装了 adapter 实例，而 adatper 实例的底层封装了前面介绍的 tsdb.DB。ReadyStorage 和 adapter 返回的 Querier 实例的底层实际上封装了 tsdb.Querier，如图 5-4 所示。

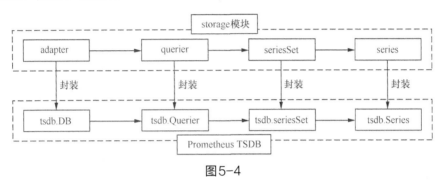

图5-4

querier 结构体的主要作用也是进行适配，其 Select() 方法的主要功能是将传入的 labels.Matcher 集合适配成 Prometheus TSDB 中 tsdb.Querier 能够处理的 Matcher 类型，并调用 tsdb.Querier.Select() 方法查询本地存储。

querier.Select() 方法的返回值是 seriesSet 类型，用于表示查询到的一组时序数据，其底层封装了前面介绍的 tsdb.seriesSet。迭代 seriesSet 实例后得到的是 series 实例，即一条时序数据，其底层封装了前面介绍的 tsdb.Series。上述结构体的实现比较简单，这里不再展开分析，感兴趣的读者可以参考其代码进行学习。

接下来看 Storage 结构体中 Querier() 方法的实现，它会为全部可读远程存储（queryables 字段）创建 Querier 实例，并将这些 Querier 实例合并成 mergeQuerier 实例返回，具体实现如下。

```
func(s *Storage)Querier(ctx context.Context,mint,maxt int64)(storage.Querier,error){
    queryables := s.queryables // 获取可读的远端存储，这里省略加锁和解锁的相关代码
    queriers := make([]storage.Querier,0,len(queryables))
    for _,queryable := range queryables { // 获取可读远端存储关联的Querier
        q,err := queryable.Querier(ctx,mint,maxt)
        queriers = append(queriers,q)
    }
    return storage.NewMergeQuerier(queriers),nil // 创建mergeQuerier并返回
}
```

mergeQuerier.LabelValues()方法会根据指定的 Label Name，从各远端存储查询 Label Value，并将查询结果合并起来返回，具体的合并过程与第3章介绍的 tsdb.mergeStrings() 函数类似，这里不再展开介绍。

mergeQuerier.Select()方法会根据指定的 Matcher，从各远端存储查询时序数据，并将查询结果合并成 mergeSeriesSet 实例返回。mergeSeriesSet 的功能与第3章介绍的 tsdb.mergedSeriesSet 类似，都是用来合并多条时序数据的。迭代 mergeSeriesSet 得到的是 mergeSeries 实例，它合并了来自不同远端存储的同一条时序。

fanout 与 Storage 类似，其查询过程也是通过 mergeQuerier、mergeSeriesSet 和 mergeSeries 等组件将本地查询结果以及远端查询结果合并起来。这些结构体在 tsdb 模块中都有原理类似的实现，这里不再展开分析，感兴趣的读者可以参考其代码进行学习。

需要特别说明一下 mergeSeriesSet，虽然它的功能与 tsdb.mergedSeriesSet 类似，都是合并多条时序，但是其原理有所不同。上面提到的 mergeQuerier 会同时查询多个远程存储以及本地存储，因此得到的 mergeSeriesSet 会包含来自不同存储的重复时序（其中某条时序的点可能会有缺失），如图5-5所示。在迭代 Series 实例时，mergeSeriesSet 会将 Label 集合完全相同的时序合并到一个 mergeSeries 实例返回。

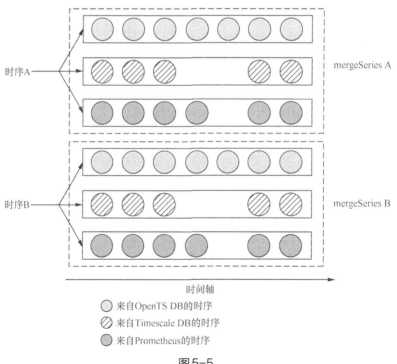

图5-5

在迭代时序点时，需要获取mergeSeries相应的迭代器——mergeIterator，mergeIterator在迭代过程中会合并mergeSets中的相同时序点，如图5-6所示。

mergeSeriesSet、mergeSeries以及mergeIterator的实现并不复杂，具体实现方法不再展开介绍，请读者自行分析。

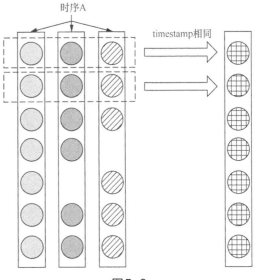

图5-6

5.3 本章小结

本章重点介绍了Prometheus Server中的storage模块，该模块的核心功能是对本地存储和远程存储的封装和适配。本章重点介绍了storage.Appender、Storage和Querier接口，这3个接口是storage模块对外暴露的统一接口。

在Storage接口的实现中，ReadyStorage和adapter是对本地存储的适配，remote.Storage负责与远端存储进行交互，fanout是对本地存储以及远程存储的封装，并对外提供门面。

在storage.Appender接口的实现中，appender负责写入本地存储，remote.Storage负责写入远程存储，fanoutAppender则是对这两者进行封装并对外提供门面。另外，storage模块还提供了timeLimitAppender和limitAppender两个装饰器用于增强Appender的功能。

在Querier接口的实现中，tsdb.querier负责查询本地存储，remote.querier负责查询远端存储，mergeQuerier则是对这两者进行封装并对外提供门面。在查询过程中，还会使用到SeriesSet、Series和SeriesIterator等接口，它们主要针对本地存储以及多个远程存储返回的时序进行整理和合并，当然，也起到了对外提供统一接口的效果。

第6章

HTTP API接口

在前面的章节中，详细介绍了Prometheus Server如何通过scrape模块抓取时序数据，如何通过storage模块将时序数据写入本地存储以及远程存储，还深入分析了本地存储（Prometheus TSDB）的实现。

本章将开始介绍Prometheus Server提供的查询功能，Prometheus Server提供了多个HTTP接口，主要用于查询时序数据、Label信息、Target元数据以及Rule信息等。Prometheus Server目前提供了V1和V2两个版本的HTTP API接口，根据官方文档的介绍，V1版本的HTTP API接口是稳定版本，而V2版本的HTTP API接口以及gRPC接口则不稳定。本章重点分析V1版本的HTTP API接口。

6.1 PromQL的相关接口

在Prometheus Server提供的HTTP API接口中，"/api/v1/query"和"/api/v1/query_range"是用来执行PromQL查询语句的，Prometheus自带的Web UI或Grafana通过这两个接口来查询时序数据。

这里首先介绍一下PromQL语句涉及的基本知识。在PromQL语句中，任意一个合法的表达式必定为以下四类之一。

● Instant vector：Instant vector（瞬时向量）会查询多条时序，其中的每条时序只包含一个时序点，且这些时序点的timestamp都相同，如图6-1所示。

● Range vector：Range vector（范围向量）会查询多条时序，其中的每条时序中可能包含多个不同timestamp的时序点，如图6-1所示。

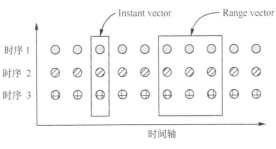

图6-1

- Scalar：Scalar（标量）表示一个浮点数。

- String：String 表示一个字符串。

6.1.1　Instant Query

首先来介绍"/api/v1/query"接口，可以通过该接口查询 Instant vector，请求该接口时可以携带的 HTTP 参数如下（该接口同时支持 GET 和 POST 方式进行请求）。

- query：PromQL 语句。

```
// 只指定metric
http_requests_total

// 指定metric和Label
http_requests_total{job="prometheus",group="canary"}

// 使用sum函数
sum(go_gc_duration_seconds{instance="localhost:9090",job="test_job"})
```

- time（可选）：查询的 timestamp。

- timeout（可选）：查询超时时间。

- stats（可选）：若该参数不为空，则响应中携带查询的监控信息。

"/api/v1/query"接口的返回值是 JSON 格式，具体如下。

```
{
    "status":"success",// 查询是否成功
    "data":{
        "resultType":"vector",// 返回类型
```

```
        "result":[ // 具体时序数据
          {
            "metric":{ // 时序的metric以及Label集合
              "__name__":"up",
              "job":"prometheus",
              "instance":"localhost:9090"
            },
            "value":[ // 时序点,Instant Query返回的每个时序中只有一个点
              1435781451.781,
              "1"
            ]
          }
        ]
      }
    }
```

Prometheus V1版本的HTTP接口都定义在API结构体中,API结构体中的核心字段如下。

- Queryable（storage.Queryable类型）：storage模块对外提供的统一接口，通过该Queryable实例可以获取相应的Querier实例执行查询。

- QueryEngine（*promql.Engine类型）：PromQL语句引擎，请求传入的PromQL语句都由该引擎执行。

- targetRetriever（targetRetriever类型）：targetRetriever接口中定义了获取Target信息的相关方法，前面介绍的scrape模块中,scrape.Manager结构体是唯一实现。

- alertmanagerRetriever（alertmanagerRetriever类型）：alertmanagerRetriever接口定义了获取AlertManager信息的相关方法。Prometheus Server通过notifier模块与AlertManager交互，其中的notifier.Manager结构体是alertmanagerRetriever接口的唯一实现。notifier模块在后面会进行详细分析。

- rulesRetriever（rulesRetriever类型）：rulesRetriever接口定义了查询Rule信息的相关接口。rule模块中的rules.Manager结构体是其唯一实现。

- config（func（)config.Config类型）：加载prometheus.yml配置文件后得到全局唯一的Config实例,API模块通过该函数获取Config实例。

- flagsMap（map[string]string类型）：Prometheus Server启动时命令行参数会被记录到该集合中，可以通过"/api/v1/status/flags"接口读取该集合中的内容。

- enableAdmin（bool类型）：是否开启Prometheus Server提供的管理员功能。

- db(func( )*tsdb.DB 类型)：该函数用于获取 Prometheus TSDB 中的 DB 实例，主要在 Prometheus Server 的 admin 功能中使用。

下面回到"/api/v1/query"接口，它的相关处理逻辑是在 API.query( ) 方法中实现的，在该方法中首先会解析 HTTP 请求中的 query、time 等参数，然后创建 Query 实例，并调用其 Exec( ) 方法进行时序数据查询，最后会将查询到的时序封装成 queryData 实例返回。API.query( ) 方法的大致实现如下。

```go
func(api *API)query(r *http.Request)(interface{},*apiError,func()){
  var ts time.Time // 查询时间戳
  if t := r.FormValue("time"); t != "" { // 从请求中获取 time 参数作为查询时间戳
    ts,err = parseTime(t)
  } else {
    ts = api.now()// 若未指定 time 参数，则使用当前时间
  }

  ctx := r.Context()
  if to := r.FormValue("timeout"); to != "" { // 从请求中获取 timeout 作为超时时间
    var cancel context.CancelFunc
    timeout,err := parseDuration(to)
    ctx,cancel = context.WithTimeout(ctx,timeout)
    defer cancel()
  }
  // 创建 Query 实例，其中首先会解析查询语句，然后封装成 Query 实例
  qry,err := api.QueryEngine.NewInstantQuery(api.Queryable,r.FormValue("query"),ts)
  // 省略错误处理的相关代码
  res := qry.Exec(ctx)// 其中会调用 Engine.exec() 方法，该方法才是真正执行查询的地方
  // 省略错误处理的相关代码

  var qs *stats.QueryStats
  if r.FormValue("stats")!= "" {  // 若请求的 stats 参数不为空，则响应携带查询的监控信息
    qs = stats.NewQueryStats(qry.Stats())
  }

  // 将查询结果封装成 queryData 实例返回,queryData 中的核心字段与该接口返回的 JSON 格式的
  // 字段一一对应，这里不再展开介绍
  return &queryData{
    ResultType: res.Value.Type(),// 返回类型
    Result:     res.Value,// 根据 PromQL 查询到的时序数据
    Stats:      qs,// 响应携带的监控信息
  },nil,qry.Close
}
```

接下来看API.query()方法中使用到的promql.Query接口。promql.Query是执行PromQL语句的核心接口之一，也是其他模块调用PromQL引擎的唯一接口。promql.Query接口中定义了执行一条PromQL语句时不同阶段对应的方法，具体如下。

```
type Query interface {
    // 执行当前Query中封装的查询语句，每个Query实例的Exec()方法只能执行一次
    Exec(ctx context.Context)*Result

    Close()// 关闭当前查询，释放资源

    Statement()Statement  // 返回解析后的查询语句

    Stats()*stats.QueryTimers  // 获取该查询的监控信息

    Cancel()// 取消此次查询
}
```

"/api/v1/query"中使用的Query接口实现是promql.query，它也是promql.Query接口的唯一实现，其核心字段如下。

- queryable（storage.Queryable类型）：前面介绍storage模块时提到，其中Storage接口及其实现都实现了storage.Queryable接口，对外提供查询时序的能力。

- q（string类型）：原始的PromQL查询语句。

- stmt（Statement类型）：解析PromQL语句（q字段）之后得到Statement实例，后面会具体介绍Statement接口。

- matrix（Matrix类型）：记录查询结果。

- cancel（func()类型）：根据查询的超时时间，决定是否取消此次PromQL的执行。

- ng（*Engine类型）：执行PromQL语句的Engine实例。

- stats（*stats.QueryTimers类型）：记录此次PromQL查询的监控信息。

在promql.query.Exec()方法中会调用Engine.exec()方法执行PromQL语句完成查询，其实现比较简单，这里不展开介绍。将在第7章详细分析PromQL语句查询时序数据的具体流程。

6.1.2　Range Query

通过"/api/v1/query_range"接口可以完成对Range vector的查询，请求该接口时可以

携带的HTTP参数如下（该接口同时支持GET和POST方式进行请求）。

- query：PromQL 语句。

- start、end：查询的起止时间戳。

- step：查询精度，即返回的数据中，同一条时序的两点之间的时间间隔。

- timeout(可选)：此次查询的超时时间。

"/api/v1/query_range" 接口的返回值与前面介绍的 "/api/v1/query" 接口类似，也是JSON格式，大致如下。

```
{
    "status":"success",// 查询是否成功
    "data":{
        "resultType":"matrix",// 返回类型
        "result":[ // 具体时序数据
            {
                "metric":{ // 时序的metric以及Label集合
                    "__name__":"up",
                    "job":"prometheus",
                    "instance":"localhost:9090"
                },
                "values":[ // 时序中各个点的信息
                    [ 1435781430.781,"1" ],
                    [ 1435781445.781,"1" ],
                    [ 1435781460.781,"1" ]
                ]
            },
        ]
    }
}
```

"/api/v1/query_range" 接口的相关处理逻辑是在API.queryRange()方法中实现的，其大致逻辑与前面介绍的API.query()方法类似，具体如下。

```
func(api *API)queryRange(r *http.Request)(interface{},*apiError,func()){
    // 从请求参数中获取查询的起止时间戳
    start,err := parseTime(r.FormValue("start"))
    end,err := parseTime(r.FormValue("end"))
    if end.Before(start){ ... // 检测start和end参数是否合法 }
    // 从请求参数中获取step参数，它指定了返回时序中相邻两个点的时间间隔，也可以认为它是返回时序的精度
```

```
step,err := parseDuration(r.FormValue("step"))
// 检测step参数值是否合法（略）

// 控制每条时序返回点的个数，可以在60s精度下查询一周的数据，或在1h的精度下查询一年的数据
if end.Sub(start)/step > 11000 {
    ... // 返回错误
}


ctx := r.Context()
// 从请求中获取timeout参数，该参数用于控制此次请求的超时时间
if to := r.FormValue("timeout"); to != "" {
    ... // 该段实现与前面介绍的API.query()方法的实现类似
}
// 创建Query实例，其中首先会解析查询语句，然后封装成Query实例
qry,err := api.QueryEngine.NewRangeQuery(api.Queryable,r.FormValue("query"),
    start,end,step)


res := qry.Exec(ctx)// 其中会调用Engine.exec()方法，该方法才是真正执行查询的地方
// 省略错误处理的相关代码
var qs *stats.QueryStats
if r.FormValue("stats")!= "" { // 若请求的stats参数不为空，则响应携带查询的监控信息
    qs = stats.NewQueryStats(qry.Stats())
}

 // 将查询结果封装成queryData实例返回,queryData中的核心字段与该接口返回的JSON格式的
// 字段一一对应，这里不再展开介绍
return &queryData{
    ResultType: res.Value.Type(),// 返回类型
    Result:     res.Value,// 根据PromQL查询到的时序数据
    Stats:      qs,// 响应携带的监控信息
},nil,qry.Close
}
```

6.2 时序元数据查询

通过"/api/v1/series"接口，可以查询指定时间段内符合指定条件的时序信息，该接口的参数以及含义如下。

● match[]：用于过滤时序，可以指定多个match[]参数（至少一个），它们之间是

OR 的关系。

● start、end：此次查询的起止时间。

"/api/v1/series" 接口的返回值也是 JSON 格式的数据，具体如下。

```
curl 'http://localhost:9090/api/v1/series?match[]=up&match[]=process_start_time_
seconds{job="prometheus"}'
// 下面是请求返回的JSON数据
{
    "status":"success",
    "data":[ // 查询是否成功
        {
            "__name__":"up",// 符合第一个match[]的时序信息
            "job":"prometheus",
            "instance":"localhost:9090"
        },
        {
            "__name__":"up",// 符合第一个match[]的时序信息
            "job":"node",
            "instance":"localhost:9091"
        },
        {
            "__name__":"process_start_time_seconds",// 符合第二个match[]的时序信息
            "job":"prometheus",
            "instance":"localhost:9090"
        }
    ]
}
```

"/api/v1/series" 接口的相关处理是在 API.series() 方法中实现的，它首先将请求中的 Matcher[] 参数解析成 Matcher 实例，然后通过前面介绍的 storage.Querier 接口查找 start～end 时间范围内的时序，最后会遍历符合条件的时序，并将它们的 Label 返回。API.series() 方法的大致逻辑如下。

```
func(api *API)series(r *http.Request)(interface{},*apiError,func()){
    if len(r.Form["match[]"])== 0 { // 检测match[]参数的个数是否合法
        return nil,&apiError{errorBadData,fmt.Errorf("...")},nil
    }

    var start time.Time // 从HTTP请求中解析start参数
    if t := r.FormValue("start"); t != "" {
```

```
    ... // 解析 start 参数
    } else {
        start = minTime //使用默认值
    }
    // 从 HTTP 请求中解析出 end 参数，其逻辑与解析 start 参数类似（略）


    var matcherSets [][]*labels.Matcher
    for _,s := range r.Form["match[]"] { // 从 HTTP 请求中解析出 match[] 参数
        // 将每个 match[] 参数转换成 Matcher 实例，并保存到 matcherSets 中
        matchers,err := promql.ParseMetricSelector(s)
        // 这里省略错误处理逻辑
        matcherSets = append(matcherSets,matchers)
    }
    // 创建 Querier 实例，注意，这里指定了 start 和 end 时间范围，即可确定查询的 block 目录的个数，
    // Querier 接口的核心功能在前面已经详细介绍过了，这里不再赘述
    q,err := api.Queryable.Querier(r.Context(),timestamp.FromTime(start),
        timestamp.FromTime(end))
    // 这里省略错误处理逻辑
    defer q.Close()


    var sets []storage.SeriesSet
    for _,mset := range matcherSets {
        s,err := q.Select(nil,mset...)// 根据 Matcher 查询时序
        // 省略错误处理逻辑
        sets = append(sets,s)// 记录查询到的时序信息
    }


    set := storage.NewMergeSeriesSet(sets)// 用上面查询到的时序创建 mergeSeriesSet 实例
    metrics := []labels.Labels{}
    for set.Next(){ // 遍历查询到的时序，并记录其 Label 集合
        metrics = append(metrics,set.At().Labels())
    }
    return metrics,nil,nil
}
```

6.3　Label Value 查询

通过 "/api/v1/label/<label_name>/values" 接口，可以查询指定 Label Name 对应的所有 Label Value 值，该查询也是通过 storage.Querier 接口实现的，具体实现如下。

```
func(api *API)labelValues(r *http.Request)(interface{},*apiError,func()){
    ctx := r.Context()
    name := route.Param(ctx,"name")// 从URL中解析出name参数
    // 检测name参数是否合法（略）
    // 创建Querier实例
    q,err := api.Queryable.Querier(ctx,math.MinInt64,math.MaxInt64)
    defer q.Close()
    // 根据指定的Label Name查询对应的Label Value集合,Query接口在前面的章节中已经详细分析过了,
    // 这里不再赘述
    vals,err := q.LabelValues(name)
    // 省略错误处理的相关代码（略）
    return vals,nil,nil
}
```

6.4　Target和Rule查询

Prometheus Server 既可以从 prometheus.yml 配置文件中读取 Target 信息，也可以从服务发现组件中获取 Target 信息。如前所述，Target 以及对应的 scrapeLoop 是由 scrape.Manager 管理的。可以通过"/api/v1/targets"接口获取 scrape.Manager 实例中全部的 Target 信息，该接口无须任何请求参数，返回值也是 JSON 格式，具体如下。

```
{
    "status":"success",
    "data":{
        "activeTargets":[ // 当前抓取的Target信息
            {
                "discoveredLabels":{
                    "__address__":"localhost:9090",
                    "__metrics_path__":"/metrics",
                    "__scheme__":"http",
                    "job":"test_job"
                },
                "labels":{
                    "instance":"localhost:9090",
                    "job":"test_job"
                },
                "scrapeUrl":"http://localhost:9090/metrics",// 抓取的URL地址
                "lastError":"",
                "lastScrape":"2019-03-24T09:27:11.505320069+08:00",
```

```
                "health":"up"
            }
        ],
        "droppedTargets":[
        ]
    }
}
```

"/api/v1/targets"接口的相关处理是在API.targets（）方法中实现的，其实现比较简单，这里不再展开介绍，感兴趣的读者可以参考其代码进行学习。

除了查询Target信息之外，Prometheus还提供了"/api/v1/alerts"和"/api/v1/rules"两个接口，前者用于查询Alerting Rule以及当前告警，后者用于查询Recording Rule和Alerting Rule的配置信息。Prometheus中的所有Recording Rule和Alerting Rule配置都记录在rules.Manager中，上述两个接口底层都是通过查询rules.Mananger实现的，rules模块的相关实现在后面有单独的章节进行分析，这里不再展开。

6.5　Admin接口

上述HTTP接口是面向一般用户的，Prometheus Server还提供了3个Admin管理接口。首先，可以通过"/admin/tsdb/delete_series"接口删除指定时间范围内符合条件的时序数据，该接口有3个参数。

- match[]：用于过滤时序，可以指定多个match[]参数（至少一个）。

- start、end：用于指定删除的起止时间。

该接口的底层是通过Prometheus TSDB中的DB.Delete（）方法实现的，最终会调用Head窗口以及相应Block的Delete（）方法。正如前文所述，DB.Delete（）方法只会进行"标记删除"，因此该接口的返回速度很快。

通过"/api/v1/admin/tsdb/clean_tombstones"接口，可以手动触发Prometheus TSDB进行真正的删除，其底层是通过调用DB.CleanTombstones（）方法实现的，其实现在第3章进行了详细分析，这里不再展开。

最后，可以通过"/admin/tsdb/snapshot?skip_head=<bool>"接口对Prometheus TSDB进行备份，如果将skip_head参数设置为false，则会触发Head窗口的持久化。

6.6　本章小结

　　Prometheus Server中V1版本的HTTP API接口主要提供了执行PromQL语句、查询时序元数据、根据Label Name查询Label Value、查询Target以及查询Rule的功能。另外，V1版本的HTTP API还提供了删除时序以及备份等简单的Admin接口。

第7章

PromQL 语句详解

在第 6 章介绍 HTTP API 接口时提到，Prometheus Server 提供了"/api/v1/query"和"/api/v1/query_range"两个接口用于执行 PromQL 语句，它们的底层都是依赖于 promql 模块完成查询的。本章将详细介绍 promql 模块的功能以及实现。

7.1 Engine 引擎

promql.Engine 结构体是 promql 模块的核心，也是 promql 模块提供给外部模块的入口。Engine 负责执行每个 Query 查询，并且管理每个 Query 的生命周期，其核心字段如下。

- metrics（*engineMetrics 类型）：记录查询的相关监控，这些监控在排查性能问题时会比较有用，其中记录如下信息。

  - currentQueries：当前并发的查询个数。

  - maxConcurrentQueries：最大并发查询数。

  - queryQueueTime：查询排队的时间。

  - queryPrepareTime：查询准备的时间。

  - queryInnerEval：查询执行的时间。

  - queryResultSort：结果排序的时间。

- timeout（time.Duration 类型）：查询的超时时间。

- gate（*gate.Gate 类型）：用于控制并发查询的个数。在查询执行之前会调用
  Gate.Start（）方法，如果并发查询超过上限，则会阻塞等待，直至并发查询数量
  低于指定上限值。

- maxSamplesPerQuery（int 类型）：每个查询所涉及的时序点的个数上限，其中包括
  查询过程中产生的临时点以及最后返回的时序点。

在第 6 章中简单介绍了 promql.query 结构体的核心字段，这里分析了 Engine 的核心字
段，下面将开始分析 PromQL 语句执行过程中的第一个步骤。在 NewInstantQuery（）方法
以及 NewRangeQuery（）方法中会首先解析传入的 PromQL 语句，然后将其封装成 query 实
例返回，NewInstantQuery（）方法的具体实现如下。

```
func(ng *Engine)NewInstantQuery(q storage.Queryable,qs string,ts time.Time)
(Query,error){
    expr,err := ParseExpr(qs)// 解析传入的 PromQL 查询语句
    qry := ng.newQuery(q,expr,ts,ts,0)// 创建 Query 实例
    qry.q = qs // 记录原始的 PromQL 查询语句
    return qry,nil
}
```

NewRangeQuery（）方法的实现与 NewInstantQuery（）类似，这里不再展开分析。

词法&语法分析器简介

Lexer & Parser 是 Prometheus 词法分析器和语法分析器。如果读者对编译原理有所了
解，可能会知道 Lex、Yacc 和 ANTLR 等，它们的历史比较悠久，实现也很复杂。好在读者
不需要深入了解词法分析器和语法分析器的实现，只要能看懂解析之后形成的抽象语法树
（AST）即可。

下面以一个简单的 PromQL 语句作为示例，简单了解一下词法分析和语法分析的方式，
如图 7-1 所示。

promql 模块使用 Statement 来封装解析 PromQL 语句得到的这棵抽象语法树（AST），
AST 中的每个节点都是 Node 实例。Statement 接口有多个实现，如图 7-2 所示。

通过 HTTP API 接口执行 PromQL 语句时使用的是 EvalStmt 结构体，RecordStmt 和
AlertStmt 则是在 Prometheus 执行 Recording Rule 和 Alerting Rule 时使用的 Statement 实现。
这里重点介绍 EvalStmt 的核心字段，具体如下。

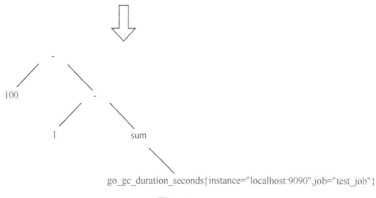

图 7-1

- Expr(Expr 类型）：解析后的抽象语法树
  （AST）。

- Start、End(time.Time 类型）：查询的起
  止时间。

- Interval(time.Duration 类型）：查询步长跨度，即一条时序中两个相邻时序点的时
  间间隔，对应 HTTP 请求中的 step 参数。

图 7-2

RecordStmt 和 AlertStmt 的实现细节与 EvalStmt 略有不同，但原理类似，这里不再
展开。

Expr 内嵌了 Node 接口，其中定义了 Type（）方法用于返回该 Expr 实例的返回值类型，
可选项包括 vector、scalar、matrix 和 string，分别对应了 PromQL 中的 4 个基本类型。

Expr 接口有 9 个实现，如图 7-3 所示，每个实现是对 PromQL 语句中不同部分的抽象，
具体如下。

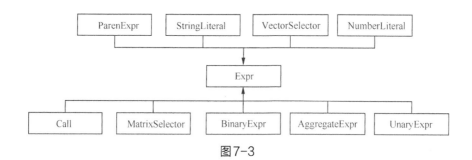

图 7-3

- Call：函数调用。

- MatrixSelector：Matrix 查询，对应前面介绍的 Range vector 查询。

- BinaryExpr：二元运算符。

- AggregateExpr：聚合函数。

- UnaryExpr：一元运算符。

- ParenExpr：括号包裹的不可拆分的表达式。

- StringLiteral：字符串常量。

- VectorSelector：Vector 查询，对应前面介绍的 Instant vector 查询。

- NumberLiteral：数字常量。

从 Expr 各个实现的含义也能看出，其中只有 MatrixSelector 和 VectorSelector 涉及从底层存储查询时序数据的操作，在分析后续 PromQL 语句执行过程时会详细分析相关实现。

最后，图 7-4 展示了上述 PromQL 示例解析之后的结果。

图7-4

完成 promql.query 实例的创建之后会调用 Engine.exec() 方法执行 PromQL 语句，其中会记录一系列监控信息，比如前面提到的并发查询个数、查询等待时长等。另外，

Engine.exec()方法还会通过 gate 字段控制并发查询的个数，具体实现如下。

```
func(ng *Engine)exec(ctx context.Context,q *query)(Value,error){
    ng.metrics.currentQueries.Inc()// 监控并发查询的个数
    defer ng.metrics.currentQueries.Dec()

    ctx,cancel := context.WithTimeout(ctx,ng.timeout)// 控制查询超时
    q.cancel = cancel

    // 监控查询执行的总时长，后面介绍Prometheus提供的客户端时，会详细描述这些监控的使用方式
    execSpanTimer,ctx := q.stats.GetSpanTimer(ctx,stats.ExecTotalTime)
    defer execSpanTimer.Finish()

    // 监控查询阻塞等待的时长
    queueSpanTimer,_ :=
        q.stats.GetSpanTimer(ctx,stats.ExecQueueTime,ng.metrics.queryQueueTime)
    if err := ng.gate.Start(ctx); ... // 当并发数过高时，会在这里阻塞等待。省略错误处理的代码
    defer ng.gate.Done()
    queueSpanTimer.Finish()

    // 监控查询的执行时长
    evalSpanTimer,ctx := q.stats.GetSpanTimer(ctx,stats.EvalTotalTime)
    defer evalSpanTimer.Finish()


    switch s := q.Statement().(type){
    case *EvalStmt:
        return ng.execEvalStmt(ctx,q,s)// 在execEvalStmt()方法中真正完成此次查询
    ... // 省略对其他Statement的处理逻辑
    }
}
```

7.2　查询数据

在 execEvalStmt()方法中，会调用 populateSeries()方法，该方法主要完成了下面 3 个操作。

- 根据前面分析得到的 AST，调整查询的起止时间。

- 创建查询底层存储的 storage.Querier 实例，通过该实例与底层 storage 模块交互。

● 执行 storage.Querier.Select( ) 方法从底层存储查询时序数据，并将查询结果记录
到对应的 Expr 节点中。

前面提到的 Instant Vector 查询与 Range Vector 查询分别对应 VectorSelector 和
MatrixSelector，这里简单介绍一下 VectorSelector 和 MatrixSelector 的结构，populateSeries( )
方法执行查询时会使用到 VectorSelector，其核心字段如下。

● Name（string 类型）：查询的指标名称。

● Offset（time.Duration 类型）：查询偏移量。

● LabelMatchers（[]*labels.Matcher 类型）：Label 过滤条件，用于获取符合条件的时序。

● series（[]storage.Series 类型）：用于记录该 VectorSelector 节点从底层存储查询到的
时序数据。

MatrixSelector 的字段与 VectorSelector 类似，只比其多了一个 Range 字段（用于表示查
询的时间范围）。

接下来看 populateSeries( ) 方法的具体实现。

```
func(ng *Engine)populateSeries(ctx context.Context,q storage.Queryable,s *EvalStmt)
(storage.Querier,error){
  var maxOffset time.Duration
  // 深度优先遍历整棵抽象语法树，其中会调整maxOffset的值
  Inspect(s.Expr,func(node Node,_ []Node)error {
    switch n := node.(type){
    case *VectorSelector:
      if maxOffset < LookbackDelta { // LookbackDelta默认为5min
        maxOffset = LookbackDelta
      }
      if n.Offset+LookbackDelta > maxOffset {
        maxOffset = n.Offset + LookbackDelta
      }
    case *MatrixSelector:
      // MatrixSelector除了会考虑Offset之外，还会考虑Range，具体代码不再展示
    }
    return nil
  })
  mint := s.Start.Add(-maxOffset)// 根据上面maxOffset调整查询的起始时间
  // 初始化查询底层存储使用的storage.Querier实例，通过该实例与Storage交互
  querier,err := q.Querier(ctx,timestamp.FromTime(mint),timestamp.FromTime(s.End))
```

```
   // 遍历整棵抽象语法数，其中VectorSelector和MatrixSelector节点会触发时序数据的查询
   Inspect(s.Expr,func(node Node,path []Node)error {
     var set storage.SeriesSet
     params := &storage.SelectParams{ // 查询参数
       Start: timestamp.FromTime(s.Start),
       End:   timestamp.FromTime(s.End),
       Step:  int64(s.Interval / time.Millisecond),
     }

     switch n := node.(type){
     case *VectorSelector:
       // 调整查询的起始时间
       params.Start = params.Start - durationMilliseconds(LookbackDelta)
       // extractFuncFromPath()函数从当前节点向AST的根节点查找，获取第一个遇到的函数（包
       // 括Call、AggregateExpr），如果遇到二元运算符或查找到根节点，都会返回空字符串
       params.Func = extractFuncFromPath(path)
       if n.Offset > 0 { // 若指定了Offset，则查询的起始时间都要前移
         offsetMilliseconds := durationMilliseconds(n.Offset)
         params.Start = params.Start - offsetMilliseconds
         params.End = params.End - offsetMilliseconds
       }
       // 从底层存储查询时序数据。通过前文对storage模块的介绍可以知道，该查询请求最终会被委托给本
       // 地存储或远程存储相应的Querier进行查询，读者可以参考前面对Prometheus TSDB的介绍
       set,err = querier.Select(params,n.LabelMatchers...)
       // 将查询到的时序数据记录到VectorSelector节点中
       n.series,err = expandSeriesSet(ctx,set)

     case *MatrixSelector:
       // MatrixSelector节点查询时序的逻辑与VectorSelector类似，在这里不再粘贴代码，感兴趣
       // 的读者可以参考其代码进行学习
     }
     return nil
   })
   return querier,err
}
```

7.3 执行流程

完成时序数据的查询之后，Engine引擎会创建evaluator实例，其中记录了此次查询

的起止时间（startTimestamp 和 endTimestamp 字段）和每个时序中相邻两点的时间间隔
（interval 字段）。然后调用 evaluator.eval（）方法，根据前面得到的抽象语法树（AST）以
及 populateSeries（）方法查询到的时序数据，计算此次查询的最终结果。

evaluator.eval（）方法的大致实现如下，这里只关注 eval（）方法的代码结构，并没有
展示各类型节点的具体实现，后面会通过示例分析各类型节点的相关代码片段。

```
func(ev *evaluator)eval(expr Expr)Value {
    // 检测查询是否超时或被取消，省略错误
    if err := contextDone(ev.ctx,"expression evaluation"); ...
    // 计算此次查询返回点的个数
    numSteps := int((ev.endTimestamp-ev.startTimestamp)/ev.interval)+ 1

    switch e := expr.(type){
    case *AggregateExpr: ...
    case *Call: ...
    case *ParenExpr: ...
    case *UnaryExpr: ...
    case *BinaryExpr: ...
    case *NumberLiteral: ...
    case *VectorSelector: ...
    case *MatrixSelector: ...
    }
    panic(fmt.Errorf("unhandled expression of type: %T",expr))
}
```

在前文中，以如下语句为例，介绍了 PromQL 语句解析后得到的抽象语法树（AST）。

```
100-(1-sum(go_gc_duration_seconds{instance="localhost:9090",job="test_job"}))
```

接下来将依然以该 PromQL 语句为线索展示 evaluator.eval（）方法中各类节点的处理逻
辑。eval（）方法是一个递归调用，后面会从抽象语法树（AST）的叶子节点开始逐层向上
分析。

7.3.1　VectorSelector 节点

首先来看 PromQL 示例语句中的"go_gc_duration_seconds{instance="localhost:9090",
job="test_job"}"部分，经过前文介绍的词法和语法处理之后，该部分会被解析成
VectorSelector 类型的节点。evaluator.eval（）方法中处理 VectorSelector 节点的过程比较简单，
其核心就是将查询到的时序数据（[]storage.Series 类型）转成 Matrix 实例返回。

　　Matrix 是 []promql.Series 的类型别名，promql.Series 是对查询结果中一条时序的抽象，Metric 字段记录了该时序的 Label 集合，Point 字段记录了该时序中的点，其结构如图 7-5 所示。

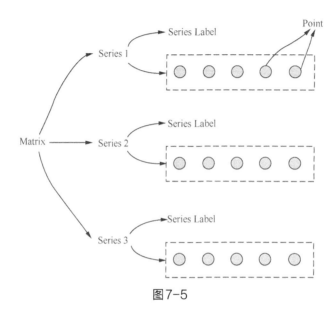

图7-5

　　有的读者可能会问，storage.Series 和 promql.Series 都是对时序的抽象，此次转换的目的是什么呢？在前文中提到，mergeSeries 中可能包含来自多个底层存储的时序，通过 mergeIterator 进行迭代时会将它们合并，这样即可屏蔽掉重复时序点的问题，方便后续对 PromQL 查询结果的计算。

　　除 Matrix 之外，另一个常用的类型是 Vector，它实际上是 []Sample 的类型别名，Sample 内嵌了 Point 结，不仅抽闲了一个时序点，还记录了所属时序的 Label 信息，其结果如图 7-6 所示。

　　下面具体分析 VectorSelector 类型节点的处理片段。

```
case *VectorSelector:
  mat := make(Matrix,0,len(e.series))// 创建Matrix实例
  // 获取大小合适的缓冲区
  it := storage.NewBuffer(durationMilliseconds(LookbackDelta))
  for i,s := range e.series {
    it.Reset(s.Iterator())
    ss := Series{ // 创建Series实例
      Metric: e.series[i].Labels(),
```

```
            Points: getPointSlice(numSteps),
        }
        // 遍历查询结果，填充Series实例
        for ts := ev.startTimestamp ; ts <= ev.endTimestamp ; ts += ev.interval {
            _,v,ok := ev.vectorSelectorSingle(it,e,ts)// 根据interval整理时序点的间隔
            if ok {
                if ev.currentSamples < ev.maxSamples { // 控制查询过程中涉及的点的上限个数
                    ss.Points = append(ss.Points,Point{V: v,T: ts})
                    ev.currentSamples++
                } else {
                    ev.error(ErrTooManySamples(env))
                }
            }
        }
        if len(ss.Points)> 0 {
            mat = append(mat,ss)// 记录Series实例
        }
    }
    return mat
```

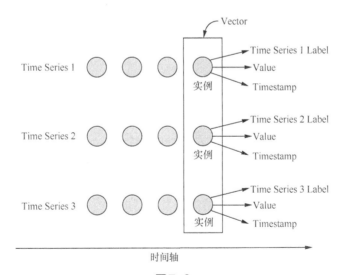

图7-6

　　这里简单介绍vectorSelectorSingle（）方法的原理。由于查询请求中指定的step参数（相邻时序点的时间间隔，也可以称为"时序的精度"）与scrap模块抓取时序的周期可能会出现不匹配的情况，因此从底层存储查询到的时序数据之后，不能立即将其返回给客户端，而是需要进一步进行整理，计算每个step所对应的时序value值，该步骤就是在

vectorSelectorSingle（）方法中完成的。vectorSelectorSingle（）方法会检测指定的时间戳是否有对应的点，如果没有，则获取前一个时序点的value值作为该step的值，其大致逻辑如图7-7所示，其中的空心点为查询到的原始时序数据，抓取周期为10s，图7-7（a）中查询请求的step为1s，图7-7（b）中查询请求的step为15s。

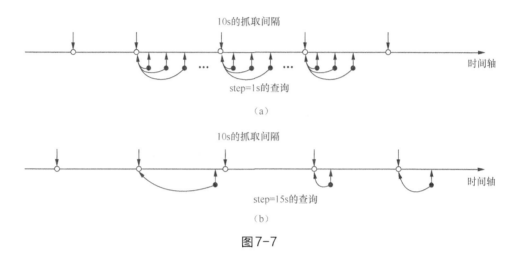

图7-7

vectorSelectorSingle（）方法的具体代码这里不再展开详述，感兴趣的读者可以参考其代码进行学习。

7.3.2　AggregateExpr 节点

继续上文示例的分析，接下来遇到的是 sum 这个节点，它是一个 AggregateExpr 类型的节点。AggregateExpr 的核心字段如下。

- Op（ItemType 类型）：具体的聚合函数。

- Expr（Expr 类型）：参与聚合操作的表达式节点。

- Param（Expr 类型）：聚合函数的参数，目前只有 count_values、quantile、topk 以及 bottomk 这4个聚合函数需要参数。

- Grouping（[]string 类型）：without 或 by 关键字后指定的 Label Name。

- Without（bool 类型）：在聚合结果中是否删除 Grouping 字段指定的 Label Name。

evaluator.eval（）方法中针对 AggregateExpr 节点的处理片段如下。

```
case *AggregateExpr:
    return ev.rangeEval(func(v []Value,enh *EvalNodeHelper)Vector {
        var param float64
        if e.Param != nil {
            param = v[0].(Vector)[0].V
        }
        // 聚合处理，同时完成without和by的处理
        return ev.aggregation(e.Op,e.Grouping,e.Without,param,v[1].(Vector),enh)
    },e.Param,e.Expr)
```

这里需要深入分析 evaluator.rangeEval( ) 方法，它是处理整个 PromQL 语句的核心之一。图7-8展示了 rangeEval( ) 方法的大致步骤。

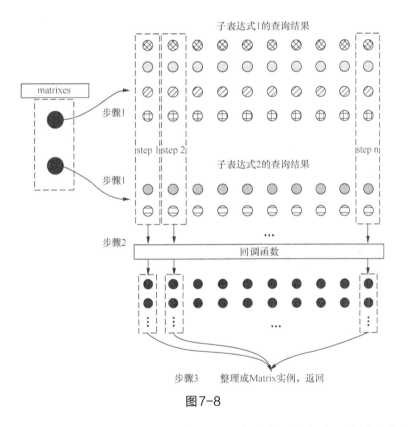

图7-8

步骤1. 递归调用 evaluator.eval( ) 方法处理子表达式，将每个子表达式的计算结果记录到 matrixes 集合中。

步骤2. 循环处理 step 中各个时序对应的点。在处理 step 的时候，会从每个时序中获取该 step 对应的时序点（步骤1得到的时序数据）组成 Vector，传入回调函数

进行处理。

步骤3. 将回调函数的处理结果整理成 Matrix 实例返回。

evaluator.rangeEval() 方法的代码实现比较长，下面进行了一些精简，希望读者结合上述关键步骤的介绍耐心分析。evaluator.rangeEval() 方法的具体实现如下。

```go
func(ev *evaluator)rangeEval(f func([]Value,*EvalNodeHelper)Vector,exprs ...Expr)
      Matrix {
  numSteps := int((ev.endTimestamp-ev.startTimestamp)/ev.interval)+ 1 // 计算step数
  matrixes := make([]Matrix,len(exprs))// 用于记录子表达式的计算结果
  origMatrixes := make([]Matrix,len(exprs))
  originalNumSamples := ev.currentSamples // 记录此次查询已经涉及的点
  for i,e := range exprs { // 步骤1：逐个处理各个子表达式，并记录其结果
    if e != nil && e.Type()!= ValueTypeString {
        matrixes[i] = ev.eval(e).(Matrix)// 递归处理子表达式
        origMatrixes[i] = make(Matrix,len(matrixes[i]))
        copy(origMatrixes[i],matrixes[i])// 记录子表达式的查询结果
    }
  }
  vectors := make([]Vector,len(exprs))
  args := make([]Value,len(exprs))// 传入聚合函数的Vector参数
  enh := &EvalNodeHelper{out: make(Vector,0,biggestLen)}
  // 如果是Range查询，会通过该集合记录每个step的处理结果
  seriess := make(map[uint64]Series,biggestLen)
  // 步骤2：循环处理每个step对应的时序点
  for ts := ev.startTimestamp; ts <= ev.endTimestamp; ts += ev.interval {
    for i := range exprs { // 如果存在多个子表达式，则循环遍历
      vectors[i] = vectors[i][:0]
      for si,series := range matrixes[i] { // 循环每个子表达式的查询结果
        for _,point := range series.Points {
          if point.T == ts { // 获取时序在该step的时序点
            if ev.currentSamples < ev.maxSamples {
              // 将该时序点记录到vectors中，后面会作为参数传入聚合函数中
              vectors[i] = append(vectors[i],
                  Sample{Metric: series.Metric,Point: point})
              matrixes[i][si].Points = series.Points[1:] // 清除该点
              ev.currentSamples++ // 递增currentSamples
            } else {
              ev.error(ErrTooManySamples(env))
            }
          }
```

```
                break
            }
        }
        args[i] = vectors[i] // 聚合函数的参数
    }
    result := f(args,enh)// 调用传入函数
    enh.out = result[:0]
    ev.currentSamples += len(result)// 增加 currentSamples
    // 检测 currentSamples 是否超过 maxSamples 字段指定的上限值（略）
    if ev.endTimestamp == ev.startTimestamp {
        // 步骤 3：对于 Instant 查询会直接将 result 中的点整理成 Matrix 实例返回
        mat := make(Matrix,len(result))
        for i,s := range result {
            s.Point.T = ts
            mat[i] = Series{Metric: s.Metric,Points: []Point{s.Point}}
        }
        ev.currentSamples = originalNumSamples + mat.TotalSamples()
        return mat
    }


    // 如果是 Range 查询，则将 result 中的点记录到 seriess 集合对应的时序中
    for _,sample := range result {
        h := sample.Metric.Hash()
        ss,ok := seriess[h]
        if !ok {
            ss = Series{
                Metric: sample.Metric,
                Points: getPointSlice(numSteps),
            }
        }
        sample.Point.T = ts
        ss.Points = append(ss.Points,sample.Point)
        seriess[h] = ss
    }
}
// 步骤 4：对于 Range 查询，在这里将 seriess 中的点整理成 Matrix 实例返回
mat := make(Matrix,0,len(seriess))
for _,ss := range seriess {
    mat = append(mat,ss)
}
ev.currentSamples = originalNumSamples + mat.TotalSamples()
return mat
}
```

　　回到前面的示例，继续分析sum聚合函数的处理。rangeEval( )方法处理sum聚合函数的大致逻辑如图7-9所示。需要注意的是，该示例为Instant查询，因此只会查找某个指定的step中的点并进行聚合。

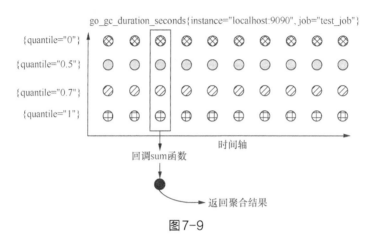

图7-9

　　在本节最后，需要简单介绍一下evaluator.aggregation( )方法是如何完成聚合功能的。sum函数的实现过于简单，这里以较为复杂的topk函数为例进行分析，其处理流程涉及了aggregation( )方法的全部核心逻辑，其他较为简单的函数实现留给读者自行分析。evaluator.aggregation( )方法的大致逻辑如下。

　　步骤1. 解析param参数。

```
var k int64
if op == itemTopK || op == itemBottomK {// 不同的聚合函数，参数不同
    f := param.(float64)// 将param参数转换成float类型。若转换失败则返回异常（略）
    k = int64(f)// 将param参数转换成int类型。若k<1，则返回空（略）
}
// count_values、quantile、bottomk三个聚合函数的参数解析过程与topk类似，这里不再粘贴代码，
// 感兴趣的读者可以参考其代码进行学习。
```

　　步骤2. 遍历所有参与聚合的时序点。首先会根据without参数以及grouping参数为每个点计算分组的标识（groupingKey）。

```
result := map[uint64]*groupedAggregation{}
for _,s := range vec { // 遍历参与聚合的点
    metric := s.Metric // 获取时序的Label集合
    var groupingKey uint64
    if without { // 根据without参数决定如何计算groupingKey
        // without为true时，计算groupingKey不会包含grouping中指定的Label
```

```
    groupingKey = metric.HashWithoutLabels(grouping...)
  } else { // without为false时，计算groupingKey只会包含grouping中指定的Label
    groupingKey = metric.HashForLabels(grouping...)
  }
  ... ... // 省略后续步骤的相关代码
}
```

步骤3. 查询该分组是否已存在，如果不存在，则为该分组创建对应的groupedAggregation
实例，并记录到result集合中。

```
result := map[uint64]*groupedAggregation{}
for _,s := range vec { // 遍历参与聚合的点
    ... ...
    // result用来记录每个分组的结果，其中groupingKey用来唯一标识每个分组
    group,ok := result[groupingKey]
    if !ok {
        var m labels.Labels
        if without {
            lb := labels.NewBuilder(metric)
            lb.Del(grouping...)// 删除grouping指定的Label
            lb.Del(labels.MetricName)// 删除metric对应的Label
            m = lb.Labels()
        } else {
            m = make(labels.Labels,0,len(grouping))
            for _,l := range metric { // 只保存grouping中指定的Label
                for _,n := range grouping {
                    if l.Name == n {
                        m = append(m,l)
                        break
                    }
                }
            }
            sort.Sort(m)
        }
        // 每个分组对应一个groupedAggregation实例
        result[groupingKey] = &groupedAggregation{
            labels:     m,// 前面根据without参数以及grouping参数计算得到的Label集合
            value:      s.V,// 当前点的Value值
            mean:       s.V,
            groupCount: 1,
        }
        ... ... // 省略步骤4相关的代码
```

```
        }
        ... ...
    }
```

步骤4. 创建 groupedAggregation 实例之后，会将当前时序点添加到其中。

```
for _,s := range vec { // 遍历参与聚合的点
    ... ... // 省略步骤1、2、3相关的代码
    inputVecLen := int64(len(vec))
    resultSize := k // 根据参数k以及参与聚合的点的个数，决定该分组返回的点的个数
    if k > inputVecLen {
        resultSize = inputVecLen
    }
    if op == itemTopK {
        // groupedAggregation中的heap字段是一个堆，用于进行点的排序
        result[groupingKey].heap = make(vectorByValueHeap,0,resultSize)
        heap.Push(&result[groupingKey].heap,&Sample{ // 将当前点放入heap中
                Point:  Point{V: s.V},
                Metric: s.Metric,
            })
    }
    // 省略其他聚合函数的相关代码
    continue
}
```

步骤5. 如果当前时序点对应的 groupedAggregation 实例已存在，也会将该点记录到对应的 groupedAggregation 中。

```
for _,s := range vec { // 遍历参与聚合的点
    switch op {
    case itemTopK: // 如果当前点所在的分组已存在，则执行该逻辑
        if int64(len(group.heap))< k || group.heap[0].V < s.V
                || math.IsNaN(group.heap[0].V){ // 检测是否有必要将当前点放入堆栈中参与排序
            if int64(len(group.heap))== k {
                heap.Pop(&group.heap)
            }
            heap.Push(&group.heap,&Sample{ // 将当前点放入heap中
                Point:  Point{V: s.V},
                Metric: s.Metric,
            })
        }
    // 省略其他聚合函数的相关代码
    }
}
```

步骤6. 获取最后的聚合结果并返回。

```
// 遍历完参与聚合的点之后，开始创建聚合结果
for _,aggr := range result { // 遍历每个分组
    switch op {
    case itemTopK:
        sort.Sort(sort.Reverse(aggr.heap))// 翻转
        for _,v := range aggr.heap { // 此时堆栈中的点即为topk
          enh.out = append(enh.out,Sample{
            Metric: v.Metric,
            Point:  Point{V: v.V},
          })
        }
        continue
    // 省略其他聚合函数的相关代码
    }
}
return enh.out
```

7.3.3 BinaryExpr节点

在PromQL语句的执行流程中，对于二元运算符的处理较为复杂，其中涉及的规则也比较多。PromQL语句中的二元运算符会被解析成BinaryExpr节点，在开始分析BinaryExpr节点的处理流程之前，先简要介绍一下PromQL中二元运算符的基本使用方式。

1. 基本使用

在Prometheus官方文档中，将二元运算符分为了算术二元运算符（Arithmetic binary operators）、比较二元运算符（Comparison binary operators）和集合二进制运算符（Set binary operators）。

常见的算术二元运算符有"+""-""*""/""%"等，根据参与运算的数据类型的不同，算术二元运算符的行为也有所区别。

● 两个数字参与运算：直接返回运算结果。

● 数字和Instant vector参与运算：例如2*(go_gc_duration_seconds{instance="localho st:9090",job="test_job",quantile="0"})，Prometheus会将Instant vector中每个点的 Value值乘以2，然后返回。

● 两个Instant vector参与运算：该场景下，Prometheus会根据Vector Matching原则进

行匹配，然后再进行运算。下面将详细介绍 Vector Matching 的相关规则。

Vector Matching规则

当两个 Vector 参与二元运算的时候，Prometheus 会遍历 Left Vector（运算符左边的 Vector）中的每一时序，按照 Vector Matching 规则，从 Right Vector（运算符右边的 Vector）中获取匹配时序，然后进行计算。

- One-to-one Vector Matche 规则

One-to-one 匹配规则会根据时序点（来自 Left Vector）的 Label 集合，从 Right Vector 中匹配唯一的时序点。只有两个点的 Label 集合完全相同的时候，才能匹配成功。

例如下面的表达式，左右两个 Vector 的 Label 集合完全相同，可以匹配。

```
go_memstats_heap_idle_bytes{instance="localhost:9090",job="test_job"}+
go_memstats_heap_alloc_bytes{instance="localhost:9090",job="test_job"}
```

再来看下面的表达式，左右两个 Vector 的 Label 集合并不完全相同（quantile 这个 Label 的 Value 值不同），无法匹配。

```
go_gc_duration_seconds{instance="localhost:9090",job="test_job",quantile="0"}+
go_gc_duration_seconds{instance="localhost:9090",job="test_job",quantile="1"}
```

为了让上述两个 vector 中的点可以进行加法运算，可以使用 ignoring 参数指定匹配时忽略的 Label，具体使用方式如下。

```
go_gc_duration_seconds{instance="localhost:9090",job="test_job",quantile="0"}
+ ignoring(quantile)
go_gc_duration_seconds{instance="localhost:9090",job="test_job",quantile="1"}
```

除了 ignoring 参数之外，还可以通过 on 参数指定匹配时只关注哪些 Label，具体使用方式如下。

```
go_gc_duration_seconds{instance="localhost:9090",job="test_job",quantile="0"}
+ on(instance,job)
go_gc_duration_seconds{instance="localhost:9090",job="test_job",quantile="1"}
```

- Many-to-one Vector Matche 规则

在有些场景中，参与运算的两个 Vector 并不总是可以一一对应的，如图 7-10 所示，Left Vector 中有多个点，Right Vector 中只有一个点。

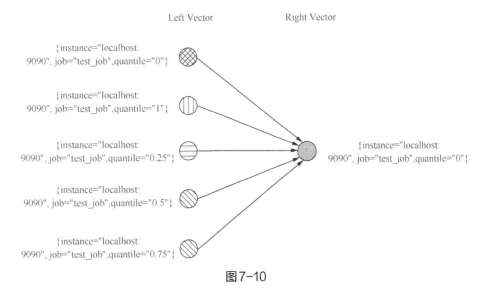

图7-10

可以通过ignoring参数，指定在匹配的时候忽略掉quantile，并通过group_left参数指定先循环Left Vector中的点，这样的话，从Left Vector中每取出一个点，忽略quantile之后，都可以匹配Right Vector中唯一的点。下面展示具体的写法。

```
go_gc_duration_seconds{instance="localhost:9090",job="test_job"}
+ ignoring(quantile)group_left
go_gc_duration_seconds{instance="localhost:9090",job="test_job",quantile="0"}
```

■ One-to-many Vector Matche规则

One-to-many的场景与前面介绍的Many-to-one场景类似，只不过是将参与运算的两个Vector左右调换了一下而已，这里不再重复描述。需要注意的是，这里需要使用group_right参数，具体写法如下。

```
go_gc_duration_seconds{instance="localhost:9090",job="test_job",quantile="0"}
+ ignoring(quantile)group_right
go_gc_duration_seconds{instance="localhost:9090",job="test_job"}
```

简单来说，group_left/group_right指定的是many的一方。

常见的比较二元运算符有 "==" "!=" ">" "<" 等，比较二元运算符在多数场景中会被作为过滤器使用，例如下面的表达式，它只会返回Value大于15 000 000的时序点，小于15 000 000的时序点将会被过滤掉。

```
go_memstats_alloc_bytes{instance="localhost:9090",job="test_job"} > 15000000
```

当参与比较的是两个 Vector 时，就是对 Left Vector 中点的过滤，Right Vector 中的点则是过滤条件。例如下面这条 PromQL，它会遍历 Left Vector 中的每个点，然后到 Right Vector 中查找匹配的时序点并进行比较，只有比较的结果值为 true 时才会返回。

```
go_memstats_heap_idle_bytes{instance="localhost:9090",job="test_job"}
>
(go_memstats_heap_alloc_bytes{instance="localhost:9090",job="test_job"})
```

前面介绍的 Vector Matching 规则同样适用于比较二元运算符，例如下面这条 PromQL，其中的 Left Vector 是 many 的一方，Right Vector 是 one 的一方，具体执行过程与前面介绍的 Many-to-one 类似，ignoring、group_left 和 group_right 等关键字的功能也完全相同，这里不再重复。

```
go_gc_duration_seconds{instance="localhost:9090",job="test_job"}
> ignoring(quantile)group_left
go_gc_duration_seconds{instance="localhost:9090",job="test_job",quantile="0"}
```

在有些场景中并不需要返回 Left Vector 中的点，而只需要返回 true 或 false，可以添加 bool 参数实现，具体使用方式如下。

```
go_memstats_heap_idle_bytes{instance="localhost:9090",job="test_job"}
> bool
(go_memstats_heap_alloc_bytes{instance="localhost:9090",job="test_job"})
```

最后简单介绍一下 PromQL 中的集合二元运算符，如下所示。

- and 用于求两个 Vector 的并集。

- or 用于求两个 Vector 的交集。

- unless 用于求两个 Vector 的差集。

需要读者注意的是，集合运算时比较的是时序点的 Label 集合。PromQL 中的集合运算符同样也是支持前面介绍的 on、ignore 等参数的，这里不再展开举例介绍，留给读者亲自操作测试。

2. 处理流程

了解了二元运算符的基本功能之后，回到 evaluator.eval( ) 方法，分析 BinaryExpr 节点的处理流程，具体如下。

```
func(ev *evaluator)eval(expr Expr)Value {
    ... ... // 省略与其他类型节点相关的片段
```

```
case *BinaryExpr:
    switch lt,rt := e.LHS.Type(),e.RHS.Type(); { // 根据左右两个参数的类型进行分类处理
    case lt == ValueTypeScalar && rt == ValueTypeScalar: ...
    case lt == ValueTypeVector && rt == ValueTypeVector: ...
    case lt == ValueTypeVector && rt == ValueTypeScalar: ...
    case lt == ValueTypeScalar && rt == ValueTypeVector: ...
}
```

当参与运算的是两个数字常量时，会执行如下处理逻辑，其中rangeEval（）方法的具体实现已经详细介绍过了，这里不再展开分析。在回调函数中会调用scalarBinop（）方法，并根据evaluator.Op执行指定的运算，其实现比较简单，这里不再展开分析，感兴趣的读者可以参考其代码进行学习。

```
case lt == ValueTypeScalar && rt == ValueTypeScalar:
    return ev.rangeEval(func(v []Value,enh *EvalNodeHelper)Vector {
        // 执行指定的运算
        val := scalarBinop(e.Op,v[0].(Vector)[0].Point.V,v[1].(Vector)[0].Point.V)
        return append(enh.out,Sample{Point: Point{V: val}})// 记录运算结果
    },e.LHS,e.RHS)
```

当一个数字与一个Vector进行二元运算时，会通过VectorscalarBinop（）方法完成，相关代码片段如下。

```
case lt == ValueTypeVector && rt == ValueTypeScalar:
    return ev.rangeEval(func(v []Value,enh *EvalNodeHelper)Vector {
        // 这里的v[0]是参与运算的Vector,v[1]是数字
        return ev.VectorscalarBinop(e.Op,v[0].(Vector),
            Scalar{V: v[1].(Vector)[0].Point.V},false,e.ReturnBool,enh)
    },e.LHS,e.RHS)
case lt == ValueTypeScalar && rt == ValueTypeVector:
    return ev.rangeEval(func(v []Value,enh *EvalNodeHelper)Vector {
        // 这里的v[1]是参与运算的Vector,v[0]是数字
        return ev.VectorscalarBinop(e.Op,v[1].(Vector),
            Scalar{V: v[0].(Vector)[0].Point.V},true,e.ReturnBool,enh)
    },e.LHS,e.RHS)
```

VectorscalarBinop（）方法会遍历Vector中所有的点，并通过vectorElemBinop（）方法完成运算。如果是比较二元运算符，且指定了bool参数，则这里的returnBool参数为true。

```
func(ev *evaluator)VectorscalarBinop(op ItemType,lhs Vector,
        rhs Scalar,swap,returnBool bool,enh *EvalNodeHelper)Vector {
    for _,lhsSample := range lhs {
```

```
        lv,rv := lhsSample.V,rhs.V // 获取参与运算的两个值
        if swap { // 如果在evaluator.eval()方法中运算符两边的值发生了互换，这里需要换回来
            lv,rv = rv,lv
        }
        // keep这个返回值主要是给比较二元运算符使用的，用于表示该时序点是否符合过滤条件
        value,keep := vectorElemBinop(op,lv,rv)
        if returnBool { // 如果比较二元运算符中使用了bool，则返回true和false
            if keep {
                value = 1.0
            } else {
                value = 0.0
            }
            keep = true
        }
        if keep { // 若该点未被滤掉，则将运算结果记录下来
            lhsSample.V = value // 将运算结果记录到Vector对应的点中
            if shouldDropMetricName(op)|| returnBool { // 清除metric
                lhsSample.Metric = enh.dropMetricName(lhsSample.Metric)
            }
            enh.out = append(enh.out,lhsSample)
        }
    }
    return enh.out
}
```

最后来看两个 Vector 的二元运算，这个过程相对前面来说略显复杂，在 evaluator.eval()
方法中的相关代码片段如下。

```
case lt == ValueTypeVector && rt == ValueTypeVector:
    switch e.Op {
    case itemLAND: // and运算
        return ev.rangeEval(func(v []Value,enh *EvalNodeHelper)Vector {
            return ev.VectorAnd(v[0].(Vector),v[1].(Vector),e.VectorMatching,enh)
        },e.LHS,e.RHS)
    case itemLOR: // or运算
        return ev.rangeEval(func(v []Value,enh *EvalNodeHelper)Vector {
            return ev.VectorOr(v[0].(Vector),v[1].(Vector),e.VectorMatching,enh)
        },e.LHS,e.RHS)
    case itemLUnless: // unless运算
        return ev.rangeEval(func(v []Value,enh *EvalNodeHelper)Vector {
            return ev.VectorUnless(v[0].(Vector),v[1].(Vector),e.VectorMatching,enh)
        },e.LHS,e.RHS)
```

```
default: // 其他二元运算
    return ev.rangeEval(func(v []Value,enh *EvalNodeHelper)Vector {
        return ev.VectorBinop(e.Op,v[0].(Vector),v[1].(Vector),
            e.VectorMatching,e.ReturnBool,enh)
    },e.LHS,e.RHS)
}
```

VectorAnd( )、VectorOr( ) 和 VectorUnless( ) 这 3 个方法都是用来处理集合运算的，实现比较类似。这里以 VectorAnd( ) 方法为例进行分析，大致步骤如下。

步骤1. 根据集合运算符中指定的参数创建签名函数。

步骤2. 遍历 Right Vector 中的点，为每个时序的 Label 集合计算签名，并将这些签名记录到 rightSigs 这个 map 中。

步骤3. 遍历 Left Vector 中的点，为每个时序的 Label 集合计算签名，并且检测该签名在 rightSigs 这个 map 中是否存在。若存在，则表示该时序存在于 Left Vector 和 Right Vector 中，需要将其添加到结果集中。

下面是 VectorAnd( ) 方法的具体实现。

```
func(ev *evaluator)VectorAnd(lhs,rhs Vector,matching *VectorMatching,
        enh *EvalNodeHelper)Vector {
    // 注意这里返回的sigf函数，后面会通过它来计算时序Label集合的签名
    sigf := enh.signatureFunc(matching.On,matching.MatchingLabels...)

    rightSigs := map[uint64]struct{}{}
    for _,rs := range rhs { // 记录Right Vector中各个时序的Label集合签名
        rightSigs[sigf(rs.Metric)] = struct{}{}
    }

    for _,ls := range lhs {
        // 计算Left Vector中各个时序的签名，并检测它是否存在于Right Vector中
        if _,ok := rightSigs[sigf(ls.Metric)]; ok {
            enh.out = append(enh.out,ls)// 若Right Vector中存在，则记录该点
        }
    }
    return enh.out
}
```

这里深入了解一下 EvalNodeHelper.signatureFunc( ) 方法，其主要作用是创建签名函数，在签名函数中会涉及签名计算结果的缓存，以及 on 参数与 names 参数的处理，具体实

现如下。

```
func(enh *EvalNodeHelper)signatureFunc(on bool,names ...string)
    func(labels.Labels)uint64 {
  if enh.sigf == nil {
    enh.sigf = make(map[uint64]uint64,len(enh.out))// 签名结果的缓存
  }
  f := signatureFunc(on,names...)// 计算签名的函数
  return func(l labels.Labels)uint64 {
    h := l.Hash()
    ret,ok := enh.sigf[h] // 缓存签名结果,同一Label集合无须重复计算签名
    if ok {
      return ret
    }
    ret = f(l)// 计算签名
    enh.sigf[h] = ret // 记录签名结果
    return ret
  }
}

func signatureFunc(on bool,names ...string)func(labels.Labels)uint64 {
  if on { // 根据on参数的值决定如何处理names参数指定的Label集合
    // on参数为true时,则只对这里指定的Label Name进行签名
    return func(lset labels.Labels)uint64 { return lset.HashForLabels(names...)}
  }
  // on参数为false时,则会在清除掉这里指定的Label Name之后,对剩余的Label进行签名
  return func(lset labels.Labels)uint64 { return lset.HashWithoutLabels(names...)}
}
```

除去前面介绍的集合二元运算符,其他二元运算符的相关处理逻辑都是在VectorBinop()方法中实现的。VectorBinop()方法的大致步骤如下。

步骤1. 根据matching参数获取签名函数,这里也是通过signatureFunc()方法获取时序签名函数的,其具体实现在前面已经详细分析过了,这里不再重复。

步骤2. 遍历Right Vector中的点,为每个时序计算签名,并记录到rightSigs集合中。

步骤3. 遍历Left Vector中的点,为每个时序计算签名,并到rightSigs集合中查找匹配的时序点。如果查找成功,则进行指定的二元运算。

步骤4. 保存运算结果,这里同时也会检测结果集中是否出现相同的时序。

下面来看VectorBinop( )方法的具体实现。

```go
func(ev *evaluator)VectorBinop(op ItemType,lhs,rhs Vector,matching *VectorMatching,
        returnBool bool,enh *EvalNodeHelper)Vector {
    sigf := enh.signatureFunc(matching.On,matching.MatchingLabels...)// 获取签名函数
    // 下面的逻辑只处理Many-to-one的场景，如果遇到One-to-many的场景，则需要进行调换
    if matching.Card == CardOneToMany {
        lhs,rhs = rhs,lhs
    }
    // 这里的rightSigs同样也是用于记录Right Vector中各个时序的签名
    rightSigs := make(map[uint64]Sample,len(enh.out))

    for _,rs := range rhs { // 遍历Right Vector，计算每个时序的Label集合的签名
        sig := sigf(rs.Metric)
        // 检测rightSigs集合中是否已经有相同的时序签名，如果存在，则抛出异常（略）
        rightSigs[sig] = rs // 保存签名
    }
    // matchedSigs用于记录左右两个Vector匹配的结果（签名）
    matchedSigs := make(map[uint64]map[uint64]struct{},len(rightSigs))

    for _,ls := range lhs { // 遍历Left Vector，为每个时序计算签名
        sig := sigf(ls.Metric)
        rs,found := rightSigs[sig] // 在rightSigs集合中查找匹配的时序
        if !found { continue } // 如果匹配失败，则该点将会被过滤掉
        vl,vr := ls.V,rs.V
        if matching.Card == CardOneToMany { // 如果之前运算符两边的值发生了互换，这里需要换回来
            vl,vr = vr,vl
        }
        // 调用vectorElemBinop( )方法进行运算,keep这个返回值主要是给比较二元运算符使用的,
        // 用于表示该点是否被过滤掉
        value,keep := vectorElemBinop(op,vl,vr)
        if returnBool { // 如果比较二元运算符中使用了bool，则返回true和false
            if keep {
                value = 1.0
            } else {
                value = 0.0
            }
        } else if !keep {
            continue // 若该点被过滤掉，继续处理下一个点
        }
        metric := resultMetric(ls.Metric,rs.Metric,op,matching,enh)
        insertedSigs,exists := matchedSigs[sig]
        if matching.Card == CardOneToOne {
```

```
                if exists { ev.errorf("...")} // 在One-to-one场景中出现重复的时序签名，直接抛出异常
                // 在One-to-one的场景中，在matchedSigs集合中记录该时序的签名即可
                matchedSigs[sig] = nil
            } else { // 在Many-to-one的场景中，结果集中的时序也应该是唯一的
                insertSig := metric.Hash()
                if !exists { // 第一次出现该时序时，会初始化matchedSigs中对应的KV
                    insertedSigs = map[uint64]struct{}{}
                    matchedSigs[sig] = insertedSigs
                } else if _,duplicate := insertedSigs[insertSig]; duplicate {
                    ev.errorf("...")// 如果重复出现，则抛出异常
                }
                insertedSigs[insertSig] = struct{}{}
            }
            enh.out = append(enh.out,Sample{ Metric: metric,Point:  Point{V: value} })
        }
        return enh.out
    }
```

到此，PromQL 中二元运算符的基本使用以及 promql 模块对二元运算符的处理逻辑就全部介绍完了。

7.3.4　Call 节点

除前面介绍的聚合函数之外，promql 中还提供了大量的函数，例如常用的 abs（ ）、floor（ ）、ln（ ）和 log2（ ）等函数，它们在 promql 模块中对应的抽象是 Call 结构体，其核心字段如下。

- Func（*Function 类型）：该 Call 节点表示的函数，在 Function 中记录了函数名称、函数参数类型、返回值类型以及具体函数。

- Args（Expressions 类型）：在 promql 中该函数节点的参数表达式。

evaluator.eval（ ）方法处理 Call 节点的代码片段中，会针对 timestamp（ ）函数进行特殊处理，具体如下。

```
case *Call:
  // 针对timestamp()函数的特殊处理
  if e.Func.Name == "timestamp" {  // 根据Call节点中Func字段中记录的函数名进行判断
    vs,ok := e.Args[0].(*VectorSelector)
    if ok {
```

```
            return ev.rangeEval(func(v []Value,enh *EvalNodeHelper)Vector {
                // 对每个点都调用 timestamp() 函数
                return e.Func.Call([]Value{ev.vectorSelector(vs,enh.ts)},e.Args,enh)
            })
        }
    }
```

该节点（Call类型）的Func.Call字段指向了funcTimestamp()函数，其中会将时序点的value值替换成timestamp，具体实现如下。

```
func funcTimestamp(vals []Value,args Expressions,enh *EvalNodeHelper)Vector {
    vec := vals[0].(Vector)
    for _,el := range vec { // 遍历Vector中的点
        enh.out = append(enh.out,Sample{
            Metric: enh.dropMetricName(el.Metric),
            Point:  Point{V: float64(el.T)/ 1000},// 将该点的Value值替换成时间戳
        })
    }
    return enh.out
}
```

在针对timestamp()函数的特殊处理逻辑之后,evaluator.eval()方法开始处理其他函数,它会检测函数的参数是否包含MatrixSelector,如果没有,则直接调用rangeEval()方法进行处理,其中会回调对应的函数进行计算,相关代码片段如下。

```
var matrixArgIndex int
var matrixArg bool // 用于记录当前函数参数中是否包含MatrixSelector
for i,a := range e.Args { // 获取MatrixSelector节点的位置
    _,ok := a.(*MatrixSelector)
    if ok {
        matrixArgIndex = i
        matrixArg = true
        break
    }
}
if !matrixArg { // 不包含MatrixSelect,直接调用函数进行计算
    return ev.rangeEval(func(v []Value,enh *EvalNodeHelper)Vector {
        return e.Func.Call(v,e.Args,enh)
    },e.Args...)
}
// 后续是针对包含MatrixSelect的场景的处理（略）
```

上述处理Call节点的代码片段中对于MatrixSelector参数的处理不是十分复杂，这里不再展开分析，感兴趣的读者可以参考其代码进行学习。

7.3.5　ParenExpr & UnaryExpr 节点

最后，来看ParenExpr节点和UnaryExpr节点。PromQL中的括号在抽象语法树（AST）中是通过ParenExpr节点表示的，evaluator.eval()方法对ParenExpr节点的处理也比较简单，直接递归处理其子节点，相关代码如下。

```
case *ParenExpr:
  return ev.eval(e.Expr)
```

UnaryExpr节点表示的是promql中的一元运算符，其中一元运算符只有"-"（取相反数），evaluator.eval()方法处理UnaryExpr节点的相关代码如下。

```
case *UnaryExpr:
  mat := ev.eval(e.Expr).(Matrix)// 递归处理子节点
  if e.Op == itemSUB { // 检测一元运算符
    for i := range mat { // 遍历子节点的结果
      mat[i].Metric = dropMetricName(mat[i].Metric)
      for j := range mat[i].Points { // 修改每个时序点的value值
        mat[i].Points[j].V = -mat[i].Points[j].V
      }
    }
  }
  return mat
```

7.4　本章小结

本章重点介绍了Prometheus Server中promql模块的内容。用户通过"/api/v1/query"和"/api/v1/query_range"接口执行的PromQL都是依赖promql模块解析和执行的。

本章首先介绍了Engine引擎如何解析PromQL语句，以及解析后得到的抽象语法树（AST）的大致结构。接下来介绍了语法树中涉及的Expr接口及其所有实现的含义，每个Expr节点都对应PromQL语句中的一个基本表达式。

最后，本章深入分析了Engine引擎如何递归处理各个Expr节点。其中，VectorSelector节点以及MatrixSelector节点对应的操作是，通过前面介绍的storage模块从底层存储获取时序数据。AggregateExpre 节点是对聚合函数的抽象，负责对多条时序进行聚合。BinaryExpr 节点表示的二元运算符，具体的运算规则以及实现逻辑在本章中进行了详细的介绍。PromQL 支持大量的 Function 函数，Call 节点就是这些函数对应的节点。ParenExpr 节点和 UnaryExpr 节点则是对括号和一元运算符的抽象。

希望通过本章的阅读，读者可以深入理解 PromQL 语句的执行原理，并在实践中写出更高效的 PromQL 语句。

第8章
Rule 详解

在前面介绍 prometheus.yml 配置文件的时候提到，rule_files 配置项中可以指定多个 Rule 配置文件，每个 Rule 配置文件中可以指定多条 Record Rule 和 Alerting Rule 配置。

Recording Rule 的主要目的是预计算比较复杂的、执行时间较长的 PromQL 语句，Recording Rule 会将 PromQL 查询结果单独保存成一条时序，后续可直接查询该时序获取相同的结果。通过 Recording Rule 这种优化方式就可以降低 Prometheus Server 的响应时间，提高用户体验。

Alerting Rule 的主要目的是进行告警的判定，类似于其他监控系统中的告警表达式。Alerting Rule 中也会定义一条 PromQL 语句，并定时执行该 PromQL 语句，它与 Recording Rule 的区别在于，Alerting Rule 不仅会存储查询结果，还会将查询结果发送到 AlertManager，由 AlertManager 进行告警。Alerting Rule 配置文件与 Record Rule 配置文件的具体格式在第 2 章中进行了详细的介绍，这里不再重复。

8.1 核心组件

在 Prometheus Server 解析 prometheus.yml 配置文件时，也会加载 Rule 配置文件，每条 Rule 配置都会被解析成一个 rulefmt.Rule 实例。注意，Recording Rule 和 Alerting Rule 两种类型的 Rule 配置都是由 rulefmt.Rule 结构体抽象的，其核心字段与第 2 章介绍的 Rule 配置项一一对应，如下所示。

- Record（string 类型）：Recording Rule 的名称，即 metric 名称，表示该实例为 Recording Rule。

- Alert（string 类型）：Alerting Rule 的告警名称，表示该实例为 Alerting Rule，与 Record 字段冲突，二者只能选其一。

- Expr（string 类型）：该 Rule 定时执行的 PromQL 语句。

- For（model.Duration 类型）：只有 Alerting Rule 才会有该字段的配置。告警持续时间超过该字段指定的时长，就会切换成 Fire 状态，Alerting Rule 的状态转换在后面将详细介绍。

- Labels（map[string]string 类型）：用户自定义的 Label。如果当前实例是 Recording Rule，则会将这些 Label 追加到新产生的时序中（或覆盖已有的 Label）；如果当前实例是 Alerting Rule，则在向 AlertManager 发送告警信息时会携带这些用户自定义的 Label。

- Annotations（map[string]string 类型）：主要在 Alerting Rule 中使用，在向 AlertManager 发送告警信息时会携带这些附加信息，该 map 中的 value 可以使用模板。

前面提到，在 Rule 配置文件中可以将 Rule 进行分组管理，每组 Rule 的执行周期相同。Rule 配置文件中的每个 groups 配置项都会被解析成 rulefmt.RuleGroup 实例，其核心字段如下。

- Name（string 类型）：RuleGroup 的名称。

- Interval（model.Duration 类型）：覆盖全局的 evaluation_interval 配置，指定该组 Rule 的执行周期。

- Rules（[]Rule 类型）：记录了该 RuleGroup 下的全部 Rule 实例。

rulefmt.RuleGroup 和 rulefmt.Rule 结构体主要用来加载配置信息，Prometheus 最终会将这些配置信息解析成 rules.Group 实例和 rules.Rule 实例，这里简单介绍一下 rules.Group 结构体以及 rules.Rule 接口的实现。

Group 结构体不仅包含基本的配置信息，还提供了定期执行其关联的 rules.Rule 的功能，其核心字段如下。

- name、file（string 类型）：对应 groups 配置的名称以及所在的 Rule 配置文件名。

- interval（time.Duration 类型）：该 rules.Group 实例管理的所有 Rule 执行的周期。

- rules（[]Rule 类型）：该 Group 下管理的全部 rules.Rule 实例。

- evaluationDuration（time.Duration 类型）：该 rules.Group 此次执行的时长，主要用于记录相关监控。

- evaluationTimestamp（time.Time 类型）：该 rules.Group 下次执行的时间。

- done、terminated（chan struct{} 类型）：当停止 Group 实例时会调用其 stop（）方法，其中会关闭 done 通道并阻塞等待 terminated 通道的关闭。Group.run（）方法会监听 done 通道的关闭，并在退出时关闭 terminated 通道。这样，两个通道即可配合起来实现 rules.Group 实例的停止操作。这是 Channel 的常见使用方式，读者可以借鉴一下。

- seriesInPreviousEval（[]map[string]labels.Labels 类型）：记录当前 rules.Group 中的每个 rules.Rule 实例上次执行时返回的时序信息。

rules.Rule 接口有 AlertingRule 和 RecordingRule 两个实现，它们都是通过 rulefmt.Rule 配置信息转换而来的。rules.RecordingRule 结构体的核心字段如下。

- name（string 类型）：metric 的名称。

- vector（promql.Expr 类型）：PromQL 语句解析得到的表达式。

- labels（labels.Labels 类型）：在产生的新时序中将会追加（或覆盖）这里指定的 Label。

- health（RuleHealth 类型）：当前 Rule 实例是否正常执行。

- evaluationTimestamp（time.Time 类型）：该 RecordingRule 下次执行的时间。

- evaluationDuration（time.Duration 类型）：该 RecordingRule 此次执行的时长。

rules.AlertingRule 结构体的核心字段与 rules.Rule 类似，在后面介绍 Alerting Rule 执行流程时将会详细介绍。

8.2　加载 Rule

Prometheus Server 通过 rules.Manager 组件来管理加载的 Rule 配置，其核心字段如下。

- opts（*ManagerOptions 类型）：记录了 Manager 实例使用到的其他模块，例如 storage 模块、notify 模块等。

- groups（map[string]*Group 类型）：记录了所有的 rules.Group 实例，其中 key 由 rules.Group 的名称及其所在的配置文件构成。

- mtx（sync.RWMutex 类型）：在读写 groups 字段时都需要获取该锁进行同步。

- block（chan struct{} 类型）：在 Prometheus Server 初始化完成之后会关闭该 Channel，Manager 在监听到该 Channel 的关闭之后会启动其管理的 rules.Group 实例。

在 Prometheus Server 启动的过程中，首先会调用 Manager.Update() 方法加载 Rule 配置文件并进行解析，其大致流程如下。

- 调用 Manager.LoadGroups() 方法加载并解析 Rule 配置文件，最终得到 rules.Group 实例集合。

- 停止原有的 rules.Group 实例，启动新的 rules.Group 实例。其中会为每个 rules.Group 实例启动一个 goroutine，它会关联 rules.Group 实例下的全部 PromQL 查询。

整个结构如图 8-1 所示。

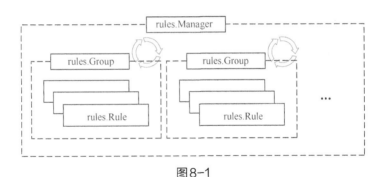

图 8-1

Manager.Update() 方法的具体实现如下。

```
func(m *Manager)Update(interval time.Duration,files []string)error {
    // 省略加锁解锁过程
    groups,errs := m.LoadGroups(interval,files...)// 加载并解析 Rule 配置文件
    // 省略异常处理的相关过程
    m.restored = true // 更新 restored 字段
    var wg sync.WaitGroup
    for _,newg := range groups {
        wg.Add(1)
        // 根据 rules.Group 的名称及其 Rule 配置文件的名称生成对应 key 值
```

```
        gn := groupKey(newg.name,newg.file)
        oldg,ok := m.groups[gn] // 查找并删除原有的 rules.Group 实例
        delete(m.groups,gn)
        go func(newg *Group){ // 为每个 rules.Group 启动一个 goroutine，该 goroutine 用于停止操作
            if ok {
                oldg.stop()// 停止原有的 rules.Group 实例
                newg.CopyState(oldg)// 复制原有 rules.Group 实例的状态信息
            }
            go func(){ // 为每个 rules.Group 实例启动一个 goroutine
                <-m.block // 监听 block 通道关闭，即等待 Prometheus Server 初始化完成
                newg.run(m.opts.Context)// 调用 rules.Group.run() 方法，开始周期性地执行 PromQL 语句
            }()
            wg.Done()
        }(newg)
    }
    for _,oldg := range m.groups {
        oldg.stop()// 若该 rules.Group 对应的配置未出现在新的 Rule 配置文件中，则将其关闭
    }
    wg.Wait()
    m.groups = groups // 更新 Manager.groups 字段
    return nil
}
```

这里展开介绍一下 Manager.LoadGroups() 方法，其主要功能是将指定的 Rule 配置文件解析成 rulefmt.Rule 实例以及 rulefmt.RuleGroup 实例，然后再转换成 Group 实例以及 Rule 接口实例，具体实现如下。

```
func(m *Manager)LoadGroups(interval time.Duration,filenames ...string)
(map[string]*Group,[]error){
    groups := make(map[string]*Group)
    shouldRestore := !m.restored // 更新
    for _,fn := range filenames { // 遍历 Rule 文件
        rgs,errs := rulefmt.ParseFile(fn)// 解析 Rule 文件得到 RuleGroups 实例
        for _,rg := range rgs.Groups { // 遍历 RuleGroup 中的 Rule
            // 处理 Rule 的时间间隔，若 Rule 配置未单独指定，则使用 global 的全局
            // 配置（前面介绍的 evaluation_interval 配置）
            itv := interval
            if rg.Interval != 0 {
                itv = time.Duration(rg.Interval)
            }
            rules := make([]Rule,0,len(rg.Rules))
            for _,r := range rg.Rules {
```

```
            expr,err := promql.ParseExpr(r.Expr)// 解析 promql
            // 根据 Rule 配置的类型创建相应的 Rule 实例（AlertingRule 或 RecordingRule）
            if r.Alert != "" {
               rules = append(rules,NewAlertingRule(// 创建 AlertingRule 实例
                  r.Alert,
                  expr,
                  time.Duration(r.For),
                  labels.FromMap(r.Labels),
                  labels.FromMap(r.Annotations),
                  m.restored,
                  log.With(m.logger,"alert",r.Alert),
))
               continue
            }
            rules = append(rules,NewRecordingRule(// 创建 RecordingRule 实例
               r.Record,
               expr,
               labels.FromMap(r.Labels),
))
         }
         // 每个 RuleGroup 都会被转换成一个 Group 实例
         groups[groupKey(rg.Name,fn)] = NewGroup(rg.Name,fn,itv,
            rules,shouldRestore,m.opts)
      }
   }
   return groups,nil
}
```

8.3　Recording Rule 处理流程

在 Prometheus Server 初始化完成之后会调用 Manager.Run（）方法，其中会关闭 Manager.block 通道。根据 8.2 节对 Update（）方法的介绍可以知道，每个 rules.Group 实例关联的 goroutine 都会监听 Manager.block 通道的关闭，待其关闭后开始执行 rules.Group.run（）方法。

rules.Group.run（）方法会按照 interval 字段指定的时间间隔，周期性地执行 rules.Group.Eval（）方法，其中执行了该 rules.Group 实例管理的全部 rules.Rule 实例，另外，run（）方法中还记录了一些监控信息用于反映整个 rules.Group 的执行是否过慢。rules.Group.run（）方法的大

致实现如下。

```
func(g *Group)run(ctx context.Context){
    defer close(g.terminated)// 当run()方法退出时，会关闭terminated通道
    evalTimestamp := g.evalTimestamp().Add(g.interval)// 计算首次执行的时间，并阻塞等待
    select {
    case <-time.After(time.Until(evalTimestamp)):
    // 监听done通道是否关闭（略）
    }

    iter := func(){
        g.Eval(ctx,evalTimestamp)// 执行该rules.Group下的所有rules.Rule
        // 省略记录监控的相关代码以及evaluationDuration字段和evaluationTimestamp字段的更新代码
    }
    tick := time.NewTicker(g.interval)
    defer tick.Stop()
    iter()// 启动rules.Group，真正调用iter()函数的位置
    // 处理Restore，这里不再重复
    for {
        select {
        case <-g.done: // 监听done通道
            return
        default:
            select {
            // 监听done通道是否关闭（略）
            case <-tick.C: // 每隔interval执行一次
                // 这里会记录一个监控信息，主要反映是否存在slow rule导致整个Group的执行变慢
                missed :=(time.Since(evalTimestamp)/ g.interval)- 1
                if missed > 0 { // 如果Group运行较慢
                    iterationsMissed.Add(float64(missed))
                    iterationsScheduled.Add(float64(missed))
                }
                // 校正evalTimestamp
                evalTimestamp = evalTimestamp.Add((missed + 1)* g.interval)
                iter()// 执行Group中的所有Rule
            }
        }
    }
}
```

　　rules.Group.run()方法的核心是调用其Eval()方法，在rules.Group.Eval()方法中会遍历当前rules.Group实例下的所有Rule，并调用这些rules.Rule实例的Eval()方法执行相

应的PromQL语句，然后将查询到的时序数据写入底层存储中。另外，针对Alerting Rule
还会向AlertManager发送通知信息。rules.Group.Eval()方法的具体实现如下。

```
func(g *Group)Eval(ctx context.Context,ts time.Time){
    for i,rule := range g.rules { // 遍历rules.Rule实例
        // 监听done通道是否关闭（略）
        func(i int,rule Rule){
            // 更新evaluationDuration以及evaluationTimestamp字段，记录监控信息（略）
            // 执行rules.Rule，其PromQL语句的执行结果是一个Instant vector,vector是[]Sample的类
            // 型别名,Sample的结构在前面已经分析过了，这里不再重复
            vector,err := rule.Eval(ctx,ts,g.opts.QueryFunc,g.opts.ExternalURL)
            // 如果查询出现异常，则记录相应的监控并返回（略）
            // 如果是Alerting Rule实例，则通过sendAlerts()方法向AlertManager发送告警的相关信息，
            // 后面将专门介绍Prometheus Server向AlertManager发送消息的功能
            if ar,ok := rule.(*AlertingRule); ok {
                ar.sendAlerts(ctx,ts,g.opts.ResendDelay,g.interval,g.opts.NotifyFunc)
            }

            // 获取底层存储的Appender，这里省略了错误处理的相关代码
            app,err := g.opts.Appendable.Appender()
            // 这里的seriesReturned集合用于记录该Rule此次的返回值中有哪些时序
            seriesReturned := make(map[string]labels.Labels,len
(g.seriesInPreviousEval[i]))
            for _,s := range vector {
                // 遍历vector中的点，并写入底层存储。Appender.Add()方法的具体原理在前面介绍过了,
                // 这里不再重复
                if _,err := app.Add(s.Metric,s.T,s.V); err != nil {
                    // 根据不同的错误类型输出不同的日志（略）
                } else {
                    seriesReturned[s.Metric.String()] = s.Metric // 未出现异常，则记录该点是
                                                                 // Label集合
                }
            }

            // 如果某条时序上次查询时出现，但此次查询未出现，则会在这里为其写入一个特殊标识（StaleNaN）
            for metric,lset := range g.seriesInPreviousEval[i] {
                if _,ok := seriesReturned[metric]; !ok {
                    _,err = app.Add(lset,timestamp.FromTime(ts),
                        math.Float64frombits(value.StaleNaN))
                }
            }
        }
```

```
              if err := app.Commit(); err != nil {
                  // 如果输发生异常，则输出日志（略）
              } else {
                  g.seriesInPreviousEval[i] = seriesReturned // 更新 seriesInPreviousEval 对应
                                                             // 元素
              }
          }(i,rule)
      }
  }
```

RecordingRule 结构体中的核心方法就是下面介绍的 Eval() 方法，如前文所示，它会被 rules.Group.Eval() 方法调用。该方法除执行指定的 PromQL 语句之外，还会根据具体的 Rule 配置修改各时序中的 Label 信息，具体实现如下。

```
func(rule *RecordingRule)Eval(ctx context.Context,ts time.Time,
    query QueryFunc,_ *url.URL)(promql.Vector,error){
  vector,err := query(ctx,rule.vector.String(),ts)// 执行指定的 PromQL 语句
  // 如果出现异常，则将 health 字段设置成 HealthBad 状态（略）
  for i := range vector { // 遍历查询结果中的所有时序，添加配置中指定的 Label 信息
      sample := &vector[i]
      lb := labels.NewBuilder(sample.Metric)
      lb.Set(labels.MetricName,rule.name)// 添加 "__metric___"
      for _,l := range rule.labels { // 修改 Label 信息
          if l.Value == "" { // 如果配置中该 Label Value 为空，则删除该 Label
              lb.Del(l.Name)
          } else { // 追加或覆盖 Label 信息
              lb.Set(l.Name,l.Value)
          }
      }
      sample.Metric = lb.Labels()// 更新 sample 的时序信息
  }
  rule.SetHealth(HealthGood)// 执行正常，则将 health 状态更新为 HealthGood
  rule.SetLastError(err)
  return vector,nil
}
```

RecordingRule.Eval() 方法中使用的 query 函数是 rules.EngineQueryFunc() 函数的返回值，在 query() 函数中会通过前面介绍的 Engine 引擎创建 Instant Query 来执行 PromQL 语句，其执行过程在 promql 模块已经进行了详细的分析，不再展开重复，感兴趣的读者可以回顾 PromQL 的相关章节。

8.4　Alerting Record处理流程

在介绍 Alerting Rule 的执行流程之前，需要了解 AlertingRule 结构体的核心字段，它不仅包含 name、vector 和 labels 等字段，还会包含了如下信息。

- holdDuration（time.Duration 类型）：对应 Alerting Rule 配置中的 For 配置项，如果告警的持续时间超过该字段指定的时长，就会切换成 Firing 状态。

- annotations（labels.Labels 类型）：告警的描述信息，以 Label 形式追加到时序中，其中的 Label Value 可以使用模板。

- active（map[uint64]*Alert 类型）：记录当前 AlertingRule 实例涉及的告警信息。执行 Alerting Rule 配置的 PromQL 语句得到的是个 Instant vector，其中可能包含多个时序，AlertingRule 实例会为该 Instant vector 中的每个时序创建相应的 rules.Alert 实例，其中维护了相关的告警状态，核心字段如下。

  - State（AlertState 类型）：当前报警状态，可选值有 StateInactive、StatePending 和 StateFiring。这里简单介绍一下各个报警状态的含义。

  - StatePending：rules.Alert 的初始化状态，当告警出现但其持续时长未达到 holdDuration 字段指定的时长时，处于 StatePending 状态。

  - StateFiring：当告警持续时长达到 holdDuration 字段指定的时长之后，对应的 rules.Alert 实例会切换成 StateFiring 状态。

  - StateInactive：当告警消失之后，对应的 rules.Alert 实例会切换成 StateInactive 状态。

AlertState 的转换如图 8-2 所示。

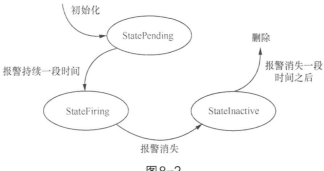

图8-2

图8-3展示了holdDuration为2min时，告警状态随系统状态转换的效果。

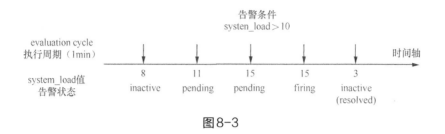

图8-3

- Labels、Annotations（labels.Labels类型）：告警关联的时序。

- Value（float64类型）：PromQL语句最近一次执行时，该时序返回的值。

- ActiveAt、FiredAt和ResolvedAt（time.Time类型）：当前rules.Alert实例从一个状态切换到另一个状态的时间戳。ActiveAt是当前rules.Alert实例创建的时间戳，此时它处于StatePending状态；FiredAt是当前rules.Alert实例切换成StateFiring状态的时间戳；ResolvedAt是当前rules.Alert实例切换成StateInactive状态的时间戳。

- LastSentAt（time.Time类型）：最后一次发送告警的时间戳。

Alerting Rule的处理流程与8.3节分析的Recording Rule处理流程类似，两者的核心区别在于Rule.Eval()方法的实现。AlertingRule.Eval()方法的大致步骤如下。

步骤1. 执行指定的PromQL语句，能够出现在查询结果中的时序即为符合告警条件的时序。

步骤2. 遍历查询到的各个时序，处理其Label以及Annotations中的模板。

步骤3. 为查询到的每个时序创建相应的rules.Alert实例（或调整已有rules.Alert实例的状态）并记录到AlertingRule.active集合中，之后会重用该rules.Alert实例。

步骤4. 根据每个rules.Alert实例中记录的告警状态，决定哪些告警信息需要发送到AlertManager集群中进行处理。

AlertingRule.Eval()方法的具体实现如下。

```
func(r *AlertingRule)Eval(ctx context.Context,ts time.Time,query QueryFunc,
externalURL *url.URL)(promql.Vector,error){
```

```
res,err := query(ctx,r.vector.String(),ts)// 执行 Alerting Rule 中配置的 PromQL 语句
// 如果出现异常，则将 health 字段设置成 HealthBad 状态（略）
resultFPs := map[uint64]struct{}{}
var vec promql.Vector
for _,smpl := range res { // 填充 Labels 以及 Annotations 中的模板
  l := make(map[string]string,len(smpl.Metric))
  for _,lbl := range smpl.Metric {
    l[lbl.Name] = lbl.Value
  }
  tmplData := template.AlertTemplateData(l,smpl.V)
  expand := func(text string)string {
    ... ... // 填充模板的具体操作，这里不再展开分析，感兴趣的读者可以参考其代码进行学习
  }
  lb := labels.NewBuilder(smpl.Metric).Del(labels.MetricName)
  for _,l := range r.labels { // 填充 Label Value 中的模板
    lb.Set(l.Name,expand(l.Value))
  }
  lb.Set(labels.AlertName,r.Name())// 添加 Alertname
  annotations := make(labels.Labels,0,len(r.annotations))
  for _,a := range r.annotations { // 处理 annotations 中的模板
    annotations = append(annotations,
      labels.Label{Name: a.Name,Value: expand(a.Value)})
  }
  lbs := lb.Labels()
  h := lbs.Hash()
  resultFPs[h] = struct{}{}
  // 检测 active 字段中是否有该时序对应的 rules.Alert 实例，若存在，则更新其 Value 以及
  // Annotations 字段；若不存在，则为该时序创建新的 rules.Alert 实例
  if alert,ok := r.active[h]; ok && alert.State != StateInactive {
    alert.Value = smpl.V
    alert.Annotations = annotations
    continue
  }
  r.active[h] = &Alert{ // 创建相应的 rules.Alert 实例
    Labels:      lbs,
    Annotations: annotations,
    ActiveAt:    ts,
    State:       StatePending,// 初始化状态为 StatePending
    Value:       smpl.V,
  }
}
```

```
    for fp,a := range r.active {
        // 若在此次查询结果中未出现该时序，则表示该时序不符合告警条件，此处会清理这些时序相应
        // 的rules.Alert实例
        if _,ok := resultFPs[fp] ; !ok {
            // 若告警未触发（未切换到AlertFiring状态）或已经消失一段时间（默认是消失15min），
            // 则会将rules.Alert实例从active集合中删除
            if a.State == StatePending ||
(!a.ResolvedAt.IsZero()&& ts.Sub(a.ResolvedAt)> resolvedRetention){
                delete(r.active,fp)
            }
            // 若告警之前处于StateFiring状态，这里会将其重置为StateInactive状态，同时会更新相应的
            // ResolvedAt字段
            if a.State != StateInactive {
                a.State = StateInactive
                a.ResolvedAt = ts
            }
            continue
        }
        // 当告警持续的时长到达holdDuration字段指定的阈值，将会切换成StateFiring状态
        if a.State == StatePending && ts.Sub(a.ActiveAt)>= r.holdDuration {
            a.State = StateFiring
            a.FiredAt = ts
        }
        if r.restored { // 这里记录的时序点会被持久化到底层存储，读者可以回顾Recording Rule的处
                        // 理流程
            vec = append(vec,r.sample(a,ts))
            vec = append(vec,r.forStateSample(a,ts,float64(a.ActiveAt.Unix())))
        }
    }
    r.health = HealthGood
    r.lastError = err
    return vec,nil
}
```

这里需要注意一下AlertingRule.sample()方法返回的时序点，其中"__name__"的
Label Value统一设置成了"ALERTS"，而"alertname"对应的Label Value才是Alerting
Rule配置的metric名称（也就是告警名称），另外还会添加一个Label（Label Name为
"alertstate"）用于记录AlertState，最后返回的时序点的Value值始终为1（因为用户只关心
是否符合告警条件）。AlertingRule.forStateSample()方法与sample()方法的不同之处在于，
前者产生的时序点的value值为告警创建时间（rules.Alert.ActiveAt字段记录的时间戳）。
因此，执行Alerting Rule与Recording Rule得到的时序数据有所不同。AlertingRule.sample()

和forStateSample（）方法的实现并不复杂，这里不再展开分析，感兴趣的读者可以参考其代码进行学习。

8.5　发送告警

在AlertingRule.Eval（）方法执行完成之后，会调用AlertingRule.sendAlerts（）方法将相关告警信息发送到AlertManager集群进行处理。AlertingRule.sendAlerts（）方法会根据Alert的状态以及相关时间戳决定该告警是否需要进行发送，具体实现如下。

```
func(r *AlertingRule)sendAlerts(ctx context.Context,ts time.Time,resendDelay time.
Duration,interval time.Duration,notifyFunc NotifyFunc){
    alerts := make([]*Alert,0)
    r.ForEachActiveAlert(func(alert *Alert){ // 遍历active集合中的全部Alert实例
        // 检测告警是否需要发送，其中进行了如下判断：
        // 1、StatePending状态的告警不需要发送
        // 2、LastSentAt小于ResolvedAt，即最后一次发送之后恢复的告警，需要发送
        // 3、LastSentAt + resendDelay小于ts，即延迟的告警需要发送，这里的resendDelay默认为
        //    Alerting Rule所在rules.Group的执行周期
        if alert.needsSending(ts,resendDelay){
            alert.LastSentAt = ts // 更新告警最后的发送时间戳
            // 更新告警的有效期（略）
            anew := *alert
            alerts = append(alerts,&anew)// 记录待发送的告警
        }
    })
    notifyFunc(ctx,r.vector.String(),alerts...)// 发送告警信息
}
```

这里发送告警信息的notifyFunc（）函数实际是main.sendAlerts（）方法的返回值（该过程在Prometheus Server启动阶段完成），该notifyFunc（）函数的主要功能就是将rules.Alert实例转换成notifier.Alert实例，然后通过notifier.Manager组件将告警信息发送到AlertManager集群，具体实现如下。

```
func sendAlerts(n *notifier.Manager,externalURL string)rules.NotifyFunc {
    return func(ctx context.Context,expr string,alerts ...*rules.Alert){
        var res []*notifier.Alert
        for _,alert := range alerts {
            a := &notifier.Alert{ // 将rules.Alert实例转换成notifier.Alert实例
                StartsAt:     alert.FiredAt,// 告警的触发时间戳
```

```
            Labels:      alert.Labels,// 触发告警的时序信息
            Annotations: alert.Annotations,// 该时序携带的辅助信息
            // 一个辅助的 URL, 帮助用户快速跳转到 Web UI 中查看触发报警的时序
            GeneratorURL: externalURL + strutil.TableLinkForExpression(expr),
        }
        // 已恢复的告警也需要发送, AlertManager 会依据该信息发送告警恢复的通知
        if !alert.ResolvedAt.IsZero(){
            a.EndsAt = alert.ResolvedAt
        } else { // 默认告警结束时间为 ValidUntil(默认为3个周期之后)
            a.EndsAt = alert.ValidUntil
        }
        res = append(res,a)
    }
    if len(alerts)> 0 { // 如果有需要发送的告警, 则会调用 notifier.Manager.Send( ) 方法
        n.Send(res...)
    }
}
}
```

notifier.Manager 底层使用 HTTP 协议发送告警信息，其中包含了一个缓冲队列，整个发送过程是典型的"生产者—消费者"模式。notifier.Manager 的核心字段如下。

- queue([]*Alert 类型)：待发送的告警队列。

- more(chan struct{} 类型)：该通道用于控制消费 queue 队列的行为。当生产者向 queue 队列写入告警或 queue 队列中存在堆积的告警时，会通过 more 通道通知消费者从 queue 队列中拉取告警信息发送到 AlertManager 集群。

- alertmanagers(map[string]*alertmanagerSet 类型)：每个 alertmanagerSet 实例中都记录了一组 AlertManager 地址。AlertManager 实例的地址可以在 prometheus.yml 配置文件中设定，也可以动态地从服务发现组件获取。

- metrics(*alertMetrics 类型)：notifier.Manager 发送报警相关的监控信息。

在 notifyFunc( ) 函数中会调用 notifier.Manager.Send( ) 将待发送的告警信息写入 queue 队列中，并通过 more 通道通知 Manager 开始发送 queue 队列中的告警，具体实现如下。

```
func(n *Manager)Send(alerts ...*Alert){
    // 省略加锁同步的相关代码
    for _,a := range alerts {  // 添加配置的额外 Label
        lb := labels.NewBuilder(a.Labels)
        for ln,lv := range n.opts.ExternalLabels {
```

```
            if a.Labels.Get(string(ln))== "" {
                lb.Set(string(ln),string(lv))
            }
        }
        a.Labels = lb.Labels()
    }
    alerts = n.relabelAlerts(alerts)// Relabel操作，其大致原理前面已经分析过了，这里不再重复
    // 这里会判断告警是否过多，如果堆积的告警数量超出了queue的长度（默认配置是10000），则需要丢弃过多
    // 的部分，并记录监控信息（略）
    n.queue = append(n.queue,alerts...)// 将告警信息添加到queue队列中
    n.setMore()// 通知notifier.Mananger开始发送queue队列中的告警
}
```

在Prometheus Server初始化过程中会启动一个goroutine执行notifier.Manager.Run（）方法，其中会监听more通道，当queue队列中有待发送的报警时，会调用notifier.Manager.sendAll（）方法进行批量发送。notifier.Manager.Run（）方法的大致实现如下。

```
func(n *Manager)Run(tsets <-chan map[string][]*targetgroup.Group){
    for {
        select {
        case ts := <-tsets:
            // 重新加载AlertManager配置信息，与前面重新加载TargetGroup配置类似，这里不再展开描述
            n.reload(ts)
        case <-n.more:
        }
        alerts := n.nextBatch()// 从queue队列中批量取出告警信息

        if !n.sendAll(alerts...){ // 调用sendAll()方法批量发送
            n.metrics.dropped.Add(float64(len(alerts)))
        }
        if n.queueLen()> 0 { // 继续下一个批量发送，直至queue队列为空
            n.setMore()
        }
    }
}
```

在notifier.Manager.sendAll（）方法中会将报警信息批量序列化，并向alertmanagers集合中记录的AlertManager逐个发送，大致实现如下。

```
func(n *Manager)sendAll(alerts ...*Alert)bool {
    b,err := json.Marshal(alerts)// 序列化成JSON
    amSets := n.alertmanagers
```

```
        var wg sync.WaitGroup
        for _,ams := range amSets {
          for _,am := range ams.ams { // 为每个AlertManager启动一个goroutine，进行告警发送
            wg.Add(1)
            go func(ams *alertmanagerSet,am alertmanager){
                u := am.url().String()// AlertManager接收告警的地址
                // 向一个AlertManager发送告警
                if err := n.sendOne(ctx,ams.client,u,b); err != nil ...
                wg.Done()
            }(ams,am)
          }
        }
        wg.Wait()// 等待全部发送结束
        return numSuccess > 0
    }
```

notifier.Manager.sendOnce( ) 方法是真正发起HTTP请求的地方，大致实现如下。

```
func(n *Manager)sendOne(ctx context.Context,c *http.Client,url string,b []byte)error{
    req,err := http.NewRequest("POST",url,bytes.NewReader(b))// 设置POST请求体
    req.Header.Set("Content-Type",contentTypeJSON)// 设置HTTP请求头
    resp,err := n.opts.Do(ctx,c,req)
    if resp.StatusCode/100 != 2 { // 检测HTTP响应码
        return fmt.Errorf("bad response status %v",resp.Status)
    }
    return err
}
```

8.6 本章小结

本章重点介绍了Prometheus Server中与Rule相关的模块，首先介绍了Recording Rule配置以及Alerting Rule配置在内存中的抽象，之后介绍了rules.Manager如何管理内存中的多组Rule实例，紧接着介绍了加载Rule配置文件的大致逻辑和相关实现。

接下来详细介绍了Recording Rule以及Alerting Rule的执行流程，两者的目的不同，相应的执行逻辑也有所区别，希望读者有所注意。最后，分析了notifier模块的实现，它的主要核心逻辑是将Alerting Rule产生告警的时序信息发送到AlertManager集群，具体的告警通知则是由AlertManager发送。AlertManager的核心原理和实现会在本书后面的章节进行详细阐述。

第9章
Discovery 分析

通过前面对 Prometheus Server 中 srape 模块的介绍可以发现，scrape 模块启动时会根据 promethues.yml 配置文件初始化 target 的地址信息。当 Prometheus Server 运行一段时间之后，若想修改或删除 target 信息就会比较困难。

Prometheus Server 提供了重新加载配置的接口（不需要重启整个 Prometheus Server 实例），可以修改 promethues.yml 配置文件中的 target 地址，然后手动调用接口通知 Prometheus Server 重新加载整个 prometheus.yml 配置文件。这种方式虽然可行，但是有一些问题：一是需要运维人员手动接入，二是每次重新加载 prometheus.yml 配置文件时会触发所有模块重载配置。notifier 模块涵盖了多个 AlertManager 实例的地址，也会有同样的问题。

为了解决上述问题，Prometheus Server 支持使用服务发现的方式动态发现 target 以及 AlertManager 的地址信息。Prometheus 支持常见的服务发现方式，例如 Zookeeper、DNS、Consul、Kubernetes、Openstack 和 Azure 等。

Discoverer 接口是 Prometheus 对服务发现组件的抽象，也是 discovery 模块的核心接口，其定义如下所示。

```
type Discoverer interface {
    Run(ctx context.Context,up chan<- []*targetgroup.Group)
}
```

Prometheus 提供了多个 Discoverer 接口的实现，用于支持上述常见的服务发现组件，如图 9-1 所示。

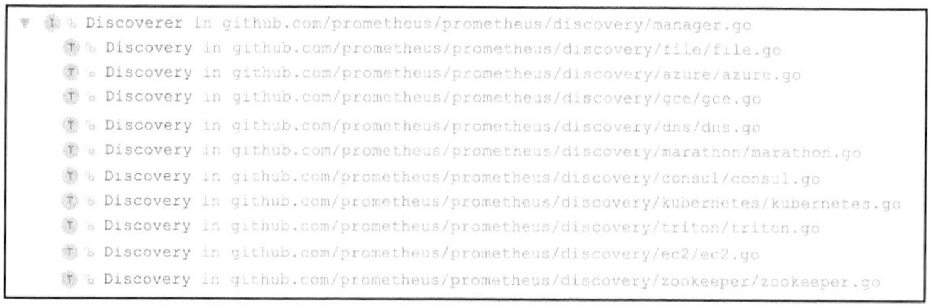

```
▼ ① ┗ Discoverer in github.com/prometheus/prometheus/discovery/manager.go
    ① ┗ Discovery in github.com/prometheus/prometheus/discovery/file/file.go
    ① ┗ Discovery in github.com/prometheus/prometheus/discovery/azure/azure.go
    ① ┗ Discovery in github.com/prometheus/prometheus/discovery/gce/gce.go
    ① ┗ Discovery in github.com/prometheus/prometheus/discovery/dns/dns.go
    ① ┗ Discovery in github.com/prometheus/prometheus/discovery/marathon/marathon.go
    ① ┗ Discovery in github.com/prometheus/prometheus/discovery/consul/consul.go
    ① ┗ Discovery in github.com/prometheus/prometheus/discovery/kubernetes/kubernetes.go
    ① ┗ Discovery in github.com/prometheus/prometheus/discovery/triton/triton.go
    ① ┗ Discovery in github.com/prometheus/prometheus/discovery/ec2/ec2.go
    ① ┗ Discovery in github.com/prometheus/prometheus/discovery/zookeeper/zookeeper.go
```

图9-1

9.1 基于文件的服务发现

为了降低阅读的门槛，这里以file.Discovery实现（基于文件的服务发现）为例进行分析。现在给出一个基于文件的服务发现的配置，如图9-2所示，通过file_sd_configs配置项指定监听test.my.yml文件，在test.my.yml配置文件中设置target的相关信息。

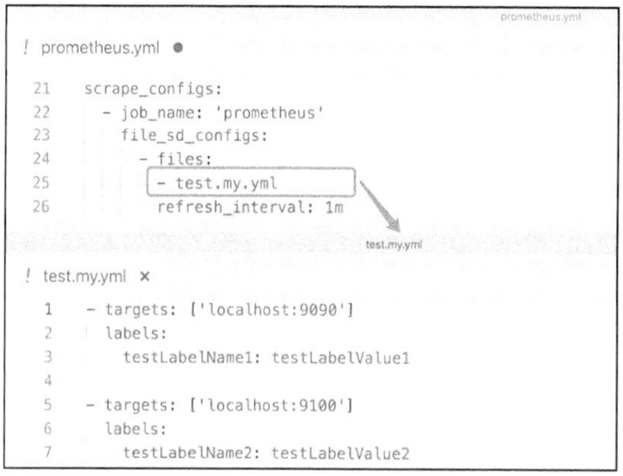

```
prometheus.yml
! prometheus.yml ●

21    scrape_configs:
22    - job_name: 'prometheus'
23      file_sd_configs:
24        - files:
25          - test.my.yml
26          refresh_interval: 1m
                                              test.my.yml
! test.my.yml ✕

1    - targets: ['localhost:9090']
2      labels:
3        testLabelName1: testLabelValue1
4
5    - targets: ['localhost:9100']
6      labels:
7        testLabelName2: testLabelValue2
```

图9-2

启动Prometheus Server之后，可以在其提供的Web UI界面中查看Service Discovery的相应内容，如图9-3所示，其中会出现"__meta_filepath"用于记录该target的配置来自哪个配置文件。当使用其他服务发现组件的时候，也会用其他以"__meta_"开头的Label记录相关的元数据。

另外，还可以在Web UI界面的"Targets"页面中查看当前的target信息，如图9-4所示，这两个target信息都是通过基于文件的服务发现方式获取的。

文件服务发现的基本使用就介绍到这里，下面来分析其相关原理。file.Discovery实现

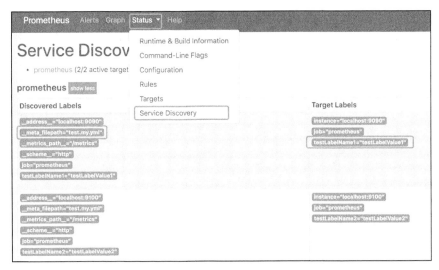

图9-3

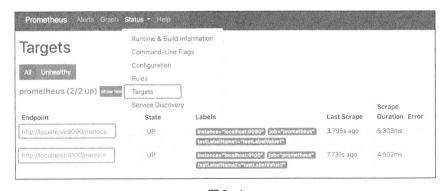

图9-4

会通过通配符的方式指定监听的文件以及目录，当监听到文件修改操作之后，file.Discovery会从文件中读取全部target信息并通知外部模块。file.Discovery结构体中的核心字段如下。

- paths（[]string类型）：记录了需要监听的文件，其中可以包含通配符或目录。

- watcher（*fsnotify.Watcher类型）：用于监听文件修改事件的组件。

- interval（time.Duration类型）：每隔interval时间（默认为5min）会将target信息发送给外部模块。

- timestamps（map[string]float64类型）：记录每个文件的最后读取时间戳。

- lastRefresh（map[string]int类型）：记录了最后一次读取某个配置文件时，其中配置的targetgroup.Group数量，其中key为配置文件的path，value为配置文件中targetgroup.Group的个数。

这里重点来看一下watcher字段，它是file.Discovery的核心。fsnotify是一个文件夹监控库，其中的Watcher工具可用于监控某个文件夹的各种修改操作，并以Event事件的形式返回给监听方。在file.Discovery.Run()方法的实现中，会通过fsnotify.Watcher监听paths字段指定的文件的修改事件，并将涉及的全部target信息返回给外部模块，具体实现如下。

```go
func(d *Discovery)Run(ctx context.Context,ch chan<- []*targetgroup.Group){
    watcher,err := fsnotify.NewWatcher()// 创建watcher实例
    d.watcher = watcher // 更新watcher实例
    // 读取文件，将其中的target信息整理成targetgroup.Group集合并写入ch通道中
    d.refresh(ctx,ch)
    ticker := time.NewTicker(d.interval)// 根据interval字段创建定时器
    for {
        select {
        case event := <-d.watcher.Events: // watcher实例监听到文件操作事件
            if len(event.Name)== 0 {  break }
            if event.Op^fsnotify.Chmod == 0 { // 如果不是修改操作，则无须重载文件中的target信息
                break
            }
            // 当监听到修改操作之后，会重新读取文件，将其中的target信息整
            // 理成targetgroup.Group集合写入ch通道中，下面会详细分析refresh()方法的实现
            d.refresh(ctx,ch)

        case <-ticker.C: // 定时器到期，会将全部target信息写入ch通道，并通知外部模块
            d.refresh(ctx,ch)
        ... // 省略其他异常分支的处理逻辑
        }
    }
}
```

通过上述分析可知，无论是监听到文件修改，还是定时器到期，都会通过refresh()方法重新读取配置文件并将其内容解析成targetgroup.Group集合写入指定的Channel中，具体实现如下。

```go
func(d *Discovery)refresh(ctx context.Context,ch chan<- []*targetgroup.Group){
    ref := map[string]int{} // 用于记录每个文件读取的targetgroup.Group的个数
    // listFiles() 函数会根据paths集合指定的路径匹配所有合适的文件
    for _,p := range d.listFiles(){
        // 读取指定文件并将其中的target转换成targetgroup.Group集合返回
        tgroups,err := d.readFile(p)
```

```
    ... ... // 省略异常处理的相关代码
    select {
    case ch <- tgroups: // 写入ch通道中
    case <-ctx.Done():
        return
    }
    ref[p] = len(tgroups)// 记录每个文件对应的targetgroup.Group实例的个数
}
// 比较ref集合与lastRefresh集合，检测此次修改后是否存在要删除的target信息
for f,n := range d.lastRefresh {
    m,ok := ref[f]
    if !ok || n > m { // 当前文件被删除或其中有target信息被删除
        d.deleteTimestamp(f)// 将该文件中在timestamps字段中的信息删除
        for i := m; i < n; i++ {
            select {
            // 如果targetgroup.Group已被删除，则向ch通道中发送空的targetgroup.Group实例
            case ch <- []*targetgroup.Group{{Source: fileSource(f,i)}}:
            case <-ctx.Done():
                return
            }
        }
    }
}
d.lastRefresh = ref // 更新lastRefresh集合
d.watchFiles()// 重新将paths中指定的文件路径添加到watcher中，监听其变化
}
```

现在来深入分析一下 file.Discovery.readFile（）方法，了解 file.Discovery 解析配置文件的实现，具体实现如下。

```
func(d *Discovery)readFile(filename string)([]*targetgroup.Group,error){
    fd,err := os.Open(filename)// 打开文件
    defer fd.Close()
    content,err := ioutil.ReadAll(fd)// 读取文件内容
    info,err := fd.Stat()// 获取文件元信息
    var targetGroups []*targetgroup.Group
    // 根据文件后缀，确定配置文件的格式，进行不同方式的解析
    switch ext := filepath.Ext(filename); strings.ToLower(ext){
    case ".json":
        if err := json.Unmarshal(content,&targetGroups); err != nil ...
    case ".yml",".yaml":
        if err := yaml.UnmarshalStrict(content,&targetGroups); err != nil ...
```

```
    default:
      panic(fmt.Errorf("discovery.File.readFile: unhandled file extension %q",ext))
    }

    for i,tg := range targetGroups {
      // 生成targetgroup.Group的唯一标识，该唯一标识由文件名以及targetgroup.Group所在的位置
      // 构成
      tg.Source = fileSource(filename,i)
      if tg.Labels == nil {
        tg.Labels = model.LabelSet{}
      }
      // 添加 "__meta_filepath" 这个Label，记录file名称
      tg.Labels[fileSDFilepathLabel] = model.LabelValue(filename)
    }
    // 在timestamps字段中记录该文件最后一次读取的时间戳
    d.writeTimestamp(filename,float64(info.ModTime().Unix()))
    return targetGroups,nil
}
```

在本质上，Discoverer接口的其他实现其实就是对应类型服务发现组件的客户端，不同的Discovery实现会根据其接入的服务发现组件，使用不同的服务发现机制来监听target变化。由于篇幅限制，它们的具体实现这里就不再一一展开了，感兴趣的读者可以参考其代码进行学习。

9.2　discovery.Manager实现

描述完file.Discovery的核心实现之后，再来看discovery模块中的另一核心结构体——discovery.Manager，它负责管理多个Discoverer接口实例，是discovery模块与外部其他模块之间的桥梁。discovery.Manager的核心字段如下。

- targets（map[poolKey]map[string]*targetgroup.Group）：所有已发现的target信息，poolKey是每个targetgroup.Group的唯一标识。

- providers（[]*provider类型）：记录了当前discovery.Manager管理的Discoverer信息，每个provider实例中都封装了一个Discoverer接口实例以及Discoverer的名称和描述信息。

- syncCh（chan map[string][]*targetgroup.Group类型）：外部模块监听的Channel，当

发现target信息发生变化时，discovery模块会把所有的target信息通过该Channel发送其他外部模块。

- updatert(time.Duration类型)：向syncCh通道发送数据的最小时间周期，它的作用是避免频繁向外部模块发送数据。

- triggerSend(chan struct{}类型)：当监听到target信息更新的时候，会向该通道写入一个信号，当前discovery.Manager实例会监听该通道决定是否发送target信息。

在Prometheus Server启动的时候，不仅会完成创建并初始化Manager实例，还会根据prometheus.yml配置文件中的服务发现组件信息，创建对应的Discoverer实例以及provider实例，该过程是在Manager.ApplyConfig()方法中完成的，具体实现如下。

```
func(m *Manager)ApplyConfig(cfg map[string]sd_config.ServiceDiscoveryConfig)error {
    // 省略记录监控的相关代码
    for name,scfg := range cfg {
        // 在prometheus.yml配置文件中可以配置多个服务发现组件，在registerProviders()方法
        // 中为每个服务发现组件创建对应的Discoverer实例以及provider实例，并初始化
        // Manager.providers字段
        m.registerProviders(scfg,name)
    }
    for _,prov := range m.providers {
        m.startProvider(m.ctx,prov)// 启动每个provider实例
    }
    return nil
}
```

这里依然是以file.Discovery为例，介绍registerProviders()方法创建Discoverer以及provider实例的大致逻辑。

```
func(m *Manager)registerProviders(cfg sd_config.ServiceDiscoveryConfig,setName string)
{
    // add()函数中规定了初始化Discoverer实例的步骤
    add := func(cfg interface{},newDiscoverer func()(Discoverer,error)){
        // 根据配置信息更新已有provider的描述信息（略）
        d,err := newDiscoverer()// 通过传入的回调函数创建Discoverer实例
        provider := provider{ // 将Discoverer实例封装成provider实例
            name:    fmt.Sprintf("%s/%d",t,len(m.providers)),
            d:       d,config: cfg,subs:    []string{setName},
        }
        m.providers = append(m.providers,&provider)// 在providers集合中记录provider实例
```

```
    }

    for _,c := range cfg.FileSDConfigs {
        add(c,func()(Discoverer,error){ // 创建file.Discovery实例的回调函数
            return file.NewDiscovery(c,log.With(m.logger,"discovery","file")),nil
        })
    }
    ... ... // 省略其他服务发现组件的相关处理逻辑
}
```

完成Discoverer实例以及关联provider实例的初始化之后，discovery.Manager会为每个provider实例调用startProvider（）方法，其中会启动两个goroutine，一个goroutine用于执行相应Discoverer的Run（）方法，另一个goroutine会执行discovery.Manager.updater（）方法，具体实现如下。

```
func(m *Manager)startProvider(ctx context.Context,p *provider){
    updates := make(chan []*targetgroup.Group)
    // 启动单独的goroutine执行Discoverer.Run()方法。通过前面对该方法的介绍可知，当监听到target
    // 信息发生变化时，会将targetgroup.Group写入updates通道中
    go p.d.Run(ctx,updates)

    // 启动单独的goroutine执行Manager.updater()方法，其中会读取updates通道中的targetgroup.Group
    // 集合，更新Mananger.targets字段，同时也会向Mananger.triggerSend通道写入更新信号
    go m.updater(ctx,p,updates)
}
```

Prometheus Server 启动时除完成上述操作之外，还会启动一个goroutine执行discovery.Manager.Run（）方法，其中会启动单独的goroutine执行send（）方法。discovery.Manager.send（）方法会通过监听triggerSend通道来判断target信息是否发生了修改，还会通过定时器控制发送target信息的频率。discovery.Manager.Run（）方法的具体实现如下。

```
func(m *Manager)sender(){
    ticker := time.NewTicker(m.updatert)// 创建定时器
    for {
        select {
        case <-ticker.C: // 等待定时器到期，避免频繁发送变更信息
            select {
            case <-m.triggerSend: // 通过triggerSend通道监听是否发生变更
                select {
                // 将targets字段中记录的全部targetgroup.Group写入syncCh通道中。外部模块会
```

```
                    // 通过 syncCh 通道来监听 target 信息的变更
                    case m.syncCh <- m.allGroups():
                    default: //
                       select {
                       // 如果当前 syncCh 通道已被写满，那么本次的变更将会在下次定时器到期的时候，
                       // 再次尝试写入 syncCh 通道，因此这里会重新向 triggerSend 通道写入一个信号
                       case m.triggerSend <- struct{}{}:
                       default:
                       }
                    }
                }
            default:
            }
        }
    }
}
```

到此为止，discovery 模块的核心流程以及大致实现就介绍完了。

9.3　Prometheus Server 的启动流程

前面详细介绍了 Prometheus Server 中各个模块的核心功能和大致实现，本节将介绍 Prometheus Server 的入口函数如何初始化上述核心模块以及如何协调这些模块工作。

首先，看一下 Prometheus Server 入口函数的大致执行流程，如图 9-5 所示。

命令行参数默认值以及描述信息的设置、cfg 实例的初始化这两个步骤的实现比较简单，这里不再展开分析，感兴趣的读者可以参考相关代码进行学习。接着来看 Prometheus Server 中各个模块的初始化流程。

```
// 初始化 storage 模块，其中这里会初始化 localStorage 和 remoteStorage，并将它们封装成
// fanoutStorage 实例，提供给后续模块使用
var(
    localStorage  = &tsdb.ReadyStorage{}
    remoteStorage = remote.NewStorage(log.With(logger,"component","remote"),
        localStorage.StartTime,time.Duration(cfg.RemoteFlushDeadline))
    fanoutStorage = storage.NewFanout(logger,localStorage,remoteStorage)
)
```

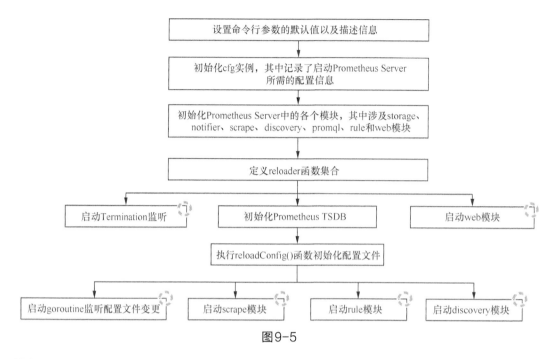

图9-5

```
var(
    ctxWeb,cancelWeb = context.WithCancel(context.Background())
    ctxRule          = context.Background()
    // 根据配置信息初始化notifier.Mananger
    notifier = notifier.NewManager(&cfg.notifier,
        log.With(logger,"component","notifier"))

    ctxNotify,cancelNotify = context.WithCancel(context.Background())
    // 初始化discovery.Manager(该discovery.Manager实例名称为"notify",该实例只会为notifier
    // 模块提供动态发现AlertManager信息的服务)
    discoveryManagerNotify = discovery.NewManager(ctxNotify,log.With(logger,
        "component","discovery manager notify"),discovery.Name("notify"))

    ctxScrape,cancelScrape = context.WithCancel(context.Background())
    // 初始化discovery.Manager(该discovery.Manager实例名为"scrape",该实例只会为scrape
    // 模块提供自动发现Target的服务)
    discoveryManagerScrape = discovery.NewManager(ctxScrape,log.With(logger,
        "component","discovery manager scrape"),discovery.Name("scrape"))

    // 初始化scrape.Manager实例
    scrapeManager = scrape.NewManager(log.With(logger,"component","scrape manager"),
```

```
    fanoutStorage)

    // 初始化promql.Engine实例
    opts = promql.EngineOpts{...}
    queryEngine = promql.NewEngine(opts)

    ruleManager = rules.NewManager(&rules.ManagerOptions{ // 初始化rules.Manager实例
        Appendable:      fanoutStorage,
        TSDB:            localStorage,
        QueryFunc:       rules.EngineQueryFunc(queryEngine,fanoutStorage),
        NotifyFunc:      sendAlerts(notifier,cfg.web.ExternalURL.String()),
        ... ...
    })
)
// 初始化web模块,其中涉及HTTP API以及Web UI
webHandler := web.New(log.With(logger,"component","web"),&cfg.web)
```

完成 Prometheus Server 各个模块的初始化之后，会创建一个 group.Group 实例。可以向该 group.Group 实例中添加多个 actor 操作，group.Group 会并行执行这些 actor（每个 actor 启动一个 goroutine 执行），其中任意一个 actor 执行结束，其他的 actor 就会被打断（interrupted）。

另外，这里还会创建一个 reloadReady 实例，它负责协调各个模块的启动顺序，其核心字段是 C（chan struct{} 类型），上述创建完成的模块在真正启动之前会持续阻塞监听该通道。

9.3.1 监听关闭事件

添加到 group.Group 实例的第一个 actor 操作用于监听 Prometheus Server 的关闭，可以通过两种方式关闭当前 Prometheus Server：一个是系统 SIGTERM 信号量，另一个是通过 HTTP POST 方式请求 "/-/quit" 接口。actor 的相关实现大致如下。

```
var g group.Group // 创建group.Group实例
{
    term := make(chan os.Signal)
    // 监听操作系统的SIGTERM信号量,当监听到该信号量时,会向term通道写入信号量
    signal.Notify(term,os.Interrupt,syscall.SIGTERM)
    // 添加actor时需要制定两个函数,一个是该actor正常执行的函数,另一个是该actor被其他
    // 结束的actor打断时执行的函数
    g.Add(
```

```
        func()error {
          select {
          case <-term: // 通过系统信号量关闭当前 Prometheus Server
            reloadReady.Close()// 关闭reloadReady
          case <-webHandler.Quit(): // 通过调用web接口关闭当前 Prometheus Server
            ... ...  // 省略相关的处理逻辑
          }
          return nil
        },
        func(err error){ ... ... // 被打断时执行的回调函数 },
    )
  }
```

9.3.2 配置变更监听

除监听关闭事件之外，Prometheus Server还会添加一个prometheus.yml配置文件的变更监听。在Prometheus Server初始化完成（其标志是reloadReady.C通道已被关闭）之后，prometheus.yml配置文件的变更监听器开始监听两个事件：一个是系统SIGHU信号量，另一个是通过HTTP POST方式请求"/-/reload"接口。相关的代码片段大致实现如下。

```
  {
    hup := make(chan os.Signal)
    signal.Notify(hup,syscall.SIGHUP)// 监听操作系统的SIGHUP信号量
    cancel := make(chan struct{})
    g.Add(// 添加一个actor来监听配置文件变更，当配置文件需要重载时会调用reloadConfig() 函数
      func()error {
        // 若关闭reloadReady.C通道，则表示Prometheus Server已初始化完成，可以开始后续监听
        <-reloadReady.C
        for {
          select {
          case <-hup: // 监听到SIGHUP信号量，会调用reloadConfig() 函数重载prometheus.yml
                    // 配置文件，后面详细介绍reloadConfig() 函数的实现
            if err := reloadConfig(cfg.configFile,logger,reloaders...); err != nil ...
          case rc := <-webHandler.Reload(): // 通过HTTP接口触发prometheus.yml配置文件的
                    // 重载
            if err := reloadConfig(cfg.configFile,logger,reloaders...); err != nil ...
          case <-cancel: // 结束当前actor，不再监听prometheus.yml配置文件的变更
            return nil
          }
```

```
        }
      },
      func(err error){   // 其他actor执行完成，则会触发该回调函数
        cancel <- struct{}{}
      },
    )
  }
```

9.3.3　启动TSDB存储

通过对上述两个actor操作的介绍可知，actor被添加之后不会立即执行，而是阻塞监听reloadReady.C通道。在group.Group中第一个能够执行的actor操作是启动Prometheus TSDB存储（本地存储），具体实现如下。

```
{
  cancel := make(chan struct{})
  g.Add(
    func()error {
      db,err := tsdb.Open(// 初始化Prometheus TSDB
        cfg.localStoragePath,
        log.With(logger,"component","tsdb"),
        prometheus.DefaultRegisterer,
        &cfg.tsdb,
      )
      startTimeMargin := int64(2 * time.Duration(cfg.tsdb.MinBlockDuration).Seconds()
        * 1000)
      // 将Prometheus TSDB实例与前面初始化的storage模块关联起来
      localStorage.Set(db,startTimeMargin)
      close(dbOpen)// 关闭dbOpen通道表示Prometheus TSDB初始化结束
      <-cancel // 该actor的主要操作结束，这里开始阻塞等待cancel通道关闭
      return nil
    },
    func(err error){
      if err := fanoutStorage.Close(); err != nil ... // 省略错误处理逻辑
      close(cancel)// 当其他actor执行结束时，会调用该回调关闭cancel通道
    },
  )
}
```

9.3.4 初始化配置监听

group.Group 中有一个 actor 会监听 dbOpen 通道，当 dbOpen 通道关闭之后（Prometheus TSDB 初始化完成），该 actor 会调用 reloadConfig（）函数完成配置文件的初次加载，相关代码如下。

```
cancel := make(chan struct{})
g.Add(
  func()error {
    select { // 当 Prometheus TSDB 初始化完成之后，会关闭 dbOpen 通道，该 actor 会结束当前的阻塞
    case <-dbOpen: // 监听 dbOpen 通道的关闭
      break
    case <-cancel:
      reloadReady.Close()
      return nil
    }
    // 调用 reloadConfig() 方法加载 prometheus.yml 配置文件
    if err := reloadConfig(cfg.configFile,logger,reloaders...); err != nil ...
    reloadReady.Close()// 关闭 reloadReady.C 通道，其他监听该 Channel 的 actor 即可正常执行
    webHandler.Ready()//
    <-cancel // 阻塞等待 cancel 通道关闭
    return nil
  },
  func(err error){
    close(cancel)// 当其他 actor 执行结束时，会调用该回调关闭 cancel 通道，当前 actor 也会结束
  },
)
```

9.3.5 启动核心模块

通过前面的介绍了解到，在 group.Group 中添加了相应的 actor 来实现 Prometheus TSDB 存储的启动、对 Prometheus Server 关闭事件的监听以及 prometheus.yml 的配置文件加载（或重载）。group.Group 中剩余的 actor 都用来启动前面初始化完成的 Prometheus 核心模块，例如 scrape 模块、discovery 模块、notifier 模块和 rule 模块等。这里以 scrape 模块和 discovery 模块为例进行介绍。

```
g.Add(// 启动 scrape discovery 模块的核心 Run() 方法，它负责动态发现 target 信息的变更
  func()error {
    err := discoveryManagerScrape.Run()
    return err
```

```
    },
    func(err error){ // 当其他actor执行结束时，会通过该回调函数关闭scrape模块
      cancelScrape()
    },
  )

  g.Add(
    func()error { // 启动scrape模块的核心Run()方法，实现定期抓取时序数据的功能
      <-reloadReady.C // 阻塞等待reloadReady.C通道关闭
      // scrape模块会通过syncCh通道监听服务发现组件
      err := scrapeManager.Run(discoveryManagerScrape.SyncCh())
      return err
    },
    func(err error){ // 当其他actor执行结束时，会调用该回调关闭scrape模块
      scrapeManager.Stop()
    },
  )
```

其他模块启动之后，都运行在独立的 goroutine 中，具体实现与上述逻辑类似，这里不再展开分析，感兴趣的读者可以参考其代码进行学习。

9.3.6　reloader 函数定义

通过前面的介绍可知，在 Prometheus Server 启动以及监听到重载配置文件的事件时，都会调用 reloadConfig()函数重载 prometheus.yml 配置文件。在 reloadConfig()函数中首先会通过 LoadFile()方法加载 prometheus.yml 配置文件，之后创建 Config 实例并将解析得到的配置信息填充进去，最后执行指定的初始化函数来更新各个模块的配置。reloadConfig()函数的核心逻辑如下。

```
func reloadConfig(filename string,logger log.Logger,rls ...func(*config.Config)error)
(err error){
  // 省略记录监控的相关代码
  // 读取prometheus.yml配置文件，并填充Config实例
  conf,err := config.LoadFile(filename)
  for _,rl := range rls { // 执行reloader函数集合，更新各个模块的配置
    if err := rl(conf); err != nil ... // 省略错误处理的逻辑
  }
  return nil
}
```

这里简单介绍一下reloadConfig（）函数中回调的reloader函数集合，该集合中的回调函数会分别调用各个模块提供的ApplyConfig（）函数来重载配置信息。reloader函数集合的定义如下。

```
reloaders := []func(cfg *config.Config)error{
    remoteStorage.ApplyConfig,// 更新remoteStorage的配置
    webHandler.ApplyConfig,// 更新webHandler的配置
    notifier.ApplyConfig,// 更新notifier模块的配置
    scrapeManager.ApplyConfig,// 更新scrape模块的配置
    func(cfg *config.Config)error { // 更新scrape discovery模块的配置
        c := make(map[string]sd_config.ServiceDiscoveryConfig)
        for _,v := range cfg.ScrapeConfigs {
            c[v.JobName] = v.ServiceDiscoveryConfig
        }
        return discoveryManagerScrape.ApplyConfig(c)
    },
    ... // 后面还会更新notify discovery模块的配置和rule模块的配置，实现与前面类似，这里不再粘贴
        // 代码
}
```

到这里，Prometheus Server就启动完成了。

9.4 本章小结

本章重点介绍了Prometheus Server中discovery模块的核心接口和实现。discovery模块负责接入多种服务发现组件，让Prometheus Server能够动态发现target信息以及AlertManager信息，这就可以减少prometheus.yml配置文件的重载，以及运维人员手动介入的次数。本章最开始介绍了Prometheus Server中服务发现功能的基本使用，然后深入介绍了file.Discovery是如何基于文件提供服务发现能力的，之后介绍了discovery.Manager如何管理多个服务发现组件以及如何与其他模块进行交互。

Prometheus Server涉及的核心模块到本章就介绍完了。作为Prometheus Server的最后一部分，本章还介绍了整个Prometheus Server服务启动的核心流程。希望通过本章的介绍，读者可以对Prometheus Server整体的启动流程及其提供的服务发现功能有所了解。

第10章

深入 AlertManager

在第1章介绍整个Prometheus生态时提到（见图1-6），Prometheus Server提供了时序数据的采集、存储和查询等基础功能，另外还提供了实现预计算的Recording Rule以及制定报警规则的Alerting Rule。但是，需要注意的是，发送告警通知的功能并没有划分到Prometheus Server中实现，而是被独立到AlertManager项目中完成。

有的读者会认为"发送告警通知"这么简单的事情，为什么要设置成单独的项目呢？AlertManager除了接入各种通知发送方式，还需要防止告警通知重复发送，提供告警分级、告警静默、告警合并等基本功能。同时，AlertManager需要提供高可用方案，这样才能避免AlertManager成为单点，影响整个监控系统的可用性。因此，在特定的需求场景中，要做好"发送告警通知"的功能是一件比较复杂的事情。

正如前文介绍的那样，Alerting Rule以及告警的状态信息都是维护在Prometheus Server中的，其中Alerting Rule决定了告警触发的条件。当时序符合Alerting Rule指定的告警条件时并不会立即触发告警，而是需要在持续指定时长之后才会真正触发告警。告警被触发时会通过notifier模块向AlertManager集群发送告警信息，通过前文分析可知，其底层使用HTTP请求方式发送告警信息。

AlertManger集群接收到告警信息之后，会根据相关配置以及当前的告警状态决定如何处理该告警信息。为了方便读者从整体了解AlertManager项目的整体结构，Prometheus官方网站给出了AlertMananger的架构图，如图10-1所示。

下面对AlertManager中各个模块的功能进行简单介绍。

- API模块：用来接收Prometheus Server发来的HTTP请求，其中包含告警信息。本章主要介绍的是V1版本的API接口，按照Prometheus官方文档的介绍，

AlertManager V2 版本的 API 接口目前还在开发中，也不是十分稳定，接口未来也可能会发生变化。

- Alert Provider 模块：Prometheus Server 发送的告警信息经过 API 层的反序列化之后，会暂存到 Alert Provider 模块中。AlertManager 默认提供的 Alert Provider 实现是基于内存存储的，也可以提供持久化的实现，例如使用 MySQL 或 ElasticSearch 进行持久化存储。

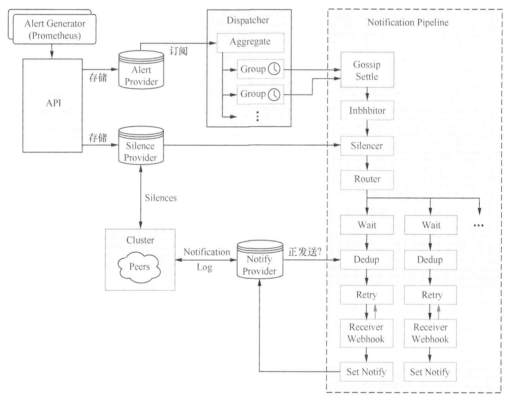

图10-1

- Dispatcher 模块：Dispatcher 模块通过订阅的方式从 Alert Provider 模块获取告警信息，告警信息通过 Label 匹配之后被送到不同的 Aggregate Group 中等待 Pipeline 流程进行处理。Dispatcher 中的 Aggregate Group 用来管理具有相同 Label 的告警信息，这样就可以对告警信息进行分组管理。在某些场景下会突然出现大量相同属性的告警信息，例如，一个数据中心的网络出口出现故障，这会导致成百上千的告警信息产生。如果此时将所有告警发送给用户，就会导致洪泛，对下游和用户造成很大压力。此时，Aggregate Group 可以按照标识数据中心的 Label 进行聚合，并只发送一封邮件或短信给用户。

- Pipeline：Pipeline 中定义了处理告警信息的流程，是 AlertManager 中的一个逻辑概念。一个 Pipeline 是由多个 Stage 实例串联组成的，每个 Stage 实现都有自己独特的功能，这是常见的"责任链模式"。Stage 接口及其实现在后面都会有详细的分析。

- Notify Provider：当告警通知发送之后，会在 AlertManager 本地记录相关 Log，同时也会将 Log 发送到集群中的其他 AlertManager 节点中，避免告警通知被重复发送。

10.1 接收告警

正如 Prometheus 官方文档中提到的，AlertManager 的 V2 版本 API 接口还不稳定，因此本节重点介绍实践中常用的 V1 版本 API 接口。在 API.Register( ) 方法中注册了 V1 版本所有的接口，大致实现如下。

```
func(api *API)Register(r *route.Router){
    r.Options("/*path",wrap(func(w http.ResponseWriter,r *http.Request){}))
    r.Get("/status",wrap(api.status))
    r.Get("/receivers",wrap(api.receivers))
    r.Get("/alerts",wrap(api.listAlerts))
    r.Post("/alerts",wrap(api.addAlerts))// 接收Prometheus Server发来的告警信息
    r.Get("/silences",wrap(api.listSilences))// 查询Silence配置
    r.Post("/silences",wrap(api.setSilence))// 用于添加或更新Silence配置
    r.Get("/silence/:sid",wrap(api.getSilence))// 查询单条Silence配置
    r.Del("/silence/:sid",wrap(api.delSilence))// 删除指定的Silence配置
}
```

首先来分析"/api/v1/alerts"接口，它负责接收 Prometheus Server 发送过来的告警信息。该接口由 API.addAlerts( ) 方法支持，它首先会反序列化收到的 JSON 数据以得到 types.Alert 实例，然后调用 API.insertAlerts( ) 方法将告警信息写入 Alert Provider 中暂存，大致实现如下。

```
func(api *API)addAlerts(w http.ResponseWriter,r *http.Request){
    var alerts []*types.Alert
    // 反序列化得到types.Alert集合
```

```
if err := api.receive(r,&alerts); err != nil... // 若反序列化出现异常，则返回bad_data响应
api.insertAlerts(w,r,alerts...)// 将Alert集合写入Alert Provider暂存
}
```

types.Alert中内嵌了model.Alert，model.Alert的字段与前文中Prometheus Server发送的notifier.Alert的字段完全一致，不再展开介绍。需要特别注意的是types.Alert. UpdatedAt字段，它用来记录该告警信息抵达AlertManager的时间戳。

API.insertAlerts()方法首先会调整所有types.Alert实例中的StartsAt、EndsAt等字段，它们分别代表了告警的触发时间以及预设的告警结束时间等时间戳；之后会整理所有types.Alert实例的Label信息并检测其是否合法；最后将Alert实例写入Alert Provider中暂存。insertAlerts()方法具体实现如下。

```
func(api *API)insertAlerts(w http.ResponseWriter,r *http.Request,
    alerts ...*types.Alert){

  for _,alert := range alerts {
      // 遍历所有的types.Alert集合，调整每个types.Alert实例的StartsAt和EndsAt字段，
      // 它们分别代表了告警的触发时间和结束时间
      alert.UpdatedAt = now // 记录该告警到达AlertManager的时间
      if alert.StartsAt.IsZero(){
        if alert.EndsAt.IsZero(){
          alert.StartsAt = now
        } else {
          alert.StartsAt = alert.EndsAt
        }
      }
      if alert.EndsAt.IsZero(){
        alert.Timeout = true
        alert.EndsAt = now.Add(resolveTimeout)
      }
  }

  for _,a := range alerts { // 再次遍历types.Alert集合，主要是为了检测Alert的合法性
    removeEmptyLabels(a.Labels)// 清除空Label
    if err := a.Validate(); err != nil ... // 检测types.Alert实例中的各个字段，省略异常
                                         // 处理
    validAlerts = append(validAlerts,a)// 只记录检测通过的types.Alert实例
  }

  // 将types.Alert实例写入Alert Provider存储，如果写入出现异常，则返回异常4xx或5xx的
```

```
    // 响应码以及提示信息
    if err := api.alerts.Put(validAlerts...); err != nil ...
    api.respond(w,nil)// 返回200的HTTP响应码
}
```

10.2　查询Receiver

AlertManager 的配置文件中可以指定多个告警通知的接收者，在 AlertManager 启动的时候会解析配置文件，并转换成 config.Receiver 实例记录到 Config.Receivers 字段中。config.Receiver 结构体的核心字段大致如下，主要记录告警接收者的相关配置。

● Name(string 类型)：告警接收者名称。

● EmailConfigs([]*EmailConfig 类型)：如果通过邮件接收告警通知，则该字段不为空，其中记录了邮件的相关信息，例如接收告警的邮箱地址。

● WebhookConfigs([]*WebhookConfig 类型)：如果通过 Webhook 方式接收告警通知，则该字段不为空，其中记录了 Webhook 的相关信息，例如 Webhook 的 URL 地址。

● WechatConfigs([]*WechatConfig 类型)：如果通过微信方式接收告警通知，则该字段不为空，其中记录了微信的相关信息。

config.Receiver 中还定义了其他接收告警方式的相关字段，这里不再一一展开列举。需要读者注意的是，config.Receiver 中配置的告警接收方式之间是不冲突的，例如，一个 Receiver 可以同时通过 Email 和 WeChat 两种方式接收告警通知。

AlertManager 的 API 模块中提供了 "/api/v1/receivers" 接口用于查询 Receiver 配置信息，大致实现如下。

```
func(api *API)receivers(w http.ResponseWriter,req *http.Request){
    // 省略加锁解锁的代码
    receivers := make([]string,0,len(api.config.Receivers))
    for _,r := range api.config.Receivers { // 将Config.Receivers字段返回
        receivers = append(receivers,r.Name)
    }
    api.respond(w,receivers)
}
```

10.3　Alert Provider 存储

Alert Provider 是 AlertManager 中负责存储告警信息的模块，其核心接口是 provider.Alerts，具体定义如下。

```
type Alerts interface {
    // 后面介绍的Dispatcher模块会通过Subscribe()方法订阅Alerts存储中的告警信息。使用该方法
    // 返回AlertIterator迭代告警信息时，并不能保证返回的报警是按照时间排序的
    Subscribe()AlertIterator
    // 获取等待发送的告警信息
    GetPending()AlertIterator
    // 获取Fingerprint对应的告警，可以认为Fingerprint是告警的标识
    Get(model.Fingerprint)(*types.Alert,error)
    // 将types.Alert集合写入存储中
    Put(...*types.Alert)error
}
```

AlertManager 默认提供的 provider.Alerts 接口实现是基于内存实现的存储——mem.Alerts，其核心字段如下。

- alerts（*store.Alerts 类型）：store.Alerts 实现了在内存中存储 types.Alert 实例的功能，在 Alert Provider 模块以及后面介绍的 Dispatcher 模块和 InhibitStage 中都使用它作为存储。store.Alerts 结构体的核心字段如下。

  - c（map[model.Fingerprint]*types.Alert 类型）：该 map 用于存储 types.Alert 实例，其中 key 是 types.Alert 实例的唯一标识。

  - gcInterval（time.Duration 类型）：store.Alerts 会定期清理已经恢复的报警，gcInterval 字段即是两次清理操作的时间间隔。

  - cb（func（[]*types.Alert）类型）：清理操作的回调函数。

- listeners（map[int]listeningAlerts）：listeningAlerts 中封装了 AlertIterator 迭代器中使用的通道，每次调用 Subscribe() 方法都会返回一个新的迭代器，也就对应了一个全新的 listeningAlerts 实例。后续 AlertManager 收到新告警即可由该通道通知 AlertIterator 迭代器的使用方。

- next（int 类型）：listeners 字段的 key，每次调用 Subscribe() 方法都会递增。

下面来看 Subscribe() 方法的具体实现，其中会创建迭代使用的 Channel 以及 AlertIterator

迭代器，同时也会创建对应的listeningAlerts实例并记录到listeners集合中。

```
func(a *Alerts)Subscribe()provider.AlertIterator {
  var(
    // 创建Channel用于迭代
    ch   = make(chan *types.Alert,max(a.alerts.Count(),alertChannelLength))
    done = make(chan struct{})
  )
  // 将store.Alerts.c集合中存储的全部Alert实例写入ch中
  for a := range a.alerts.List(){
    ch <- a
  }
  a.mtx.Lock()// 在读写listeners集合之前，需要加锁同步
  i := a.next
  a.next++ // 递增next字段
  // 将ch通道封装成listeningAlerts实例，并记录到listeners集合中
  a.listeners[i] = listeningAlerts{alerts: ch,done: done}
  a.mtx.Unlock()
  return provider.NewAlertIterator(ch,done,nil)// 将ch通道封装成AlertIterator
}
```

AlertIterator迭代器的实现比较简单，它的Next()方法直接返回ch通道，由调用方读取其中的告警。AlertIterator.Close()方法中会关闭done通道，store.Alerts在清理已恢复报警时，会同时清理其对应的listeningAlert实例。

下面来看mem.Alerts.Put()方法的具体实现，它会遍历待写入的types.Alert实例，根据types.Alert的唯一标识合并重复的types.Alert。图10-2展示了两种常见合并（但不是全部），读者可以注意一下types.Alert中各个字段的变化。

之后会将types.Alert实例写入底层的store.Alerts实例中，最后将新添加的types.Alert写入listeners字段中记录的listeningAlert实例，这就能够通知AlertIterator迭代器的使用方。mem.Alerts.Put()方法的大致实现如下。

```
func(a *Alerts)Put(alerts ...*types.Alert)error {
  for _,alert := range alerts {
    fp := alert.Fingerprint()// 计算types.Alert标识
    if old,err := a.alerts.Get(fp); err == nil {
      // 如果查找到相同的types.Alert，则尝试进行合并
      if(alert.EndsAt.After(old.StartsAt)&& alert.EndsAt.Before(old.EndsAt))||
(alert.StartsAt.After(old.StartsAt)&& alert.StartsAt.Before(old.EndsAt)){
        alert = old.Merge(alert)
      }
```

```
    }
    // 将types.Alert实例保存到store.Alerts.c字段中
    if err := a.alerts.Set(alert); err != nil ... // 省略异常处理
    a.mtx.Lock()// 在读写listeners集合之前，需要加锁同步
    for _,l := range a.listeners { // 将新写入的types.Alert实例写入所有listeningAlerts
        select {
        case l.alerts <- alert:
        case <-l.done:
        }
    }
    a.mtx.Unlock()
  }
  return nil
}
```

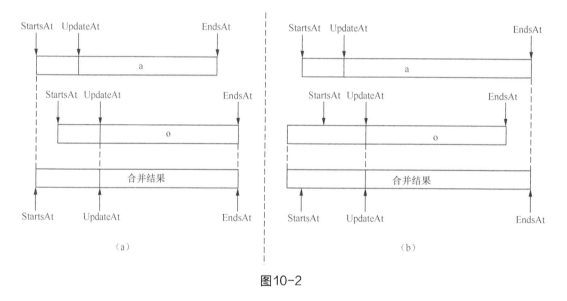

图10-2

　　介绍完Alert Provider的写入和迭代之后，来看mem.Alerts的初始化流程，其中不仅会创建底层存储报警的store.Alerts实例，还会启动一个后台goroutine定期清理已恢复的报警，具体实现如下。

```
func NewAlerts(ctx context.Context,m types.Marker,intervalGC time.Duration,l log.
Logger)(*Alerts,error){
    ctx,cancel := context.WithCancel(ctx)
    a := &Alerts{
        alerts:   store.NewAlerts(intervalGC),// 创建store.Alerts实例
```

```
        cancel:    cancel,
        listeners: map[int]listeningAlerts{},// 用于记录AlertIterator对应的listeningAlerts
                                            // 实例
        next:      0,// 用于生成AlertIterator的编号
        logger:    log.With(l,"component","provider"),
    }
    a.alerts.SetGCCallback(func(alerts []*types.Alert){ // 为store.Alerts设置Callback
        for _,alert := range alerts {
            // 从Marker中删除types.Alert实例,Marker的功能会在后面详细介绍
            m.Delete(alert.Fingerprint())
        }
        a.mtx.Lock()// 加锁同步
        for i,l := range a.listeners { // 清理已关闭的listeningAlerts实例
            select {
            case <-l.done:
                delete(a.listeners,i)
                close(l.alerts)
            default:
            }
        }
        a.mtx.Unlock()
    })
    a.alerts.Run(ctx)// 启动后台goroutine, 定期清理已恢复的报警
    return a,nil
}
```

在store.Alerts.Run（）方法中会启动一个goroutine，它会定期调用gc（）方法清理已恢复的报警，并将待清理的报警传入GCCallback回调方法处理，相关实现如下。

```
func(a *Alerts)gc(){ // 省略加锁解锁的相关代码
    resolved := []*types.Alert{}
    for fp,alert := range a.c {
        if alert.Resolved(){
            delete(a.c,fp)
            resolved = append(resolved,alert)// 记录已恢复的报警
        }
    }
    a.cb(resolved)// 将已恢复的报警传入GCCallback回调函数处理
}
```

10.4　Dispatcher

AlertManager 中的 Dispatcher 模块是告警分发器，它会通过订阅的方式从 10.3 节介绍的 Alert Provider 模块获取告警信息。Dispatcher 结构体的核心字段如下。

- route（*Route 类型）：Route 的核心功能是过滤告警信息。Dispatcher 中以树形结构维护多个 Route 实例，这里的 route 字段即为 Route 树的根节点，所有告警都要经过 Route 树的过滤。Route 结构体的核心字段如下。

  - parent（*Route 类型）、Routes（[]*Route 类型）：当前 Route 实例的父子节点。

  - Matchers（types.Matchers 类型）：告警信息的匹配器，目前支持 equal 匹配和正则匹配。

  - Continue（bool 类型）：当一条告警信息匹配到一个 Route 之后，是否继续向同一层级的 Route 传递。

- aggrGroups（map[*Route]map[model.Fingerprint]*aggrGroup 类型）：经过 Route 树的过滤之后，每个 Route 节点都会将与之匹配的告警信息按照指定的分组 Label 分成多个 aggrGroup 组进行管理。aggrGroup 会暂存报警信息，并定期进行发送，其核心字段如下。

  - labels（model.LabelSet 类型）：参与分组的 Label。

  - routeKey（string 类型）：对应 Route 在树中的唯一标识，这里以根节点到该 Route 节点的路径作为唯一标识。

  - alerts（*store.Alerts 类型）：记录当前分组中的告警，store.Alerts 存储的大致实现在前面已经详细介绍过了，这里不再赘述。需要注意的是，这里使用的 store.Alerts 实例默认 15min 清理一次报警信息。

  - next（*time.Timer 类型）：用于定时发送当前 aggrGroup 实例中存储的告警。

- alerts（provider.Alerts 类型）：Dispatcher 订阅的 Alert Provider，其中 provider.Alerts 接口及其实现在 10.3 节已经详细介绍过了，这里不再重复。

- stage（notify.Stage 类型）：告警处理的核心流程，10.5 节会深入分析 Stage 接口及其核心实现。

图 10-3 展示了 Dispatcher 结构体的核心结构。

在AlertManager的启动流程中，完成Dispatcher初始化之后会立即启动一个goroutine
执行其Run()方法，大致实现如下。

```
func(d *Dispatcher)Run(){
    // 省略加锁解锁的相关代码
    // 初始化aggrGroups字段,aggrGroup主要负责告警分组，后面会详细分析aggrGroup的实现
    d.aggrGroups = map[*Route]map[model.Fingerprint]*aggrGroup{}
    d.run(d.alerts.Subscribe())// 调用Subscribe()方法进行订阅，获取报警迭代器
}
```

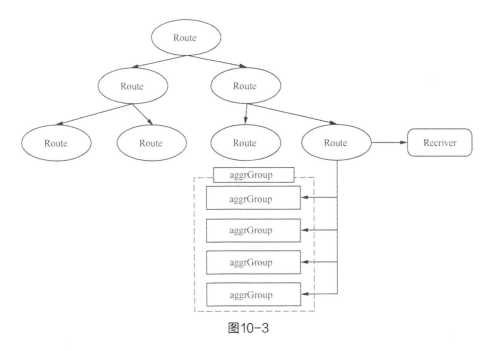

图10-3

在Dispatcher.run()方法中会通过Alerts.Subscribe()方法返回的AlertIterator迭代器监
听Alert Provider新写入的告警，并调用processAlert()方法进行处理，同时还会定期清理
空闲的aggrGroup实例，具体实现如下。

```
func(d *Dispatcher)run(it provider.AlertIterator){
    cleanup := time.NewTicker(30 * time.Second)// 清理空闲aggrGroup的定时器，默认30s
    // 当run()方法结束的时候，会关闭AlertIterator迭代器以及cleanup定时器（略）
    for {
        select {
        case alert,ok := <-it.Next(): // 订阅Alert Provider中的告警信息
            // 发生异常时会输出日志（略）
            for _,r := range d.route.Match(alert.Labels){ // 查找该告警匹配的Route节点
```

```
            d.processAlert(alert,r)// 处理报警
        }
    case <-cleanup.C: // 定期清理空闲的aggrGroup
        for _,groups := range d.aggrGroups {
            for _,ag := range groups {
                if ag.empty(){ // 只清理空闲的aggrGroup实例
                    ag.stop()
                    delete(groups,ag.fingerprint())
                }
            }
        }
    case <-d.ctx.Done(): // 当调用 Dispatcher.Close() 方法之后，会结束当前 goroutine
        return
    }
}
}
```

整个Dispatcher.run（）方法的核心就是Route.Matcher（）方法和processAlert（）方法。Route.Match（）方法会使用前面提到的Route树匹配当前告警的Label集合，该方法返回所有匹配成功的Route节点，具体实现如下。

```
func(r *Route)Match(lset model.LabelSet)[]*Route {
    if !r.Matchers.Match(lset){ // 检测该告警是否与当前Route节点匹配
        return nil
    }
    var all []*Route // 用于记录与该告警匹配的Route节点
    for _,cr := range r.Routes { // 继续匹配当前Route的子Route节点
        matches := cr.Match(lset)// 递归
        all = append(all,matches...)// 记录匹配的Route节点
        // 如果在当前层级已匹配成功，则会根据Continue配置决定是否继续匹配当前层级后续的Route节点
        if matches != nil && !cr.Continue {
            break
        }
    }
    if len(all)== 0 { // 若无子Route节点匹配成功，则返回当前Route实例
        all = append(all,r)
    }
    return all
}
```

接下来看Dispatcher.processAlert（）方法，它首先会根据Route节点的配置查找参与分

组的Label并为这些Label生成唯一标识（fingerprint），之后查找当前Route对应的aggrGroup集合以及当前报警所属的aggrGroup实例，若查找失败则会新建aggrGroup实例并启动关联的goroutine，最后会将告警写入aggrGroup.alerts字段中暂存。Dispatcher.processAlert()方法的具体实现如下。

```
func(d *Dispatcher)processAlert(alert *types.Alert,route *Route){
    groupLabels := getGroupLabels(alert,route)// 获取参与分组的Label
    fp := groupLabels.Fingerprint()// 计算分组Label的唯一标识
    group,ok := d.aggrGroups[route] // 查询Route实例对应的aggrGroup实例
    if !ok {
        // 查找失败，则创建aggrGroup集合与该Route实例关联
        group = map[model.Fingerprint]*aggrGroup{}
        d.aggrGroups[route] = group
    }
    ag,ok := group[fp] // 根据分组Label的唯一标识查询对应的aggrGroup实例
    if !ok { // 查找失败，则创建aggrGroup实例并记录到对应的aggrGroup集合中
        ag = newAggrGroup(d.ctx,groupLabels,route,d.timeout,d.logger)
        group[fp] = ag
        // 启动goroutine执行aggrGroup.run()方法,run()方法会根据next字段定时执行flush()方法
        go ag.run(func(ctx context.Context,alerts ...*types.Alert)bool {
            _,_,err := d.stage.Exec(ctx,d.logger,alerts...)// Pipeline开始处理告警
            // 省略异常处理的相关代码
            return err == nil
        })
    }
    // 将告警写入该分组暂存，其核心逻辑就是调用了store.Alerts实例的Set()方法，这里不再重复
    ag.insert(alert)
}
```

在aggrGroup.run()方法中会定时调用aggrGroup.flush()方法,flush()方法会整理当前分组中的所有告警,并回调notify函数,最后将已恢复的报警删除掉。正如在Dispatcher.processAlert()方法中看到的,notify回调函数会将告警交给Pipeline进行处理，大致实现如下。

```
func(ag *aggrGroup)flush(notify func(...*types.Alert)bool){
    // 检测当前分组是为空，如果为空，则直接返回（略）
    var(
        alerts     = ag.alerts.List()// 获取当前分组中的全部告警信息
        // alertsSlice是[]*types.Alert的类型别名，定义alertsSlice的主要目的是排序
        alertsSlice = make(types.AlertSlice,0,ag.alerts.Count())
    )
```

```
        now := time.Now()
        for alert := range alerts { // 检测告警是否已恢复，若已恢复则需更新 EndsAt 字段
          a := *alert
          if !a.ResolvedAt(now){ // 对于已恢复的告警，会将其 EndsAt 字段设置成当前时间
            a.EndsAt = time.Time{}
          }
          alertsSlice = append(alertsSlice,&a)
        }
        sort.Stable(alertsSlice)// 按照告警时序的 job 和 instance 进行排序
        if notify(alertsSlice...){  // 通过 notify() 函数处理告警
          for _,a := range alertsSlice { // 遍历上述告警信息
            fp := a.Fingerprint()
            got,err := ag.alerts.Get(fp)
            // 将已恢复的报警从当前分组中删除，这里判断 UpdatedAt 字段是为了防止因前面的告警合并，导致
            // 误删
            // 未恢复的报警需要继续存储，后续的告警可能会与当前的未恢复告警合并
            if a.Resolved()&& got.UpdatedAt == a.UpdatedAt {
              if err := ag.alerts.Delete(fp); err != nil ... // 省略异常处理的相关代码
            }
          }
        }
      }
```

另外需要注意的是，aggrGroup.run() 方法在调用 flush() 方法之前，会在 Context 上下文中记录一些信息，这些信息在 Pipeline 处理告警的流程中使用到，相关代码片段如下。

```
// 记录 GroupKey,aggrGroup 的 GroupKey 是由其 routeKey 和 labels 连接而成的
ctx = notify.WithGroupKey(ctx,ag.GroupKey())
// 记录 aggrGroup 对应的 Label 信息
ctx = notify.WithGroupLabels(ctx,ag.labels)
// 记录该 aggrGroup 对应的 Receiver 信息,Receiver 记录告警接收者的相关配置,aggrGroup 与 Route 之
// 间是多对一的关系，而每个 Route 会关联一个 Receiver
ctx = notify.WithReceiverName(ctx,ag.opts.Receiver)
// RepeatInterval 用于控制相邻两条报警最近的时间戳，后面介绍 DedupStage 时会看到该信息的作用
ctx = notify.WithRepeatInterval(ctx,ag.opts.RepeatInterval)
```

10.5　Pipeline

Pipeline是AlertManager中的逻辑概念，主要负责定义告警处理的流程，本质上它是由多个Stage实例串联而成的。Stage接口中只定义了用于处理告警的Exec()方法，它由多个实现组成，如图10-4所示，本节将详细介绍Stage接口的核心实现。

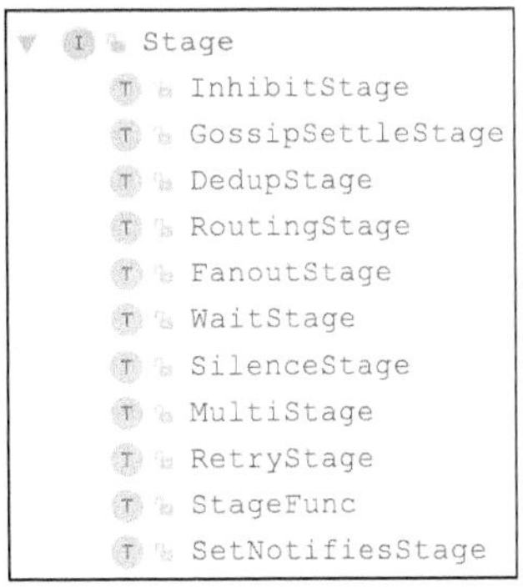

Pipeline是典型的责任链模式，告警信息被一个Stage实例处理完成之后会传递给下一Stage实例进行处理，直至Pipeline结束。需要注意的是，有一些Stage实现只负责串联其他Stage实例，这种Stage实现只会传递告警，不会对告警信息进行处理。这里简单介绍一下这类Stage实例的功能和使用场景，具体如下。

图10-4

- RoutingStage ：它实际是map[string]Stage的类型别名。

  正如前面介绍的BuildPipeline()方法，其中key是Receiver的名称，value则是MultiStage实例。

- MultiStage ：它实际是[]Stage的类型别名。在BuildPipeline()方法中，它负责将公用的InhibitStage实例、SilenceStage实例与每个Notifier私有的Stage实例串联起来。

- FanoutStage ：它也是[]Stage的类型别名。FanoutStage与MultiStage有两点不同。

  - FanoutStage在执行其中维护的Stage实例时，是为其单独启动一个goroutine执行的；MultiStage则是顺序执行其中维护的Stage实例。

  - FanoutStage在执行每个Stage实例时，并不关心其返回值；而MultiStage则是将上一个Stage实例的返回值将作为下一个Stage实例的参数。

FanoutStage主要在createStage()函数中使用，它实际上还是维护了多个MultiStage实例，而MultiStage则维护了后面将要介绍的DedupStage、RetryStage等实例。createStage()函数的具体实现如下。

```
func createStage(rc *config.Receiver,tmpl *template.Template,wait func()time.Duration,
notificationLog NotificationLog,logger log.Logger)Stage {
    var fs FanoutStage
```

```
for _,i := range BuildReceiverIntegrations(rc,tmpl,logger){
    recv := &nflogpb.Receiver{ GroupName:   rc.Name,Integration: i.name,
        Idx:          uint32(i.idx),
    }
    // 一个 Receiver 可以配置多个 Notifier, 每个 Notifier 私有的 Stage 由这里的 MultiStage 维护
    var s MultiStage // 创建并填充 MultiStage 实例
    s = append(s,NewWaitStage(wait))
    s = append(s,NewDedupStage(i,notificationLog,recv))// 创建 DedupStage
    s = append(s,NewRetryStage(i,rc.Name))// 创建 RetryStage
    s = append(s,NewSetNotifiesStage(notificationLog,recv))// 创建 SetNotifiesStage
    fs = append(fs,s)// 将上述 MultiStage 添加到 FanoutStage 中
}
return fs
}
```

前面介绍 Dispatcher 结构体时提到, 其 stage 字段即为 Stage 类型, 也是 Pipeline 的入口。Dispatcher.stage 字段由 notify.BuildPipeline() 函数初始化, 具体实现如下。

```
func BuildPipeline(confs []*config.Receiver,tmpl *template.Template,
    wait func()time.Duration,muter types.Muter,silences *silence.Silences,
    notificationLog NotificationLog,marker types.Marker,
    peer *cluster.Peer,logger log.Logger,
)RoutingStage {
    rs := RoutingStage{} // RoutingStage 实际是 map[string]Stage 的类型别名
    ms := NewGossipSettleStage(peer)// 创建 GossipSettleStage
    is := NewInhibitStage(muter)// 创建 InhibitStage
    ss := NewSilenceStage(silences,marker)// 创建 SilenceStage

    for _,rc := range confs {
        // 根据传入的 Receiver 配置创建对应的 MultiStage 实例, 注意, 其中共用了一个 InhibitStage 实例
        // 以及 SilenceStage 实例
        rs[rc.Name] = MultiStage{ms,is,ss,
            createStage(rc,tmpl,wait,notificationLog,logger)}
    }
    return rs
}
```

图 10-5 展示了 Route 节点、Receiver 以及 Pipeline 之间的对应关系, 同时也详细展示了 Pipeline 中各个 Stage 实现之间的封装关系。

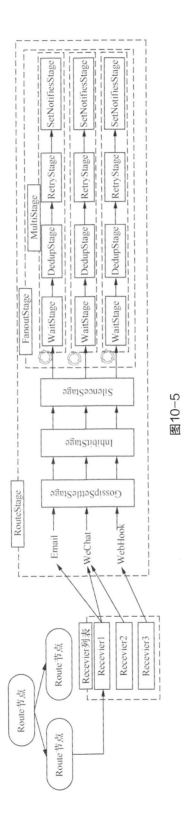

图10-5

10.5.1 Gossip 协议简介

前文提到 AlertManager 是 Prometheus 生态中非常重要的组件，如果 AlertManager 以单点形式部署，则在该单点宕机的时候，就会导致整个监控系统无法及时发送告警，这在大多数实践场景中是不可接受的。

在实际应用中，AlertManager 都会以集群的方式进行部署，AlertManager 集群中的各个节点是相互平等的，没有 Master-Slave 的概念。Prometheus Server 可以将告警信息发送到 AlertManager 集群中的任意节点，AlertManager 集群内部通过 Gossip 协议进行交互，保证告警通知不会被重复发送。

Gossip 协议是一种去中心化的、最终一致性的算法，Gossip 协议的收敛速度是指数级的。Gossip 协议在分布式环境中应用广泛，主要用于实现节点之间的状态同步，例如 ElasticSearch、Cassandra、CockroachDB 等分布式存储中都涉及了 Gossip 协议或其变形。

Gossip 协议的特点是，在一个有界网络中，每个节点都随机地与其他节点通信，一条状态信息经过杂乱无章的传播之后，最终网络中的全部节点都会收到该信息。这里有一个前提——该网络必须是连通的，也就是说，从任意一个节点出发，中间不管经过多少个节点，最终都可以到达网络中的所有节点。正如 Gossip 协议的名字，其信息的传播过程类似于"流言蜚语"或"疫情传播"，最终大家都会得知该消息。这也说明 Gossip 协议实现的是最终一致性，它无法保证网络中各节点的状态时刻保持一致。

Gossip 协议常见的实现方式有 3 种。

● Push 方式：在 Gossip 集群中某一节点 A 收到一条信息之后，会随机地从集群中选择一个或多个节点，这里假设选择了节点 B，并向其发送相应的消息。节点 B 收到该消息之后会重复相同的操作（但不会再选择节点 A 了），直至该信息传播到集群中的所有节点。

● Pull 方式：节点 A 会定期从集群中随机选择一个或多个节点，然后发起请求拉取信息，如果有新信息则会进行同步。

● Pull+Push 方式：上述两种方式的结合。

在了解了 Gossip 协议之后，来看 AlertManager 集群是如何基于 Gossip 协议实现告警高可用的。如图 10-5 所示，在 AlertManager 集群中的某个节点接收到 Prometheus Server 告警消息之后，会按照 Pipeline 中定义的流程对告警进行处理，大致流程如下。

■　进入 GossipSettleStage，它负责等待整个 AlertManager 集群稳定下来。

GossipSettleStage的实现将在后面详细介绍。

- 进入InhibitStage进行处理，InhibitStage会根据配置文件中指定的告警抑制规则的抑制告警。告警抑制规则以及InhibitStage的具体实现将在后面详细分析。

- 进入SilenceStage进行处理，SilenceStage会查找与当前告警匹配的静默规则。如果有匹配的静默规则，则Pipeline对该告警的处理到此结束，不发送任何通知；否则继续后续的处理步骤。

- WaitStage主要负责让步等待的功能，当前AlertManager节点在处理该告警消息时会按照它在集群中的顺序（index）等待index * 5s（默认值）的时间。WaitStage的具体实现将在后面详细分析。

- 进入DedupStage，它会判断当前AlertManager集群是否已经发送过该告警通知，如果已经发送，则Pipeline处理到此结束；否则继续后续的步骤。

- RetryStage主要负责发送告警通知失败时的重试逻辑，SetNotifiesStage负责将告警通知按照Receiver指定的方式发送出去。

在上述内容中有两个存储组件涉及Gossip协议，具体如下。

- 一个是静默规则的存储（也就是下面将要介绍的silence.Silences存储）。当AlertManager节点启动的时候，会从其他节点同步静默规则的信息；当用户通过HTTP API添加静默规则时，会通过Gossip协议通知到其他节点，进而扩散到整个集群；当然，也会接收并存储集群中其他节点传播过来的静默规则。

- 另一个是发送日志的存储（也就是下面要介绍的nflog.Log存储）。它同样是在AlertManager节点加入集群时，与其他节点同步发送日志；在有告警通知发送之后，会通过Gossip协议将该日志扩散到整个集群；也会接收并存储集群中其他节点传播过来的发送日志。

10.5.2　GossipSettleStage

当AlertManager集群刚启动或AlertManager节点刚加入集群时，集群中各节点的状态是不一致的，此时还不具备处理告警通知的能力，需要等待节点之间进行数据同步。GossipSettleStage会监听当前AlertManager节点与集群其他节点之间的同步状态，并阻塞等待同步结束，该过程一般可以在秒级完成，默认超时时间是2s。

AlertManager中的cluster模块负责完成集群相关的操作。在集群模式下，GossipSettleStage

通过其 peer 字段（cluster.Peer 类型），监听当前 AlertManager 节点的同步状态，具体实现如下。

```
func(n *GossipSettleStage)Exec(ctx context.Context,l log.Logger,
        alerts ...*types.Alert)(context.Context,[]*types.Alert,error){
    if n.peer != nil { // 在集群模式下,peer字段不为空；在单机模式下,peer字段为空
        // 实际是阻塞监听cluster.Peer.readyC通道的关闭。当前AlertManager节点与其他节点同步结束
        // 时会关闭该通道
        n.peer.WaitReady()
    }
    return ctx,alerts,nil
}
```

10.5.3　InhibitStage

在大多数场景中，告警是有级别的划分的，例如，当同一个监控对象同时出现多个不同级别的告警时，用户可能会期望只接收高级别告警优先进行处理，同时也避免低级别告警对问题的排查造成干扰。此时就可以使用 AlertManager 提供的"告警抑制"功能，该功能由 InhibitStage 实现。

这里首先介绍一下 AlertManager 配置文件中"告警抑制"相关的配置（inhibit_rule 配置项）。inhibit_rule 配置有 target、source 和 equal 共 3 部分，这 3 部分都是用于定义 Label 的。inhibit_rule 配置的含义是，当存在匹配 source 部分的告警时，匹配 target 部分的告警就会被忽略，当然这是有前提的：equal 部分指定了多个 Label Name，两条告警中的这些（equal 部分指定的）Label 相同，才会有上述抑制作用。下面是 inhibit_rule 配置的示例，其含义是，若出现了 critical 级别的报警，就会忽略 warning 级别的报警。

```
inhibit_rules:
- source_match:
    severity: 'critical'
  target_match:
    severity: 'warning'
  equal: ['alertname','cluster','service']
```

AlertManager 在加载配置文件时会读取上述 inhibit_rule 配置，之后会将其转换成 InhibitRule 实例，InhibitRule 结构体中除包括与 inhibit_rule 配置项一一对应的字段之外，还包含一个 scache 字段（*store.Alerts 类型）用于缓存匹配 source 的告警，store.Alerts 的具体实现在前面已经介绍过了，这里不再重复。

types.Muter 接口是 InhibitStage 涉及的一个重要接口，其中只定义了一个 Mutes()方

法，它会根据告警的Label集合检测该条告警是否应被抑制。Inhibitor结构体是types.Muter接口的实现之一，其中缓存了当前正在被触发的告警以及前面加载的InhibitRule实例，Inhibitor结构体的核心字段如下。

- alerts（provider.Alerts类型）：关联的Alert Provider，Alert Provider存储的内容在前面的章节已经介绍过了，这里不再重复。

- rules（[]*InhibitRule类型）：当前Inhibitor实例关联的InhibitRule集合。

- marker（types.Marker类型）：用于记录告警状态。

InhibitStage中只有muter（types.Muter类型，即Inhibitor实例）这一个字段，其Exec()方法的大致实现如下。

```
func(n *InhibitStage)Exec(ctx context.Context,l log.Logger,alerts ...*types.Alert)
(context.Context,[]*types.Alert,error){
  var filtered []*types.Alert
  for _,a := range alerts { // 遍历待处理的告警
    if !n.muter.Mutes(a.Labels){ // 通过Inhibitor.Mutes()方法，将被抑制的告警过滤掉
      filtered = append(filtered,a)
    }
  }
  return ctx,filtered,nil // filtered集合中的告警将会被传递到后面的Stage中进行处理
}
```

在Inhibitor.Mute()方法中会根据前面InhibitRule中配置的信息以及已触发的告警（缓存在scache字段中）决定当前告警是否会被抑制，具体实现如下。

```
func(ih *Inhibitor)Mutes(lset model.LabelSet)bool { // 这里传入的参数是告警的Label集合
  fp := lset.Fingerprint()// 计算报警的唯一标识
  for _,r := range ih.rules { // 遍历InhibitRule配置
    // 实现equal配置项的功能，在InhibitRule.hasEqual()方法中，会遍历其关联的scache缓存，
    // 查找相应的报警（读者可以回顾一下前面介绍的equal配置项的作用以及store.Alerts的实现）
    if inhibitedByFP,eq := r.hasEqual(lset);
    // 只有target配置匹配的告警才会被抑制，并且匹配source和target配置的报警依然不能被抑制
        !r.SourceMatchers.Match(lset)&& r.TargetMatchers.Match(lset)&& eq {
      // Marker.SetInhibited()方法会将当前告警修改为AlertStateSuppressed(被抑制)状态，
      // 同时也会记录它是被哪个告警抑制的
      ih.marker.SetInhibited(fp,inhibitedByFP.String())
      return true
    }
  }
```

```
        ih.marker.SetInhibited(fp)// 未指明抑制原因，则将告警设置为AlertStateActive(激活)状态
        return false
    }
```

Marker接口负责记录告警状态信息，告警状态信息被抽象为AlertStatus结构体。在前面介绍的Inhibitor.Mutes()方法中也可以看到，当Inhibitor抑制某条告警的时候，会将其被抑制的状态（AlertStateSuppressed）以及被抑制的原因封装成AlertStatus实例，并记录到Marker实例中。后面介绍的SilenceStage也是依赖该Marker实例记录告警的静音状态。Marker接口的定义如下。

```
type Marker interface {
    // 将指定报警设置为AlertStateActive状态
    SetActive(alert model.Fingerprint)

    // 第一个参数指定了被抑制告警的唯一标识。第二个参数指定了被抑制的原因（被哪些告警抑制了），
    // 如果第二个参数未指定，则会将报警设置为AlertStateActive状态
    SetInhibited(alert model.Fingerprint,ids ...string)

    // 参数含义与SetInhibited()方法类似，不再重复
    SetSilenced(alert model.Fingerprint,ids ...string)

    Count(...AlertState)int // 统计指定状态的告警个数

    Status(model.Fingerprint)AlertStatus // 查询指定告警的状态信息

    Delete(model.Fingerprint)// 从Marker中删除指定告警的状态信息

    // 检测指定报警是否处于指定的状态
    Unprocessed(model.Fingerprint)bool
    Active(model.Fingerprint)bool
    Inhibited(model.Fingerprint)([]string,bool)// 第一个返回值为该告警被抑制的原因
    Silenced(model.Fingerprint)([]string,bool)
}
```

memMarker结构体是Marker接口的内存实现，其中只有一个m字段（map[model.Fingerprint]*AlertStatus类型）用于记录告警的状态信息。在前面介绍的Inhibitor.Mutes()方法中就调用了SetInhibited()方法设置报警状态，具体实现如下。

```
func(m *memMarker)SetInhibited(alert model.Fingerprint,ids ...string){
    s,found := m.m[alert] // 查找告警的状态信息
    if !found {  // 查找失败，则新增告警状态
        s = &AlertStatus{}
```

```
     m.m[alert] = s
   }
   if len(ids)== 0 && len(s.SilencedBy)== 0 { // 若未指定ids, 则不会再抑制告警
     m.SetActive(alert)
     return
   }
   s.State = AlertStateSuppressed  // 将报警设置为AlertStateSuppressed状态, 抑制告警
   s.InhibitedBy = ids // 记录告警被抑制的原因
}
```

InhibitStage如何实现告警抑制功能的核心实现就介绍完了, 有的读者会问, InhibitRule.scache 中缓存的已触发的告警是什么时机写入的呢？在AlertManager启动的时候, 会启动一个单独的goroutine来执行Inhibitor.Run( ) 方法, 其中主要完成两件事。

● 一个是调用所有InhibitRule.scache.Run( ) 方法。前面提到store.Alerts是一个基于内存的存储, 其Run( ) 方法会启动独立的goroutine定期清理过期数据。

● 另一个是启动单独的goroutine来执行Inhibitor.run( ) 方法, 该方法会订阅前面介绍的Alert Provider(与Dispatcher订阅方式相同), 当出现新告警的时候, Inhibitor 会根据InhibitRule中配置的source对告警进行过滤和缓存, 具体实现如下。

```
func(ih *Inhibitor)run(ctx context.Context){
  it := ih.alerts.Subscribe()// 订阅Alert Provider
  defer it.Close()// 关闭迭代器, 释放资源
  for {
    select {
    case <-ctx.Done():
      return
    case a := <-it.Next(): // 省略异常处理的相关代码
      for _,r := range ih.rules { // 遍历所有关联的InhibitRule实例
        if r.SourceMatchers.Match(a.Labels){ // 将与source配置匹配的告警缓存下来
          if err := r.scache.Set(a); err != nil ... // 省略异常处理的相关代码
        }
      }
    }
  }
}
```

10.5.4　SilenceStage

一般在收到告警通知之后, 告警接收人就会开始关注相关监控、排查问题, 同时通知

接收人关闭告警，在一段时间内不再接收相同的告警通知。AlertManager提供了告警静默的功能，即可以动态添加告警静默规则，符合静默规则的告警在一段时间内不会发出任何告警通知消息。

1. 写入Silence配置

AlertManager中的静默规则通过types.Silence来抽象。当HTTP API模块接收到新增（或更新）静默规则的请求时，会将HTTP请求体中携带的JSON数据反序列化成type.Silence实例，其核心字段如下。

- ID（string类型）：该types.Silence实例的唯一标识。

- Matchers（Matchers类型）：用于过滤告警，只有符合过滤条件的告警才会被当前Silence实例屏蔽掉。

- StartsAt、EndsAt（time.Time类型）：当前types.Silence实例屏蔽的时间范围。

- UpdatedAt（time.Time类型）：该types.Silence实例被更新的时间戳。

- CreatedBy（string类型）：该types.Silence实例的创建人。

- Comment（string类型）：该types.Silence实例的描述信息。

- Status（SilenceStatus类型）：该types.Silence的状态信息。SilenceStatus的可选值有SilenceStateExpired、SilenceStateActive和SilenceStatePending。

在API模块中可以看到，添加（或更新）Silence的接口（/api/v1/silences）是由API.setSilence()方法实现的。

```
func(api *API)setSilence(w http.ResponseWriter,r *http.Request){
  var sil types.Silence
  if err := api.receive(r,&sil); err != nil ... // 反序列化
  if sil.Expired(){ ...  // 检测types.Silence配置是否已过期，若过期，则返回错误信息（略）}
  // 检测types.Silence配置是否合法（略）
  psil,err := silenceToProto(&sil)// 将type.Silence实例转换成silencepb.Silence实例
  // 如果上述转换出现异常，则返回错误信息（略）
  sid,err := api.silences.Set(psil)// 保存Silence配置信息并返回ID
  // 如果上述转换出现异常，则返回错误信息（略）
  api.respond(w,struct { // 正常返回Silence的ID
    SilenceID string 'json:"silenceId"' }{
    SilenceID: sid,
  })
}
```

在上述方法中使用到的 silencepb.Silence 结构体与前面介绍的 type.Silence 结构体类似，这里不再展开介绍，感兴趣的读者可以参考其代码进行学习。

正如本章开始的图 10-1 所示，通过 API 接口添加的 Silence 配置会暂存到 Silence Provider 中，AlertManager 提供了一个基于内存的实现——Silences，其核心字段如下。

- st（state 类型）：记录 silencepb.Silence 的状态信息。state 是 map[string]*pb.MeshSilence 的类型别名，其中 key 是 Silence 的 ID，MeshSilence 则封装了 Silence 实例及其过期时长。

- mc（matcherCache 类型）：记录了每个 Silence 对应的 Matcher。

- retention（time.Duration 类型）：记录每个 Silence 配置过期之后的留存时长。默认每个 Silence 配置会在其过期之后继续留存 retention 字段指定的时长。

下面继续来看 Silences.Set() 方法，它完成了如下操作。

- 如果已存在 ID 相同的 silencepb.Silence 实例，则尝试进行修改。

- 若已有 silencepb.Silence 配置不可修改，则先将其设置为过期状态，这样就不会再影响任何告警。后续由新增 silencepb.Silence 的逻辑完成当前 silencepb.Silence 的存储。

- 生成新增 silencepb.Silence 的 ID，同时会调整 Silence.StartsAt 字段的值。

- 调用 Silences.setSilence() 方法存储该 silencepb.Silence 实例。

Silences.Set() 方法的具体实现如下。

```
func(s *Silences)Set(sil *pb.Silence)(string,error){
  // 省略加锁解锁的相关代码（略）
  now := s.now()// 获取当前时间戳
  prev,ok := s.getSilence(sil.Id)// 查询该ID是否已有对应的Silence
  // 如果是更新操作但未查找到Silence，则返回错误（略）
  if ok {
    if canUpdate(prev,sil,now){ // 检测当前Silence实例是否可以修改
      return sil.Id,s.setSilence(sil)// 修改Silence配置
    }
    // 若不可修改，则调整原有silencepb.Silence实例的起止时间，将其设置成
    // SilenceStateExpired状态，表示其已经过期，后面会继续新增Silence的逻辑
    if getState(prev,s.now())!= types.SilenceStateExpired {
      if err := s.expire(prev.Id); err != nil ... // 省略错误处理的相关代码
```

```
      }
    }
    sil.Id = uuid.NewV4().String()// 生成silencepb.Silence实例的ID
    if sil.StartsAt.Before(now){ // 校正StartsAt字段
      sil.StartsAt = now
    }
    return sil.Id,s.setSilence(sil)// 新增Silence
  }
```

接下来继续分析 Silences.setSilence() 方法，它会将 silencepb.Silence 实例封装成 MeshSilence 实例并存储到 Silences.st 这个 map 中，同时会调用 Silences.broadcast() 方法将该 silencepb.Silence 配置发送到集群中的其他节点。Silences.setSilence() 方法其具体实现如下。

```
func(s *Silences)setSilence(sil *pb.Silence)error {
    sil.UpdatedAt = s.now()
    if err := validateSilence(sil); err != nil ... // 检测silencepb.Silence实例是否合法

    msil := &pb.MeshSilence{ // 将silencepb.Silence封装成MeshSilence
      Silence:  sil,
      // 默认保存的时间是在Silence过期之后，继续保留一段时间
      ExpiresAt: sil.EndsAt.Add(s.retention),
    }
    s.st.merge(msil,s.now())// 添加或更新MeshSilence实例
    s.broadcast(b)// 集群模式下，会将该Silence发送到其他AlertManager节点
    return nil
  }
```

通过 API 接口写入 Silence 配置的流程就介绍到这里了。

2. 查询 Silence 配置

通过 Silences.Query() 方法可以实现查询 silencepb.Silence 配置的功能。这里首先需要了解一下 Query() 方法的参数：QueryParam 是 func(*query)error 的类型别名，它负责填充 Query 实例中的 filters 集合。query 结构体的核心字段如下。

- ids（[]string 类型）：该字段中指定了参与查询的 silencepb.Silence 实例的 ID。

- filters（[]silenceFilter 类型）：用于过滤 silencepb.Silence 配置的函数。

在 SilenceStage 中使用到了 QState() 和 QMatches() 两个函数，其中 QState() 函数会在 query.filters 集合中添加过滤 silencepb.Silence 状态的过滤器，具体实现如下。

```
func QState(states ...types.SilenceState)QueryParam {
   return func(q *query)error {
      f := func(sil *pb.Silence,_ *Silences,now time.Time)(bool,error){
         s := getState(sil,now)// 查询 Silence 的状态
         for _,ps := range states { // 根据指定状态进行过滤
            if s == ps {
               return true,nil
            }
         }
         return false,nil
      }
      // 将上面的过滤器添加到 Query 实例的 filters 字段中
      q.filters = append(q.filters,f)
      return nil
   }
}
```

QMatches（）函数在 query.filters 集合中添加的过滤器会根据传入的 Label 查询对应的 silencepb.Silence 实例，具体实现如下。

```
func QMatches(set model.LabelSet)QueryParam {
   return func(q *query)error {
      f := func(sil *pb.Silence,s *Silences,_ time.Time)(bool,error){
         m,err := s.mc.Get(sil)// 获取 Silence 关联的 Matcher，若出现异常，则直接返回 true
         return m.Match(set),nil // 匹配报警的 Label 集合
      }
      q.filters = append(q.filters,f)// 将上述过滤器添加到 Query 实例的 filters 字段中
      return nil
   }
}
```

这里关注一下 matcherCache 的实现（Silences.mc 字段），它是 map[*pb.Silence] types.Matchers 的类型别名，其中缓存的是 silencepb.Silence 实例与关联 Matcher 实例的映射关系。matcherCache 作为一个缓存，其 Get（）方法会根据 silencepb.Silence 实例查询对应的 Matcher 集合，若查找失败，则会将 Silence 实例关联的 Matcher 实例缓存到 matcherCache 中，具体实现如下。

```
func(c matcherCache)Get(s *pb.Silence)(types.Matchers,error){
   if m,ok := c[s]; ok { // 先尝试从缓存中查找
      return m,nil
   }
   return c.add(s)// 查找失败，将 Silence 中的 Matcher 加载到缓存中
}
```

下面是matcherCache.add（ ）方法的具体实现。

```
func(c matcherCache)add(s *pb.Silence)(types.Matchers,error){
  var(
    ms types.Matchers
    mt *types.Matcher
  )

  for _,m := range s.Matchers {
    mt = &types.Matcher{ Name: m.Name,Value: m.Pattern }
    switch m.Type {
    case pb.Matcher_EQUAL:
      mt.IsRegex = false  // 记录当前Matcher的类型,equal或regex
    case pb.Matcher_REGEXP:
      mt.IsRegex = true
    }
    err := mt.Init()// 如果该Matcher是正则表达式，则会在这里进行编译
    ms = append(ms,mt)
  }
  c[s] = ms // 将Matcher添加到matcherCache中
  return ms,nil
}
```

了解完 QState（ ）和 QMatchers（ ）函数之后，来看 Silences.Query（ ）方法，它会创建Query 实例并调用传入的 QueryParam 填充 Query 实例的 filters 字段，具体实现如下。

```
func(s *Silences)Query(params ...QueryParam)([]*pb.Silence,error){
  s.metrics.queriesTotal.Inc()
  sils,err := func()([]*pb.Silence,error){ // 查询Silence
    q := &query{} // 创建Query实例
    for _,p := range params { // 根据传入的QueryParam函数，填充Query实例中的filters字段
      if err := p(q); err != nil ... // 省略错误处理逻辑
    }
    return s.query(q,s.now())// 执行查询
  }()
  return sils,err
}
```

Silences.query（ ）方法是真正执行 query 查询的地方，它会根据 query.ids 集合过滤silencepb.Silence 实例，之后会使用 query.filters 字段中记录的过滤器进行过滤，silencepb.Silence实例全部通过过滤之后才会被返回，Silences.query（ ）方法的具体实现如下。

```
func(s *Silences)query(q *query,now time.Time) ([]*pb.Silence,error){
  var res []*pb.Silence
  if q.ids != nil {
    for _,id := range q.ids { // 根据query.ids集合确定参与查询的Silence
      if s,ok := s.st[id] ; ok {
        res = append(res,s.Silence)
      }
    }
  } else {
    for _,sil := range s.st { // 若query.ids为空,则全部Silence都会参与后续过滤
      res = append(res,sil.Silence)
    }
  }

  var resf []*pb.Silence
  for _,sil := range res {
    remove := false
    for _,f := range q.filters { // 遍历filters集合
      ok,err := f(sil,s,now)// 根据query.filters字段中的过滤器进行过滤, 省略异常处理
      if !ok { // 若Silence不符合条件,则会被过滤掉
        remove = true
        break
      }
    }
    if !remove { // 这里只记录符合过滤条件的Silence实例
      resf = append(resf,cloneSilence(sil))
    }
  }
  return resf,nil
}
```

查询Silence配置的核心逻辑就介绍完毕了。

AlertManager提供了"/api/v1/silences"和"/api/v1/silence/:sid"两个接口,前者用于查询所有Silence配置,后者用于查询单条Silence配置,两者底层都是调用本节介绍的Silences.Query()方法实现的,这里不再展开分析,感兴趣的读者可以参考代码进行学习。

3. SilenceStage分析

介绍完Silence配置的读写实现之后,回到SilenceStage继续进行分析。SilenceStage与InhibitStage相同,也是Stage接口的重要实现之一,还是AlertManager中提供告警静默功

能的 Stage 实现，其核心字段如下。

- silences(*silence.Silences 类型)：用于存储 Silence 配置信息。前面重点介绍了 Silences 的实现，这里不再重复。

- marker(types.Marker 类型)：用于记录报警状态信息，前面已经详细介绍过其实现，这里不再赘述。

SilenceStage 的 Exec() 方法会根据告警时序的 Label 信息从 Silences 中查询 Silence 配置，若存在有效的 Silence 配置，则在 Marker 中修改报警的对应状态。

```
func(n *SilenceStage)Exec(ctx context.Context,l log.Logger,alerts ...*types.Alert)
(context.Context,[]*types.Alert,error){
  var filtered []*types.Alert
  for _,a := range alerts { // 遍历待处理的告警
    sils,err := n.silences.Query(// 根据告警时序的Label以及状态查询silencepb.Silence实例
      silence.QState(types.SilenceStateActive),// 查询当前有效的silencepb.Silence实例
      silence.QMatches(a.Labels),
  )

    if len(sils)== 0 {
      filtered = append(filtered,a)
      // 没有匹配的silencepb.Silence实例，则将不会告警静默
      n.marker.SetSilenced(a.Labels.Fingerprint())
    } else {
      // 存在匹配的silencepb.Silence实例，则该告警不会向后面的Stage传递，不会发出相应通知
      ids := make([]string,len(sils))// 记录相关silencepb.Silence配置的ID
      for i,s := range sils {
        ids[i] = s.Id
      }
      // 将告警设置为AlertStateSuppressed状态，并记录静默的原因
      n.marker.SetSilenced(a.Labels.Fingerprint(),ids...)
    }
  }
  return ctx,filtered,nil
}
```

10.5.5 DedupStage

DedupStage 是 Stage 接口的另一重要实现，它主要用于实现告警通知的去重功能。在 AlertManager 集群中，当一个 AlertManager 节点发送一条告警通知时，会记录相应的发送日

志，同时通过Gossip协议将该发送日志发送到集群中的其他AlertManager节点。AlertManager节点再将发送日志记录到NotificationLog中，在发送告警通知之前，DedupStage会通过NotificationLog检测该告警是否已经发送过，从而实现去重的功能。

下面先来看一下NotificationLog接口的定义，其中只定义了Log()和Query()两个方法，分别用于写入和查询告警通知的发送日志。

```
type NotificationLog interface {
    Log(r *nflogpb.Receiver,gkey string,firingAlerts,resolvedAlerts []uint64)error
    Query(params ...nflog.QueryParam)([]*nflogpb.Entry,error)
}
```

Log结构体是NotificationLog接口的唯一实现，Log也是基于内存的实现，其核心字段如下。

- st（state类型）：state实际上是map[string]*pb.MeshEntry的类型别名，其中key是由前面介绍的aggrGroupKey以及Receiver构成的标识，在MeshEntry实例中记录了告警日志。

- retention（time.Duration类型）：st集合中发送日志的存活时长。

- runInterval（time.Duration类型）：在创建Log实例的时候，会同时启动一个后台goroutine来执行Log.run()方法，周期性地清理st字段中过期的发送日志。runInterval字段即为清理操作的间隔时间。

- snapf（string类型）：发送日志的快照信息。如果指定了该字段，则在创建Log实例时会将指定快照加载到st字段。

下面深入分析一下告警发送日志的写入流程。发送日志的写入由NotificationLog.Log()方法实现，它会查询st字段中是否存在告警对应的发送日志，若不存在，则会创建对应的MeshEntry记录并保存到st字段中，供后续查询使用。本地写入完成后，还会通过Gossip协议将发送日志传播到集群的其他节点。Log()方法的具体实现如下。

```
func(l *Log)Log(r *pb.Receiver,gkey string,firingAlerts,resolvedAlerts []uint64)
        error {
    key := stateKey(gkey,r)// 创建告警发送日志的 key
    if prevle,ok := l.st[key]; ok { // 通过 key 查询发送日志, 若已存在, 则直接更新其时间
      if prevle.Entry.Timestamp.After(now){
        return nil
      }
    }
```

```
    e := &pb.MeshEntry{ // 创建对应的发送日志
      Entry: &pb.Entry{
        Receiver:      r,
        GroupKey:      []byte(gkey),
        Timestamp:     now,
        FiringAlerts:  firingAlerts,
        ResolvedAlerts: resolvedAlerts,
      },
      ExpiresAt: now.Add(l.retention),// 设置MeshEntry实例的过期时间
    }
    b,err := marshalMeshEntry(e)// 将MeshEntry实例序列化
    l.st.merge(e,l.now())// 记录发送日志
    l.broadcast(b)// 将发送日志通过Gossip协议传播到其他AlertManager节点
    return nil
  }
```

发送日志的查询功能是由 NotificationLog.Query()方法实现的，该方法会根据传入的 QueryParam 集合，填充 nflog.query 实例。nflog.query 结构体中包含 groupKey 和 recv 两个字段，分别对应 aggrGroup 的唯一标识和告警的 Receiver。NotificationLog.Query()会根据 nflog.query 实例的这两个字段创建发送日志的 key，并据此在 st 集合中进行查找，最终返回查找到的发送日志。NotificationLog.Query()方法的具体实现如下。

```
  func(l *Log)Query(params ...QueryParam)([]*pb.Entry,error){
    // 省略记录监控的相关代码
    entries,err := func()([]*pb.Entry,error){
      q := &query{}
      for _,p := range params { // 遍历传入的QueryParam，填充Query实例
        if err := p(q); err != nil {
          return nil,err
        }
      }
      // 检测Query中各个字段是否合法（略）
      // 从st集合中查询对应的发送日志并将其返回
      if le,ok := l.st[stateKey(q.groupKey,q.recv)]; ok {
        return []*pb.Entry{le.Entry},nil
      }
      return nil,ErrNotFound // 查找失败，则返回空
    }()
    return entries,err
  }
```

在 Log 实例初始化的时候，会启动一个 goroutine 执行 Log.run()方法，该方法会周期

性地清理 st 集合中过期的日志，清理周期在 runInterval 字段中指定。如果 snapf 字段指定了快照文件的存储位置，则 run()方法会在清理操作完成之后创建快照文件，具体实现如下。

```
func(l *Log)run(){
    t := time.NewTicker(l.runInterval)// 创建定时器，每隔 runInterval 触发一次
    f := func()error {
        start := l.now()
        var size int64
        // Log.GC() 方法的实现与前面介绍的 store.Alerts 类似，其中会遍历 st 集合中存储的 MeshEntry
        // 记录，并将过期的 MeshEntry 记录删除掉（根据其 ExpiresAt 字段判断是否过期）
        if _,err := l.GC(); err != nil ...
        if l.snapf == "" { return nil } // 若 snapf 字段为空，则表示不需要生成快照文件
        // 创建 st 集合的快照文件，这里先创建临时快照文件，待快照数据写入完成之后，会对临时文件进行重
        // 命名，覆盖原有快照文件
        f,err := openReplace(l.snapf)
        if size,err = l.Snapshot(f); err != nil ...
        return f.Close()// 在 replaceFile.Close() 方法中会用临时文件覆盖原有快照文件
    }

Loop:
    for {
        select {
        case <-l.stopc: // 检测当前 Log 实例是否关闭
            break Loop
        case <-t.C: // 定时调用上面定义的 f() 函数，省略错误处理的相关代码
            if err := f(); err != nil ...
        }
    }
    // 检测 snapf 字段是否为空，若不为空，则最后执行一次 f() 函数，主要目的是创建最新的快照文件
    if err := f(); err != nil ...
}
```

介绍了 NotificationLog 的具体实现之后，再来分析 DedupStage 结构体，其核心字段如下。

- nflog（NotificationLog 类型）：用于记录报警的发送日志。

- recv（*nflogpb.Receiver 类型）：根据 config.Receiver 中的配置信息转换而来，用于记录告警接受者的信息。

DedupStage.Exec() 方法会调用 NotificationLog.Query() 方法查询历史发送日志，并根据当前告警以及历史发送日志确定是否执行后续的发送操作，大致实现如下。

```go
func(n *DedupStage)Exec(ctx context.Context,l log.Logger,alerts ...*types.Alert)
(context.Context,[]*types.Alert,error){
  gkey,ok := GroupKey(ctx)// 获取aggrGroup的GroupKey，如果未设置该值，则返回异常
  repeatInterval,ok := RepeatInterval(ctx)// 获取两次告警之间的时间间隔

  firingSet := map[uint64]struct{}{}
  resolvedSet := map[uint64]struct{}{}
  firing := []uint64{}
  resolved := []uint64{}
  var hash uint64
  for _,a := range alerts { // 根据当前告警的状态进行分组
    hash = n.hash(a)
    if a.Resolved(){ // 已恢复的告警集合
      resolved = append(resolved,hash)
      resolvedSet[hash] = struct{}{}
    } else { // 正在被触发的告警集合
      firing = append(firing,hash)
      firingSet[hash] = struct{}{}
    }
  }
  ctx = WithFiringAlerts(ctx,firing)// 将firing和resolved两个集合记录到Context中
  ctx = WithResolvedAlerts(ctx,resolved)
  // 从前面的NotificationLog中查询报警对应的发送日志
  entries,err := n.nflog.Query(nflog.QGroupKey(gkey),nflog.QReceiver(n.recv))

  var entry *nflogpb.Entry
  switch len(entries){
  case 0:
  case 1:
    entry = entries[0]
  case 2:
    return ctx,nil,fmt.Errorf("unexpected entry result size %d",len(entries))
  }
  // 检测是否需要发送报警
  if n.needsUpdate(entry,firingSet,resolvedSet,repeatInterval){
    return ctx,alerts,nil
  }
  return ctx,nil,nil
}
```

    DedupStage.needsUpdate（）方法会根据发送日志、当前告警集合以及告警间隔确定当前告警是否需要发送，其中主要从以下几个方面进行检测。

- 检测NotificationLog中是否已经有对应的告警发送日志，若没有则正常发送。

- 若已有相应的发送日志，则需要检测当前的firing集合与MeshEntry.FiringAlerts集合（上次发送告警通知时涉及的告警）是否匹配，若不匹配，则需要再次发送通知。

- 检测resolved集合与MeshEntry.ResolvedAlerts集合（上次发送恢复通知时涉及的告警）是否匹配，若不匹配，则需要再次发送通知。

- 检测MeshEntry中记录的发送日志距此次发送的时间间隔是否超过了repeatInterval字段指定的时长，若超过则可再次发送通知。

```go
func(n *DedupStage)needsUpdate(entry *nflogpb.Entry,firing,
      resolved map[uint64]struct{},repeat time.Duration)bool {
  if entry == nil {  // 之前没有发送过报警通知，则返回true
    return len(firing)> 0
  }
  if !entry.IsFiringSubset(firing){ // 当前firing不是已发送通知的子集，需要发送告警通知
    return true
  }
  if len(firing)== 0 { // 告警恢复，则需要发送告警恢复通知
    return len(entry.FiringAlerts)> 0
  }
  if n.conf.SendResolved()&& !entry.IsResolvedSubset(resolved){
    return true // resolved集合不是已发送恢复通知的子集，则需要发送恢复通知
  }
  // 若两次报警时间间隔超过repeat字段指定的时长，也可以发送
  return entry.Timestamp.Before(n.now().Add(-repeat))
}
```

10.5.6　RetryStage

由于网络抖动等原因，告警通知的发送并不是每次都会成功。RetryStage实现会在告警通知发送失败时进行重试。RetryStage.Exec()方法首先会根据Notifier的相关配置决定是否发送告警恢复的通知消息，之后会通过Notifier接口尝试发送告警通知，如果发送失败，则进行重试。RetryStage.Exec()方法的具体实现如下。

```go
func(r RetryStage)Exec(ctx context.Context,l log.Logger,alerts ...*types.Alert)
(context.Context,[]*types.Alert,error){
  var sent []*types.Alert
```

```
    if !r.integration.conf.SendResolved(){ // 根据配置决定是否发送恢复通知
      firing,ok := FiringAlerts(ctx)// 获取firing集合
      if len(firing)== 0 { // 如果告警恢复通知,则不执行后续发送逻辑,直接返回
        return ctx,alerts,nil
      }
      for _,a := range alerts { // 将恢复通知过滤掉
        if a.Status()!= model.AlertResolved {
          sent = append(sent,a)
        }
      }
    } else { // 告警通知和恢复通知都需要发送
      sent = alerts
    }


    var(
      i    = 0 // 重试次数
      b    = backoff.NewExponentialBackOff()// 退避时间
      tick = backoff.NewTicker(b)// 重试定时器
      iErr error
    )
    defer tick.Stop()

    for {
      i++
      // 在开始重试之前会先检查Context,确定当前操作是否已被取消(略)
      select {
      case <-tick.C: // 定时器到期,开始重试
        now := time.Now()
        // 通过Integration底层封装的Notifier实例完成告警通知和恢复通知的发送
        retry,err := r.integration.Notify(ctx,sent...)
        // 省略记录监控的相关代码
        if err != nil { // 根据err返回值确定是否发送成功
          if !retry { // 根据retry返回值确定是否需要重试
            return ctx,alerts,fmt.Errorf("...",r.integration.name,err)
          }
          iErr = err // 记录最后一次重试发送的错误信息,若Context被取消,则返回该异常
        } else {
          return ctx,alerts,nil
        }
      case <-ctx.Done(): // 检测Context,确定当前操作是否已被取消
        if iErr != nil {
          return ctx,nil,iErr // 若当前操作取消,并且iErr记录了前面发生的异常,则在这里返回
```

```
        }
        return ctx,nil,ctx.Err()
      }
    }
}
```

在上述 RetryStage.Exec() 方法中,通过调用 Integration.Notify() 方法完成通知的发送,其底层是通过 Notifier 接口实现的。Notifier 接口的定义如下。

```
type Notifier interface {
    Notify(context.Context,...*types.Alert)(bool,error)// 发送告警通知
}
```

AlertManager 默认提供了多个 Notifier 接口实现,如图 10-6 所示。为了降低阅读门槛,这里重点介绍 Webhook 的具体实现。

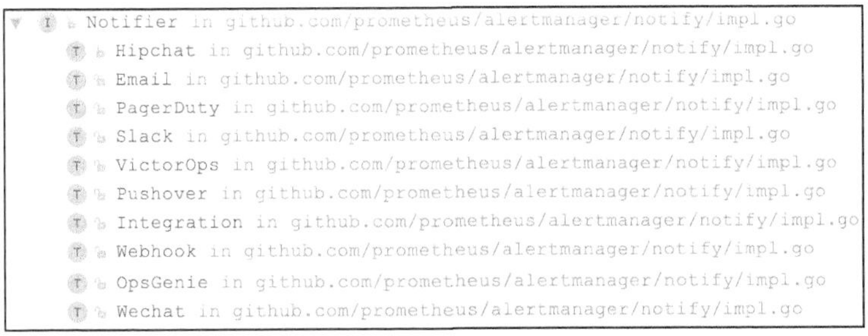

图10-6

Webhook 是常见的监听方式之一,它允许第三方应用监听系统的某些特定事件,例如这里的告警通知。当被监听的事件被触发时,Webhook 会通过 HTTP POST 方式调用第三方应用指定的 Web URL。在 Gitlab 中也提供了 Webhook 的功能,用户可以使用 Webhook 监听项目代码的 Push 事件,触发 Jenkins 的自动打包和部署。

下面来分析 Webhook.Notify() 方法的具体实现,其中首先会根据指定模板和告警信息生成最终要发送的告警通知内容,然后会将该内容封装成 WebhookMessage 实例并进行序列化,然后通过 HTTP POST 方式调用指定的 URL 将通知发送出去,最后检测 HTTP 响应码决定是否重试。Webhook.Notify() 方法的具体实现如下。

```
func(w *Webhook)Notify(ctx context.Context,alerts ...*types.Alert)(bool,error){
    // 根据模板以及告警信息创建最终的告警内容,这里不再展开介绍模板的相关内容,感兴趣的读
    // 者可以参考相关资料进行学习
    data := w.tmpl.Data(receiverName(ctx,w.logger),groupLabels(ctx,w.logger),alerts...)
```

```
groupKey,ok := GroupKey(ctx)
msg := &WebhookMessage{ // 创建 WebhookMessage
  Version:  "4",
  Data:     data,
  GroupKey: groupKey,
}

var buf bytes.Buffer
// 将 WebhookMessage 实例序列化成 JSON
if err := json.NewEncoder(&buf).Encode(msg); err != nil ... // 省略异常处理代码
// 通过 HTTP POST 方式发送告警内容
req,err := http.NewRequest("POST",w.conf.URL.String(),&buf)
req.Header.Set("Content-Type",contentTypeJSON)// JSON 格式
req.Header.Set("User-Agent",userAgentHeader)

c,err := commoncfg.NewClientFromConfig(*w.conf.HTTPConfig,"webhook")
resp,err := c.Do(req.WithContext(ctx))// 发送 http 请求并等待响应, 省略异常处理的相关代码
resp.Body.Close()
// 根据 Http 响应码决定是否重试, 如果响应码为 2XX 则表示成功, 5XX 则表示需要重试
return w.retry(resp.StatusCode)
}
```

其他的 Notifier 实现会针对不同的发送渠道进行相应实现，但大致原理类似，这里不再展开分析，感兴趣的读者可以参考其代码进行学习。

10.5.7　SetNotifiesStage

SetNotifiesStage 是本章要介绍的最后一个 Stage 接口实现。SetNotifiesStage 是 Pipeline 处理流程的最后一环。在成功发送告警通知之后，会将相应的发送日志写入本地 NotificationLog 中进行存储，同时也会通过 Gossip 协议将该发送日志传播给 AlertManager 集群的其他节点。这样，就可以与前面介绍的 DedupStage 配合，避免重复告警消息了。

SetNotifiesStage.Exec()方法的具体实现如下。

```
func(n SetNotifiesStage)Exec(ctx context.Context,l log.Logger,alerts ...*types.Alert)
(context.Context,[]*types.Alert,error){
  // 获取 GroupKey 以及通知标识, 在这里省略异常处理的相关代码
  gkey,ok := GroupKey(ctx)
  firing,ok := FiringAlerts(ctx)// 告警通知的标识
  resolved,ok := ResolvedAlerts(ctx)// 告警恢复通知的标识
```

```
    // 将发送日志写入本地 NotificationLog 中，同时也会将该日志发送到集群中的其他节点
    // NotificationLog 接口及其具体实现在前面已经详细分析过了，这里不再重复
    return ctx,alerts,n.nflog.Log(n.recv,gkey,firing,resolved)
}
```

10.6　cluster模块简析

前面提到，AlertManager 集群通过 Gossip 协议进行状态同步，AlertManager 并没有从零开始实现 Gossip 协议，而是使用了 hashicorp/memberlist 库。memberlist 是 HashiCorp 公司开源的 Gossip 协议实现库，这个库也被 HashiCorp 公司开源的 consul 服务发现组件所使用。

AlertManager 中的 cluster 模块依赖 memberlist 库实现了如下 4 个核心功能。

- AlertManager 节点加入集群时，与其他节点同步 Silence Provider 中记录的 Silence 配置。

- 通过 API 接口新增 Silence 配置时，将其传播到集群中的所有节点。

- AlertManager 节点加入集群时，与其他节点同步 NotificationLog 中记录的告警发送日志。

- 当发送告警通知时，将相应的发送日志传播到集群中的所有节点。

上述 4 点也是本节介绍的重点。

cluster 模块将 AlertManager 集群的每个节点抽象为 cluster.Peer 结构体，在 AlertManager 启动时，会为当前节点创建相应的 cluster.Peer 实例，同时还会将 Silence Provider 以及 NotificationLog 注册为需要同步的状态，相关的代码片段如下。

```
var peer *cluster.Peer
if *clusterBindAddr != "" {
    peer,err = cluster.Create(...)// 创建当前节点对应的 cluster.Peer 实例
}

notificationLog,err := nflog.New(notificationLogOpts...)// 创建 NotificationLog 实例
if peer != nil { // 注册 NotificationLog
    c := peer.AddState("nfl",notificationLog,prometheus.DefaultRegisterer)
    notificationLog.SetBroadcast(c.Broadcast)// 后面会介绍该广播函数的功能
}
```

```
silences,err := silence.New(silenceOpts)// 创建 Silence Provider 实例
if peer != nil { // 注册 Silence Provider
  c := peer.AddState("sil",silences,prometheus.DefaultRegisterer)
  silences.SetBroadcast(c.Broadcast)
}

if peer != nil {
  err = peer.Join(*reconnectInterval,*peerReconnectTimeout)
}
```

cluster.AddState（）方法会将 NotificationLog 实例以及 Silence Provider 实例记录到 Peer.states 字段中。在 Peer.Join（）方法中调用 memberlist 库的 pushPullNode（）方法，如图 10-7 所示，该方法会请求集群中的其他节点获取 Silence Provider 以及 NotificationLog 中的数据以完成同步。

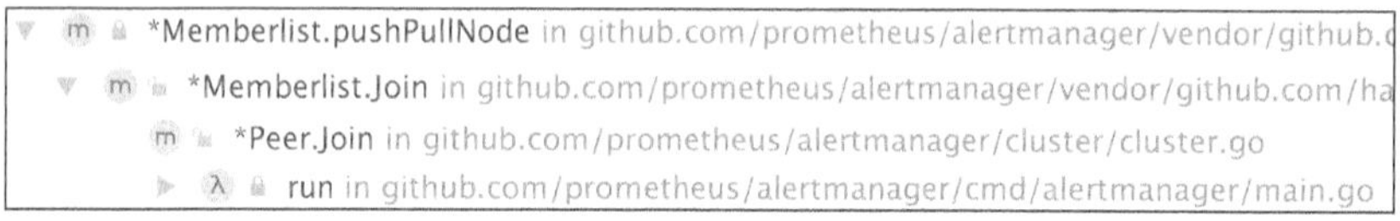

图 10-7

pushPullNode（）方法的大致实现如下。

```
func(m *Memberlist)pushPullNode(addr string,join bool)error {
    // 请求集群中的其他节点，获取其 Silence Provider 或 NotificationLog 中存储的数据
    remote,userState,err := m.sendAndReceiveState(addr,join)
    // 在 mergeRemoteState（）方法中会回调 Silence Provider 或 NotificationLog 的 Merge（）方法
    // 完成数据同步，这里省略异常处理的代码
    if err := m.mergeRemoteState(join,remote,userState); err != nil ...
    return nil
}
```

以 Silence Provider 的同步为例，在 mergeRemoteState（）方法中会调用 Silences.Merge（）方法，将其他节点的 Silence 配置同步到当前节点的 Silence Provider 中，调用关系如图 10-8 所示。

```
func(s *Silences)Merge(b []byte)error {
    st,err := decodeState(bytes.NewReader(b))// 解析从其他节点读取到的 Silence 配置信息
    now := s.now()
    for _,e := range st {
        // 通过 state.merge（）方法写入 MeshSilence 实例，如果存在 sid 相同的 MeshSilence 实例，则尝
        // 试合并并更新
```

```
        if merged := s.st.merge(e,now); merged && !cluster.OversizedMessage(b){
            s.broadcast(b)// 如果写入成功（或更新成功），则将该Silence配置信息传播给其他节点
        }
    }
    return nil
}
```

图10-8

NotificationLog在AlertManager启动时的同步流程与Silence Provider相同，这里不再展开分析，感兴趣的读者可以参考相关代码进行分析。

最后，简单介绍一下AlertManager节点实现Gossip广播的原理。这里依然以Silence为例进行介绍，在本章介绍Silence Provider时提到，将Silence配置保存到本地Silence之后，Silence Provider会调用Silences.broadcast()方法。在cluster.Peer.AddState()方法中会为当前AlertManager节点创建对应的cluster.Channel实例，并将其Broadcast()方法作为回调记录到Silences.broadcast字段中。

cluster.Channel.Broadcast()方法底层会调用cluster.Channel.send()方法将待广播的Silence配置写入memberlist.TransmitLimitedQueue队列中。memberlist.TransmitLimitedQueue的内部实现较为复杂，但它并不是本节介绍的重点，读者可以将其简单理解成一个缓冲队列，感兴趣的读者可以参考相关代码进行学习。

在AlertManager节点调用cluster.Create()方法创建cluster.Peer实例的同时，会启动单独的goroutine，定期从memberlist.TransmitLimitedQueue队列中获取待广播的消息（Silence配置），调用关系如图10-9所示。

图10-9

在 Memberlist.gossip( ) 方法中，首先会按照配置从 AlertManager 集群中随机获取一个（或多个）目标节点，然后再从 TransmitLimitedQueue 队列中读取待广播的消息进行发送，大致实现如下。

```go
func(m *Memberlist)gossip(){
    kNodes := kRandomNodes(...)// 从集群中获取选取 k 个目标节点
    for _,node := range kNodes {
      msgs := m.getBroadcasts(compoundOverhead,bytesAvail)
      // 调用 rawSendMsgPacket() 方法广播消息，省略异常处理逻辑
      if err := m.rawSendMsgPacket(addr,&node.Node,msgs[0]); err != nil ...
    }
}
```

在 rawSendMsgPacket( ) 方法中，首先会将待广播的消息进行序列化，然后调用 memberlist.NetTransport.WriteTo( ) 方法将这些数据通过 UDP 协议发送出去，大致实现如下。

```go
func(m *Memberlist)rawSendMsgPacket(addr string,node *Node,msg []byte)error {
    if m.config.EnableCompression { // 根据配置决定是否压缩数据
      buf,err := compressPayload(msg)
    }

    if node == nil { // 根据 Node 实例解析 UDP 包的目标地址
      toAddr,_,err := net.SplitHostPort(addr)
    }

    // 根据配置决定是否要对数据进行加密
    if m.config.EncryptionEnabled()&& m.config.GossipVerifyOutgoing {
      var buf bytes.Buffer
      primaryKey := m.config.Keyring.GetPrimaryKey()
      err := encryptPayload(m.encryptionVersion(),primaryKey,msg,nil,&buf)
      msg = buf.Bytes()
    }

    _,err := m.transport.WriteTo(msg,addr)// 调用 memberlist.NetTransport.WriteTo() 方法
    return err
}

func(t *NetTransport)WriteTo(b []byte,addr string)(time.Time,error){
    udpAddr,err := net.ResolveUDPAddr("udp",addr)
    _,err = t.udpListeners[0].WriteTo(b,udpAddr)// 发送 UDP 数据包
    return time.Now(),err
}
```

memberlist.NetTransport实例除具有发送UDP包的功能之外，还具有接收UDP包的功能。在cluster.Peer.Create()方法中，会调用NewNetTransport()函数创建memberlist.NetTransport实例，同时监听指定的IP地址和端口号，调用关系如图10-10所示。

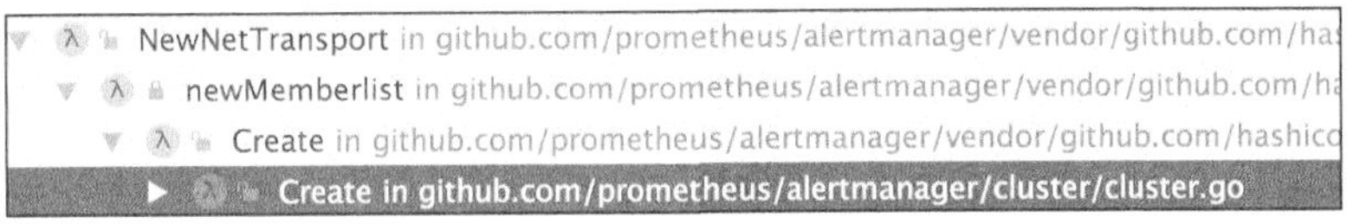

图10-10

相关代码片段如下。

```
func NewNetTransport(config *NetTransportConfig)(*NetTransport,error){
  t := NetTransport{...} //创建memberlist.NetTransport实例

  port := config.BindPort
  for _,addr := range config.BindAddrs { // 根据配置获取监听的IP地址和端口号
    ip := net.ParseIP(addr)
    tcpAddr := &net.TCPAddr{IP: ip,Port: port}
    tcpLn,err := net.ListenTCP("tcp",tcpAddr)
    t.tcpListeners = append(t.tcpListeners,tcpLn)
    udpAddr := &net.UDPAddr{IP: ip,Port: port}
    udpLn,err := net.ListenUDP("udp",udpAddr)
    t.udpListeners = append(t.udpListeners,udpLn)
  }

  for i := 0; i < len(config.BindAddrs); i++ {
    t.wg.Add(2)
    // 在指定IP和端口等待TCP连接请求,主要用于处理前面介绍的Silence Provider全量同步请求
    go t.tcpListen(t.tcpListeners[i])

    // 在指定IP和端口等待UDP包,主要用于接收单条Silence配置的广播
    go t.udpListen(t.udpListeners[i])
  }
  return &t,nil
}
```

在收到UDP数据包之后，NetTransport会将其写入packetCh（chan *Packet类型）通道中等待处理；在创建TCP连接之后，NetTransport会将其写入streamCh（chan net.Conn类型）通道中等待处理。在cluster.Peer.Create()中会启动两个goroutine，分别用于读取上述两个通道并处理其中的UDP数据包以及TCP连接，相关代码片段如下。

```
func newMemberlist(conf *Config)(*Memberlist,error){
    ... ...
    m := &Memberlist{...} // 创建 Memberlist 实例

    // 其他节点全量拉取当前节点的 Silence 配置以及当前节点主动 push 全量 Silence 配置等功能,都是通过
    // TCP 连接
    go m.streamListen()// 读取 streamCh 通道中的 TCP 连接并进行处理
    go m.packetListen()// 读取 packetCh 通道中的 UDP 数据包并进行处理
    return m,nil
}
```

无论是处理 TCP 请求还是处理 UDP 数据包,最终都会调用前面介绍的 Silences.Query()以及 Merge()方法完成 Silence 配置的读写,相关的代码这里不再展开介绍了,对 hashicorp/memberlist 库感兴趣的读者可以在此基础上继续深入分析。

10.7 本章小结

本章主要深入分析了 Prometheus 生态的告警项目——AlertManager。在本章开始,介绍了 AlertManager 中核心模块的功能以及整个 AlertManager 的核心架构。随后深入分析了 AlertManager 中每个核心模块的工作原理和具体实现,首先介绍了 AlertManager 接收告警信息的 HTTP API 接口,以及 AlertManager 中涉及的一些概念。

接下来,分析了 AlertManager 中存储告警信息的 Alert Provider 存储及其底层基于内存的存储实现。Dispatcher 是 AlertManager 中的告警分发器,它会监听 Alert Provider 存储,当监听到新的告警信息时,会交给 Router 树进行匹配,然后将匹配的告警信息分配到不同的 aggrGroup 组,这里的 aggrGroup 是按照告警的 Label 进行分组的。aggrGroup 实例会定期将对应的分组告警交个 Pipeline 处理。Pipeline 是 AlertManager 中的逻辑概念,它由一组 Stage 实例串联而成,是典型的"责任链"模式。每个 Stage 实例实现了告警处理的部分功能,Pipeline 通过组合不同的 Stage 实例定义了处理告警信息的流程。

然后,对 Stage 接口以及常用实现进行了深入的分析。在 AlertManager 集群刚启动或节点刚加入集群时,由 GossipSettleStage 负责等待当前节点与集群中其他节点的状态同步完成。InhibitStage 实现了"告警抑制"的功能,在实践中常见的使用就是告警的分级,相关的抑制规则需要在 AlertManager 配置文件中进行定义。SilenceStage 实现了"告警静默"的功能,用户可以通过 HTTP API 动态添加 Silence 配置(静默规则),让匹配的告警不再发送告警通知。在本地节点存储 Silence 配置的同时,还会通过 Gossip 协议将 Silence

配置的改动广播给整个集群。DedupStage实现了告警通知的去重功能，它会根据当前节点的NotificationLog存储（用于记录告警通知的发送日志），判断告警通知是否已由当前节点自身或其他节点发送过了，从而保证告警通知不会重复发送。RetryStage会在告警通知发送失败的时候进行重试。SetNotifiesStage会在告警通知发送成功之后，将发送日志记录到本地的NotificationLog存储，同时将其通过Gossip协议广播给其他节点。其他节点在收到该发送日志之后，会将其合并到自身的NotificationLog实现中，供DedupStage去重使用。

本章最后简单介绍了AlertManager中的cluster模块及其底层依赖的Gossip协议实现库——hashicorp/memberlist库，这里以Silence配置为例重点介绍了节点启动时的全量Silence配置的同步，以及单条Silence配置同步的大致实现。

希望通过本章的介绍，读者能够了解AlertManager的架构设计、核心原理以及相关实现，从而在实践中使用AlertManager时更加得心应手。

第11章

深入 Client

经过前面的介绍，大致了解了 Prometheus TSDB、Server 以及 AlertManager 的核心原理。Client、Exporter 或 Pushgateway 是 Prometheus 生态中常见的时序数据来源，Prometheus Server 会定期从它们暴露的 URL 地址处抓取时序数据。本章将详细介绍 Prometheus Client（Golang 版本）的核心实现，并对 Exporter 的实现原理进行说明。

11.1　数据类型

在 Prometheus Client 中有 4 种常用的数据类型，它们的含义如下。

- Counter：Counter 是一个累加的数据类型。一个 Counter 类型的指标只会随着时间逐渐递增（当系统重启的时候，Counter 指标会被重置为 0）。记录系统完成的总任务数量、系统从最近一次启动到目前为止发生的总错误数等场景都适合使用 Counter 类型的指标。

- Gauge：Gauge 指标主要用于记录一个瞬时值，这个指标可以增加也可以减少，比如 CPU 的使用情况、内存使用量以及硬盘当前的空间容量等。

- Histogram：Histogram 表示柱状图，主要用于统计一些数据分布的情况，可以计算在一定范围内的数据分布情况，同时还提供了指标值的总和。在大多数情况下，用户会使用某些指标的平均值作为参考，例如，使用系统的平均响应时间来衡量系统的响应能力。这种方式有个明显的问题——如果大多数请求的响应时间都维持在 100ms 内，而个别请求的响应时间需要 1s 甚至更久，那么响应时间的平均值体现不出响应时间中的尖刺，这就是所谓的"长尾问题"。为了更加真实地反映系统响应能力，常用的方式是按照请求延迟的范围进行分组，例如在上述示例中，可以分别统计响应时间在[0,100ms]、[100,1s]和[1s，∞]这3个区间的请求数，通过查看这3个分区中请求量的分布，就可以比较客观地分析出系统的响应能力。

- Summary：Summary 与 Histogram 类似，也会统计指标的总数（以_count作为后缀）以及sum值（以_sum作为后缀）。两者的主要区别在于，Histogram 指标直接记录了在不同区间内样本的个数，而 Summary 类型则由客户端计算对应的分位数。例如下面展示了一个 Summary 类型的指标，其中 quantile="0.5" 表示中位数，quantile="0.9" 表示九分位数。

```
# HELP prometheus_tsdb_head_gc_duration_seconds Runtime of garbage collection
# in the head block.
# TYPE prometheus_tsdb_head_gc_duration_seconds summary
prometheus_tsdb_head_gc_duration_seconds{quantile="0.5"} 0.00128098
prometheus_tsdb_head_gc_duration_seconds{quantile="0.9"} 0.001837322
prometheus_tsdb_head_gc_duration_seconds{quantile="0.99"} 0.004095822
prometheus_tsdb_head_gc_duration_seconds_sum 0.6309119349999994
prometheus_tsdb_head_gc_duration_seconds_count 422
```

下面展示的则是一个 Histogram 类型指标，其中 le="108" 记录了[0,108]区间内的样本数，以"_count"和"_sum"为后缀的指标分别记录了样本值的总和以及样本总个数。

```
prometheus_tsdb_compaction_chunk_size_bytes_bucket{le="108"} 0
prometheus_tsdb_compaction_chunk_size_bytes_bucket{le="162"} 327
prometheus_tsdb_compaction_chunk_size_bytes_bucket{le="243"} 643
... ...
prometheus_tsdb_compaction_chunk_size_bytes_bucket{le="+Inf"} 1700
prometheus_tsdb_compaction_chunk_size_bytes_sum 427336
prometheus_tsdb_compaction_chunk_size_bytes_count 1700
```

11.2 核心实现

了解了 Prometheus 提供的指标类型之后，本节将深入 Prometheus Client（Golang 版本），详细分析其内部实现。为了方便读者理解，本节会先以 Gauge 类型指标为例串联整个 Client 的核心逻辑，然后再介绍其他类型的指标。

在分析 Gauge 类型指标之前，先来简单介绍一下 Gauge 类型指标的基本使用方式，具体示例如下。

```
var(
    testMetric1 = prometheus.NewGauge(prometheus.GaugeOpts{ // 定义Gauge指标，该指标不带
                                                          // Label
        Name: "testMetric1",// 指标名称
        Help: "my first test metric",// 指标的说明
    })
    testMetric2 = prometheus.NewGaugeVec(prometheus.GaugeOpts{
        Name: "testMetric2",// 指标名称
        Help: "my second test metric",// 指标的说明
    },
    []string{"host"},// 该指标携带一个Label，其Label Name为host
)
)

func init(){
    // 在init()函数中注册前面定义的指标
    // testMetric1是通过prometheus包下的NewGauge()函数创建的，在promauto包中的NewGauge()
    // 函数中创建Gauge实例之后会自动完成注册
    prometheus.MustRegister(testMetric1)
    prometheus.MustRegister(testMetric2)
}

func main(){
    testMetric1.Set(65.3)// 更新指标值
    testMetric2.With(prometheus.Labels{"host": "myHost1"}).Inc()
    testMetric2.With(prometheus.Labels{"host": "myHost2"}).Inc()

    http.Handle("/metrics",promhttp.Handler())
    log.Fatal(http.ListenAndServe(":8888",nil))// 监听localhost:8888/metrics
}
```

执行上述main()函数，然后用浏览器访问http://localhost:8888/metrics，可以看到下面的相关监控数据。

```
# TYPE testMetric1 gauge
testMetric1 65.3
# HELP testMetric2 my second test metric
# TYPE testMetric2 gauge
testMetric2{host="myHost1"} 1
testMetric2{host="myHost2"} 1
```

11.2.1 Gauge

在Prometheus Client中使用Desc实例描述一个指标，其核心字段如下。

- fqName（string类型）：将Namespace、Subsystem和Name共3部分通过下划线连接起来。在NewGauge（）函数创建Gauge实例的时候，会从prometheus.GaugeOpts（prometheus.Opts的类型别名）之中获取上述3部分配置的值，并由BuildFQName（）函数完成连接，其实现比较简单，这里不再展开分析，感兴趣的读者可以参考其代码进行学习。

- help（string类型）：该指标的帮助信息。需要注意的是，fqName相同的指标需要有相同的help信息。

- constLabelPairs（[]*dto.LabelPair类型）：该指标的预设Label集合，这些Label会自动添加到该指标中。

- variableLabels（[]string类型）：该指标可以动态设置value的Label，该字段记录了这些Label Name。可以在程序中通过With（）方法设置对应的Label Value。

- id（uint64类型）：Desc的唯一标识，该值由fqName和ConstLabels计算得到。

- dimHash（uint64类型）：由constLabelPairs中的Label Name、variableLabels以及help信息共3部分计算得到的hash值。fqName相同的Desc实例拥有相同的dimHash值。

Metric和Collector是Prometheus Client中的核心接口。Metric接口是对时序的抽象（确定了指标名以及全部Label），它抽象了一个指标的基本行为，具体定义如下。

```
type Metric interface {
    Desc()*Desc // 返回Desc实例
    Write(*dto.Metric)error  // 将当前Metric实例的信息写到dto.Metric中
}
```

Collector接口是对收集器的抽象，它定义了收集监控数据的基本行为，具体如下。

```
type Collector interface {
    // Collect() 方法会将当前Collector负责收集的Metric写入指定的Channel中
    Collect(chan<- Metric)
    // Describe() 方法会将当前Collector负责收集的Metric关联的Desc实例写入指定的Channel中
    Describe(chan<- *Desc)
}
```

Metric 接口和 Collector 接口有很多实现，这里重点来看与 Gauge 相关的结构体，如图11-1所示。

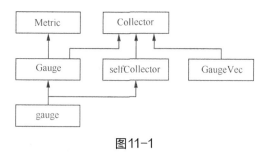

图11-1

Gauge 接口内嵌了 Metric 接口和 Collector 接口，并提供了修改 Gauge 类型指标值的相关方法，具体如下。

```
type Gauge interface {
   Metric // 内嵌Metric接口
   Collector // 内嵌Collector接口

   Set(float64)// 直接设置当前Gauge类型指标的值
   Inc()// 下面的4个方法用于增减当前Gauge类型的指标值
   Dec()
   Add(float64)
   Sub(float64)
   SetToCurrentTime()// 将当前的Gauge指标值设置成当前时间戳
}
```

selfCollector 结构体实现了 Collector 接口，其 Collect() 方法、Desc() 方法分别将当前指标对应的 Desc 实例以及 Metric 实例写入对应的 Channel 中，其实现比较简单，感兴趣的读者可以参考其代码进行学习。下面将要介绍的 gauge 结构体以及后面介绍的 counter、histogram 和 summary 等结构体都内嵌了 selfCollector 结构体。

gauge 结构体是 Gauge 接口的唯一实现，通过内嵌 selfCollector 结构体实现了自收集的功能，其核心字段如下。

● valBits（uint64 类型）：用于记录当前 Gauge 指标的值。

● desc（*Desc 类型）：当前 Gauge 指标对应的 Desc 实例。

● labelPairs（[]*dto.LabelPair 类型）：当前 Gauge 指标对应的全部 Label 集合。

gauge 结构体中的 Inc()、Dec()、Add(float64) 和 Sub(float64) 这4个方法都是通过调

用Add（）方法实现的，而Add（）方法底层则是依赖CAS操作实现的，具体实现如下。

```
func(g *gauge)Add(val float64){
    for {
        oldBits := atomic.LoadUint64(&g.valBits)// 加载当前值，原子操作者
        newBits := math.Float64bits(math.Float64frombits(oldBits)+ val)// 计算新值
        // 通过CAS操作实现更新
        if atomic.CompareAndSwapUint64(&g.valBits,oldBits,newBits){
            return
        }
    }
}
```

gauge.Write（）方法负责将当前指标的值以及Label集合填充到指定的dto.Metric实例中，相关实现如下。

```
func(g *gauge)Write(out *dto.Metric)error {
    val := math.Float64frombits(atomic.LoadUint64(&g.valBits))// 加载当前值，原子操作
    // 根据当前指标类型，将val值设置到dto.Metric对应的字段中
    return populateMetric(GaugeValue,val,g.labelPairs,out)
}

func populateMetric(t ValueType,v float64,labelPairs []*dto.LabelPair,m *dto.Metric)
error {
    m.Label = labelPairs // 填充dto.Metric中的Label字段
    switch t { // 根据指标类型填充对应字段
    case CounterValue:
        m.Counter = &dto.Counter{Value: proto.Float64(v)}
    case GaugeValue:
        m.Gauge = &dto.Gauge{Value: proto.Float64(v)}
    // 省略其他case条件和default
    }
    return nil
}
```

11.2.2 GaugeVec

在一些比较简单的场景中，一个指标只对应一条确定的时序数据，此时使用前面介绍的gauge结构体即可，例如本章开始的示例中的testMetric1。但是在某些场景中，一个指标需要对应多条时序（Label Name相同，但Label Value不同），例如本章最开始示例中的testMetric2，此时就需要使用GaugeVec来实现。

- metrics（map[uint64][]metricWithLabelValues 类型）：记录了当前 metricMap 涉及的全部 Metric 信息，其中 key 为可变 Label Value（variableLabels 以及 curry 中涉及的 Label Value）的 hash 值，metricWithLabelValues 中记录了具体的 Label Value 以及公共的 Desc 实例。

- desc（*Desc 类型）：metrics 中记录的全部 Metric 会共用该 Desc 实例。

- newMetric（func（labelValues ...string）Metric 类型）：用于创建 Metric 的回调函数。

- mtx（sync.RWMutex 类型）：读写锁，用于保护 metrics 的读写。

如图 11-2 所示，metricMap 结构体是 GaugeVec 结构体的核心，它也是后面要介绍的 CounterVec、HistogramVec 以及 SummaryVec 的核心。metricMap 结构体的核心字段如下。

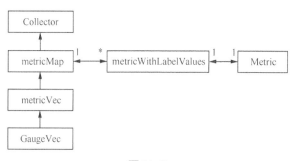

图11-2

在通过 GaugeVec.With() 或 WithLabelValues() 方法为同一个指标添加不同的 Label 时，实际的调用流程如图 11-3 所示。

这里以 With() 方法为线索进行分析，WithLabel Values() 方法与其十分类似，不再深入分析，感兴趣的读者可以参考代码进行学习。

在 With() 方法中，第一个较为关键的方法是 metricVec.hashLabels()。metricVec 结构体主要负责处理 Label 的柯里化，其 curry 字段（[]curriedLabelValue 类型）记录了已柯里化的 Label Value。在 metricVec.hashLabels() 方法中，会从传入的 Label 集合中获取 Label Value，并计算其 hash 值，大致流程如下。

```
func(m *metricVec)hashLabels(labels Labels)(uint64,error){
    // 首先检测传入的 Label 个数与期望的个数是否相同，其中包含已柯里化的 Label
    if err := validateValuesInLabels(labels,len(m.desc.variableLabels)-len(m.curry));
      err != nil... // 省略错误处理的相关代码

    var(
```

```
      h        = hashNew()
      curry    = m.curry
      iCurry int
  )
      for i,label := range m.desc.variableLabels {
          val,ok := labels[label]
          if iCurry < len(curry)&& curry[iCurry].index == i {
              if ok { // 如果该Label已完成了柯里化，则不能重复传递
                  return 0,fmt.Errorf("label name %q is already curried",label)
              }
              // 已柯里化的Label需要从curry集合中获取Label Value
              h = m.hashAdd(h,curry[iCurry].value)
              iCurry++
          } else {
              if !ok { // 未柯里化的Label必须在labels集合中设置Label Value
                  return 0,fmt.Errorf("label name %q missing in label map",label)
              }
              h = m.hashAdd(h,val)// 未柯里化的Label从传入的Label集合中获取Label Value
          }
          h = m.hashAddByte(h,model.SeparatorByte)// 添加分隔符
      }
      return h,nil
  }
```

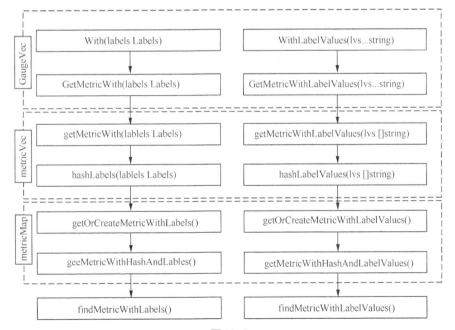

图11-3

接下来看 metricMap.getOrCreateMetricWithLabels() 方法，它首先获取读锁并根据前面计算得到的 hash 值、传入的 Label 集合等查找对应的 Metric，若查找失败，则会获取写锁，并写入新的 Metric 实例，具体实现如下。

```go
func(m *metricMap)getOrCreateMetricWithLabels(
    hash uint64,labels Labels,curry []curriedLabelValue,
)Metric {
    m.mtx.RLock()// 获取读锁
    metric,ok := m.getMetricWithHashAndLabels(hash,labels,curry)// 查找 Metric
    m.mtx.RUnlock()// 释放读锁
    if ok {
        return metric // 查询成功
    }

    m.mtx.Lock()// 上述查找失败，则获取写锁
    defer m.mtx.Unlock()// 方法结束时释放写锁
    // 为了防止并发导致的重复写入，这里会再次查找 Metric
    metric,ok = m.getMetricWithHashAndLabels(hash,labels,curry)
    if !ok {
        // 从根据 Desc.variableLabels 中提取 Label Value
        lvs := extractLabelValues(m.desc,labels,curry)
        metric = m.newMetric(lvs...)// 创建 Metric 实例
        // 将 Metric 封装成 metricWithLabelValues 实例记录到 metricMap 中，
        // 在 metricWithLabelValues 中封装了可变的 Label Value 以及 Metric 实例
        m.metrics[hash] = append(m.metrics[hash],
            metricWithLabelValues{values: lvs,metric: metric})
    }
    return metric
}
```

这里需要读者关注一下用于创建 Metric 实例的 newMetric() 回调，该回调是在创建 GaugeVec 的时候指定的，相关代码片段如下。

```go
func NewGaugeVec(opts GaugeOpts,labelNames []string)*GaugeVec {
    desc := NewDesc(
        // fqName 将 Namespace、Subsystem 和 Name 这 3 部分通过下划线连接起来
        BuildFQName(opts.Namespace,opts.Subsystem,opts.Name),
        opts.Help,// 帮助信息
        labelNames,// 初始化 variableLabels 字段，其中记录可变 Label 的 Label Name
        opts.ConstLabels,// 初始化 constLabelPairs 字段，其中记录了预设的 Label 信息
    )
    return &GaugeVec{
```

```
        // 第二个参数是metricMap.newMetric字段，这里创建Metric实例的回调函数
        metricVec: newMetricVec(desc,func(lvs ...string)Metric {
            if len(lvs)!= len(desc.variableLabels){ // 检测Label Value的个数
                panic(makeInconsistentCardinalityError(desc.fqName,desc.variableLabels,lvs))
            }
            // 创建gauge实例，通过该回调创建的gauge实例会关联同一个Desc实例。另外，
            // makeLabelPairs()函数会将Desc.constLabelPairs以及这里传入的Label组合起来，
            // 这才是该gauge实例的全部Label
            result := &gauge{desc: desc,labelPairs: makeLabelPairs(desc,lvs)}
            result.init(result)
            return result
        }),
    }
}
```

了解了创建 Metric 实例和填充 metricMap.metrics 集合的相关实现之后，再来继续分析 getMetricWithHashAndLabels() 方法，它首先获取 hash 值相同的 metricWithLabelValues 集合，然后调用 findMetricWithLabels() 方法逐个进行 Label 的比较，具体实现如下。

```
func(m *metricMap)getMetricWithHashAndLabels(h uint64,labels Labels,curry []
curriedLabelValue) (Metric,bool){
  metrics,ok := m.metrics[h] // 获取hash相同的Metric
  if ok {
    if i := findMetricWithLabels(m.desc,metrics,labels,curry); i < len(metrics){
      return metrics[i].metric,true  // 获取匹配的Metric
    }
  }
  return nil,false // 未查找到匹配的Metric
}


func findMetricWithLabels(desc *Desc,metrics []metricWithLabelValues,labels Labels,
  curry []curriedLabelValue)int {
  for i,metric := range metrics {
    // 遍历metrics集合，匹配传入的labels
    if matchLabels(desc,metric.values,labels,curry){
      return i // 返回匹配metricWithLabelValues实例的下标
    }
  }
  return len(metrics)// 没有匹配的Metric
}
```

另外，metricMap 还实现了 Collector 接口，其中 Describe() 方法会将 metricMap 中共用

的 Desc 实例写入指定的 Channel 中，Collect（）方法会将 metricMap 中记录的全部 Metric 实例写入指定的 Channel 中，具体实现如下。

```
func(m *metricMap)Describe(ch chan<- *Desc){
  ch <- m.desc
}

func(m *metricMap)Collect(ch chan<- Metric){
  for _,metrics := range m.metrics {    // 省略获取（和释放）读锁的代码
    for _,metric := range metrics {
      ch <- metric.metric
    }
  }
}
```

最后，metricMap 除提供查询和记录 Metirc 的功能之外，还提供了删除 Metric 的功能，相信读者阅读完本节前面的内容，可以轻松完成删除功能代码的分析。

11.3　Registerer

在本章最开始展示 Gauge 指标基本使用的示例中可以看到，新建指标需要通过 Registerer.Register（）方法进行注册之后才能被正常收集到，Registerer 接口的定义如下。

```
type Registerer interface {
  Register(Collector)error  // 注册 Collector
  MustRegister(...Collector)// 注册多个 Collector，具体的注册逻辑与 Register() 功能相同
  Unregister(Collector)bool // 撤销注册
}
```

Registry 结构体是 Registerer 接口的唯一实现，其核心字段实现如下。

- collectorsByID（map[uint64]Collector 类型）：记录了所有注册的 Collector 实例，其中 key 为 Collector 的 ID。

- descIDs（map[uint64]struct{} 类型）：记录所有 Desc 的 ID。

- dimHashesByName（map[string]uint64 类型）：维护了 Desc.fqName 到 Desc.dimHash 的映射关系。

- uncheckedCollectors（[]Collector 类型）：如果 Collector 中未关联任何 Desc 实例，则

将其记录到该集合中。

Registerer接口在实际开发中常用的方法是Register( )方法，整个过程会略显复杂，希望读者可以耐心分析，其大致实现如下。

```
func(r *Registry)Register(c Collector)error {
    var(
        descChan            = make(chan *Desc,capDescChan)
        newDescIDs          = map[uint64]struct{}{}
        newDimHashesByName = map[string]uint64{}
        collectorID         uint64
        duplicateDescErr    error
    )
    go func(){  // 启动一个单独的goroutine,将Collector关联的Desc实例写入descChan
        c.Describe(descChan)
        close(descChan)// 关闭descChan
    }()
    r.mtx.Lock()// 获取锁,主要是为了同步Registry中各个集合的写入
    defer func(){  // 方法退出时,清空descChan通道,并释放锁
        for range descChan {
        }
        r.mtx.Unlock()
    }()

    for desc := range descChan {
        // 通过检测Desc.id(由fqName和ConstLabels两部分计算得到)是否已在descIDs集合中来
        // 判断Desc实例是否重复注册,若重复注册,则返回异常（略）
        if _,exists := newDescIDs[desc.id]; !exists { // 将Desc.id记录到newDescIDs集合
            newDescIDs[desc.id] = struct{}{}
            // 一个Collector中可能包含多个Desc,Collector的ID是其中所有Desc.id的和
            collectorID += desc.id
        }

        if dimHash,exists := r.dimHashesByName[desc.fqName]; exists {
            if dimHash != desc.dimHash {
                // 检测dimHashesByName集合,若出现fqName相同但dimHash不同的的Desc实例,则返回异常
                return fmt.Errorf("...",desc)
            }
        } else {
            if dimHash,exists := newDimHashesByName[desc.fqName]; exists {
                if dimHash != desc.dimHash {
                    // 检测newDimHashesByName集合,若出现fqName相同但dimHash不同的的Desc实例,
```

```
                    // 则返回异常
                    return fmt.Errorf("...",desc)
                }
            } else { // 将 Desc.dimHash 记录到 newDimHashesByName 集合
                newDimHashesByName[desc.fqName] = desc.dimHash
            }
        }
    }

    // 若 Collector 未关联任何 Desc 实例，则将其添加到 uncheckedCollectors 集合中
    if len(newDescIDs)== 0 {
        r.uncheckedCollectors = append(r.uncheckedCollectors,c)
        return nil
    }
    // 检测 collectorsByID 集合，若出现相同的 collectorID，则为重复注册的 Collector，返回异常（略）

    r.collectorsByID[collectorID] = c // 记录 Collector

    for hash := range newDescIDs { // 将前面遍历得到的 Desc.id 存储到 Registry.descIDs 集合中
        r.descIDs[hash] = struct{}{}
    }
    // 将前面得到的 Desc.fqName 与 Desc.dimHash 的映射关系存储到 Registry.dimHashesByName 集合中
    for name,dimHash := range newDimHashesByName {
        r.dimHashesByName[name] = dimHash
    }
    return nil
}
```

当 Prometheus Server 访问 Client 暴露的 URL 以抓取监控数据时，会触发 Registry.Gather()
方法计算监控数据，它是 Gather 接口中的唯一方法。在 Registry.Gather() 方法中会根据待
计算的监控指标的量，动态地确定启动多少个 goroutine 进行计算，具体实现如下。

```
func(r *Registry)Gather()([]*dto.MetricFamily,error){
    var(
        checkedMetricChan   = make(chan Metric,capMetricChan)
        uncheckedMetricChan = make(chan Metric,capMetricChan)
        metricHashes        = map[uint64]struct{}{}
        wg                  sync.WaitGroup
    )

    r.mtx.RLock()// Gather() 方法中都是读操作，这里只需获取读锁
```

```go
// 启动goroutine的上限
goroutineBudget := len(r.collectorsByID)+ len(r.uncheckedCollectors)
metricFamiliesByName := make(map[string]*dto.MetricFamily,len(r.dimHashesByName))
checkedCollectors := make(chan Collector,len(r.collectorsByID))

uncheckedCollectors := make(chan Collector,len(r.uncheckedCollectors))
 // 将注册的全部Collector(collectorsByID和uncheckedCollectors两个集合) 分别写入
 // checkedCollectors通道和uncheckedCollectors通道中
for _,collector := range r.collectorsByID {
  checkedCollectors <- collector
}
for _,collector := range r.uncheckedCollectors {
  uncheckedCollectors <- collector
}
r.mtx.RUnlock()

wg.Add(goroutineBudget)
collectWorker := func(){
  for {
    select {
    case collector := <-checkedCollectors:
      collector.Collect(checkedMetricChan)// 将Metric写入checkedMetricChan通道
    case collector := <-uncheckedCollectors:
      collector.Collect(uncheckedMetricChan)// 将Metric写入uncheckedMetricChan通道
    default:
      return
    }
    wg.Done()
  }
}
go collectWorker()// 先启动一个goroutine,处理checkedCollectors和uncheckedCollectors
goroutineBudget--

go func(){ // 启动一个goroutine,等待所有collectWorker goroutine结束
  wg.Wait()
  close(checkedMetricChan)// 关闭checkedMetricChan和uncheckedMetricChan两个通道
  close(uncheckedMetricChan)
}()
cmc := checkedMetricChan
umc := uncheckedMetricChan

for {
```

```
    select {
    case metric,ok := <-cmc:
        if !ok {
            cmc = nil // cmc通道迭代完成之后，会将其设置为nil
            break // 结束当前case，而不是跳出for循环
        }
        errs.Append(processMetric(metric,metricFamiliesByName,metricHashes,
            registeredDescIDs))// 调用processMetric()方法计算监控指标
    case metric,ok := <-umc:
        if !ok {
            umc = nil
            break
        }
        // 调用processMetric()方法计算监控指标
        errs.Append(processMetric(metric,metricFamiliesByName,metricHashes,nil))
    default:
        // 如果collectWorker goroutine数量已经达到上限，或checkedCollectors
        // 和uncheckedCollectors已经为空，则无须继续开启新的collectWorker goroutine
        if goroutineBudget <= 0 || len(checkedCollectors)+len(uncheckedCollectors)
== 0 {
            select { // 该select部分与外层的select部分类似，只不过少了default部分的逻辑
            case metric,ok := <-cmc:
                if !ok {
                    cmc = nil
                    break // 结束当前case，而不是跳出for循环
                }
                errs.Append(processMetric(metric,metricFamiliesByName,metricHashes,
                    registeredDescIDs))
            case metric,ok := <-umc:
                if !ok {
                    umc = nil
                    break
                }
                errs.Append(processMetric(metric,metricFamiliesByName,metricHashes,nil))
            }
            break // 跳出当前default逻辑
        }
        go collectWorker()// 启动一个collectWorker goroutine
        goroutineBudget--
        runtime.Gosched()
    }
    if cmc == nil && umc == nil { // 当cmc和umc两个通道都处理完成之后，才会跳出当前for循环
```

```
            break
        }
    }
    return internal.NormalizeMetricFamilies(metricFamiliesByName),errs.MaybeUnwrap()
}
```

接下来深入 processMetric() 函数进行分析，该方法主要负责将传入的 prometheus.Metric 实例（前面示例中为 gauge）转换成 dto.Metric 实例，dto.Metric 结构体以及代码分析过程中看到的 MetricFamily 结构体都是用于进行序列化的，其核心字段与 prometheus.Metric 类似，这里不再重复介绍。转换后，每个 Desc 实例都对应一个 dto.MetricFamily 实例，

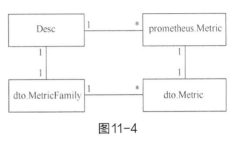

图 11-4

每个 prometheus.Metric 实例都会转换成一个 dto.Metric 实例，它们的对应关系如图 11-4 所示。

processMetric() 函数的具体实现如下。

```
func processMetric(metric Metric,metricFamiliesByName map[string]*dto.MetricFamily,
    metricHashes map[uint64]struct{},registeredDescIDs map[uint64]struct{})error {
    desc := metric.Desc()// 获取 Desc 实例
    dtoMetric := &dto.Metric{} // 创建 dto.Metric 实例
    if err := metric.Write(dtoMetric); err != nil ... // 通过 Write() 方法填充 dto.Metric 实例
    // metricFamiliesByName 集合中保存了转换后的 dto.MetricFamily 实例，其中 key 为 fqName
    metricFamily,ok := metricFamiliesByName[desc.fqName]
    if ok { // 已存在
        // 检测 metricFamily 中的 Help 字段与 Desc 中的 Help 字段是否冲突（略）
        // 检测 metricFamily 的类型与前面 dto.Metric 实例的类型是否冲突，如果冲突，则返回异常（略）
    } else { // 查找失败会创建 MetricFamily 实例并存入 metricFamiliesByName 集合
        metricFamily = &dto.MetricFamily{}
        metricFamily.Name = proto.String(desc.fqName)// 填充 Name 字段
        metricFamily.Help = proto.String(desc.help)// 填充 Help 字段
        switch { // 根据指标类型填充 dto.MetricFamily.Type 字段
        case dtoMetric.Gauge != nil:
            metricFamily.Type = dto.MetricType_GAUGE.Enum()
        case dtoMetric.Counter != nil:
            metricFamily.Type = dto.MetricType_COUNTER.Enum()
        // 省略其他 case 以及 default 代码块
        }
        // 省略其他后续检测
        metricFamiliesByName[desc.fqName] = metricFamily // 保存 metricFamily 实例
    }
```

```
    // 省略其他后续检测
    metricFamily.Metric = append(metricFamily.Metric,dtoMetric)
    return nil
}
```

11.4　Handler

在本章开始的示例中，Prometheus Client 会监听本地的"localhost:8888/metrics"地址来响应 Prometheus Server 的抓取请求。promhttp.Handler() 函数除返回 http.Handler 实例之外，还会为"/metrics"接口添加基本的监控，在其调用的 InstrumentMetricHandler() 函数中会添加两个监控指标，分别用于记录该接口总的 HTTP 请求数以及当前正在处理的 HTTP 请求数，具体如下。

```
func InstrumentMetricHandler(reg prometheus.Registerer,handler http.Handler)http.
Handler {
  cnt := prometheus.NewCounterVec(// 创建 Counter 类型指标，记录总的 HTTP 请求数
    prometheus.CounterOpts{
      Name: "promhttp_metric_handler_requests_total",
      Help: "Total number of scrapes by HTTP status code.",
    },
    []string{"code"},// 该 Label 记录响应码
  )
  // Initialize the most likely HTTP status codes.
  cnt.WithLabelValues("200")// 初始化 code 中的 Label Value
  cnt.WithLabelValues("500")
  cnt.WithLabelValues("503")
  if err := reg.Register(cnt); err != nil ... // 注册指标

  // 创建 Gauge 类型指标，记录正在处理的 HTTP 请求数
  gge := prometheus.NewGauge(prometheus.GaugeOpts{
    Name: "promhttp_metric_handler_requests_in_flight",
    Help: "Current number of scrapes being served.",
  })
  if err := reg.Register(gge); err != nil ... // 注册指标
  // InstrumentHandlerInFlight() 中返回的 http.Handler 会进行 gge 的加减操作
  return InstrumentHandlerCounter(cnt,InstrumentHandlerInFlight(gge,handler))
}
```

经过 InstrumentHandlerInFlight() 函数修饰之后的 http.HandlerFunc 具有更新

promhttp_metric_handler_requests_in_flight指标的能力，经过InstrumentHandlerCounter( )
函数修饰的http.HandlerFunc具有更新promhttp_metric_handler_requests_total指标的能力，
具体实现如下。

```
func InstrumentHandlerInFlight(g prometheus.Gauge,next http.Handler)http.Handler {
    return http.HandlerFunc(func(w http.ResponseWriter,r *http.Request){
        g.Inc()// 更新promhttp_metric_handler_requests_in_flight指标
        defer g.Dec()
        next.ServeHTTP(w,r)
    })
}


func InstrumentHandlerCounter(counter *prometheus.CounterVec,next http.Handler)http.
HandlerFunc {
    code,method := checkLabels(counter)// 检测该CountrVec是否指定code
    if code {
        return http.HandlerFunc(func(w http.ResponseWriter,r *http.Request){
            // newDelegator()函数中会添加一些装饰器和功能，例如Flush、Close和Hijack等
            d := newDelegator(w,nil)
            next.ServeHTTP(d,r)// 处理HTTP请求
            // 更新promhttp_metric_handler_requests_total指标
            counter.With(labels(code,method,r.Method,d.Status())).Inc()
        })
    }
    // 省略未指定code Label的相关代码
}
```

最后，深入分析一下promhttp.HandlerFor( )函数，其中定义了真正处理HTTP请求的
http.Handler，同时还实现了限流的相关逻辑，具体实现如下。

```
func HandlerFor(reg prometheus.Gatherer,opts HandlerOpts)http.Handler {
    var inFlightSem chan struct{} // inFlightSem通道用于限流
    if opts.MaxRequestsInFlight > 0 { // 根据配置设置限流上限
        inFlightSem = make(chan struct{},opts.MaxRequestsInFlight)
    }

    h := http.HandlerFunc(func(rsp http.ResponseWriter,req *http.Request){
        if inFlightSem != nil {
            select {
            case inFlightSem <- struct{}{}: // 未达到限流上限
                // HTTP请求处理完成之后，释放inFlightSem中的一个信号量
                defer func(){ <-inFlightSem }()
```

```
        default: // 达到限流上限后，会抛出异常
        }
    }
    mfs,err := reg.Gather()// 通过 DefaultRegisterer.Gather() 方法获取 MetricFamily 集合
    // 如果出现异常，则会根据异常类型设置 HTTP 响应码（略）

    // 根据 Accept 请求头确定 Content-Type 响应头并进行设置，默认为 "text/plain"
    contentType := expfmt.Negotiate(req.Header)
    header := rsp.Header()
    header.Set(contentTypeHeader,string(contentType))
    w := io.Writer(rsp)
    // 根据 HTTP 请求的 Content-Encoding 确定是否使用 gzip 压缩（略）

    // 根据 Content-Type 响应头创建对应的 Encoder 实例
    enc := expfmt.NewEncoder(w,contentType)
    var lastErr error
    for _,mf := range mfs {
        // 按照指定格式将 MetricFamily 序列化，序列化之后会通过 HttpResponse 写回到对端
        if err := enc.Encode(mf); err != nil ...  // 省略异常处理
    }
})
if opts.Timeout <= 0 { // 设置 HTTP 请求的超时时间
    return h
}
return http.TimeoutHandler(h,opts.Timeout,fmt.Sprintf("...",opts.Timeout))
}
```

除上述基本的监控指标之外，Prometheus Client 中还提供了添加更为详细的监控的辅助函数，由于篇幅限制，这里不再展开分析，感兴趣的读者可以参考 promhttp 包下的代码进行学习。

11.5　其他指标类型

本章前面的内容详细分析了 Gauge 接口和 gauge 结构体，同时深入分析了 GaugeVec 的底层实现——metricMap 结构体，它也是 CounterVec、HistogramVec 和 SummaryVec 的底层实现。本节将重点介绍 Prometheus Client 中的剩余 3 个类型——Counter、Histogram 和 Summary 的具体实现。

11.5.1　Counter

Counter 接口实现了 Metric 接口以及 Collector 接口，如图 11-5 所示。

与Gauge接口类似，Counter接口中定义了Counter类型指标的基本方法，具体如下。

```
type Counter interface {
  Metric // 内嵌了Metric接口和Collector接口
  Collector
  Inc()// Inc() 和Add() 方法都用于增加当前指标的值
  Add(float64)
}
```

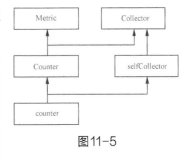

图11-5

counter结构体是Counter接口的唯一实现，与gauge结构体类似，内嵌了selfCollector。但两者的实现具有一些细微的差别：counter将浮点型和整型分开记录。counter的核心字段如下。

- valBits（uint64类型）：如果递增的值为浮点数，则写入该字段中。

- valInt（uint64类型）：如果递增的值为整数值，则写入该字段中。

- desc（*Desc类型）：关联的Desc实例。

- labelPairs（[]*dto.LabelPair类型）：关联的Label集合。

Add() 方法是counter结构体的核心，根据传入参数的实际类型决定将其写入valInt字段还是valBits字段，具体实现如下。

```
func(c *counter)Add(v float64){
  // 如果v小于0，则会异常结束程序（略）
  ival := uint64(v)// 获取v的整数部分
  if float64(ival)== v { // 如果是整数，则直接写入valInt字段
    atomic.AddUint64(&c.valInt,ival)// 原子操作实现加法操作
    return
  }

  for { // 如果不是整数值，则将其写入valBits字段
    oldBits := atomic.LoadUint64(&c.valBits)// 原子操作
    newBits := math.Float64bits(math.Float64frombits(oldBits)+ v)
    if atomic.CompareAndSwapUint64(&c.valBits,oldBits,newBits){ // CAS操作
      return
    }
  }
}
```

counter.Inc() 方法会在valInt字段上加一（原子操作），Write() 方法会将valInt字段和valBits字段相加之后返回，这两个方法的实现比较简单，这里不再展开分析，感兴趣的读

者可以参考其代码进行学习。

11.5.2　Histogram

本章开始已经详细介绍了 Histogram 类型指标的含义，也深入分析了 HistogramVec 底层实现依赖的 metricMap 结构体。本节简单分析一下 Histogram 数据类型的基本实现，其继承关系如图11-6所示。

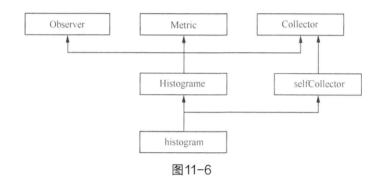

图11-6

与 counter 类似，histogram 结构体实现了 Metric 和 Collector 接口并内嵌了 selfCollector 结构体，不同之处在于 histogram 额外实现了 Observer 接口，该接口中唯一定义的方法是 Observe( ) 方法。

histogramCounts 用于存储 sum 值、count 值以及每个分区（bucket）中点的个数，它位于 histogram 底层其核心字段如下。

● sumBits（uint64 类型）：当前 Histogram 指标的 sum 值。

● count（uint64 类型）：当前 Histogram 指标的 count 值。

● buckets（[]uint64 类型）：记录当前 Histogram 指标中每个分区中的点的个数。比如在11.1节的示例中，衡量系统响应时间时，会按照响应时长分区，buckets 集合记录的是每个分区中请求的个数。

histogram 结构体的核心字段如下。

● counts（[2]*histogramCounts 类型）：这里有两个 histogramCounts 实例，其主要作用是提高并发能力。当 Prometheus Server 从 Client 抓取监控数据的时候，Write( ) 方法只会读取其中一个 histogramCounts 实例（Cold histogramCounts）的数据，另一个 histogramCounts 实例则可以继续给客户端记录监控信息（Hot histogramCounts），这种"双Buffer"的设计在实践中经常用到，值得读者借鉴。

● countAndHotIdx（uint64类型）：counts数组的下标，它为当前客户端指定使用哪个 histogramCounts实例记录监控数据。

● upperBounds（[]float64类型）：各个分区的上限值。

● desc（*Desc类型）：当前指标关联的Desc实例。

● labelPairs（[]*dto.LabelPair类型）：当前指标关联的Label集合。

histogram结构体中有两个方法需要详细分析，一个是Observe（）方法，它负责向Hot histogramCounts记录监控数据，具体实现如下。

```
func(h *histogram)Observe(v float64){
  i := sort.SearchFloat64s(h.upperBounds,v)// 查找v落在哪个分区中
  n := atomic.AddUint64(&h.countAndHotIdx,1)// 递增countAndHotIdx
  // 这里根据countAndHotIdx的高位来确定是否需要进行histogramCounts切换
  hotCounts := h.counts[n>>63]

  if i < len(h.upperBounds){    // 从Hot histogramCounts实例中找到合适的分区，并记录该监控点
    atomic.AddUint64(&hotCounts.buckets[i],1)
  }
  for { // 使用CAS操作更新Hot histogramCounts实例的sumBits字段
    oldBits := atomic.LoadUint64(&hotCounts.sumBits)
    newBits := math.Float64bits(math.Float64frombits(oldBits)+ v)
    if atomic.CompareAndSwapUint64(&hotCounts.sumBits,oldBits,newBits){
      break
    }
  }
  atomic.AddUint64(&hotCounts.count,1)// 递增Hot histogramCounts实例的count字段
}
```

另一个是Write（）方法，其核心步骤如下。

步骤1. 递增countAndHotIdx字段的高位，切换Hot histogramCounts和Cold histogramCounts。

步骤2. 等待并发的Observe（）方法结束，之后才可以开始后续操作。

步骤3. 创建dto.Histogram实例以及每个分区对应的dto.Bucket实例，并将当前Cold histogramCounts中的监控数据填充到相应实例当中。

步骤4. 将 Cold histogramCounts 实例中的 count、sum 以及各个分区的数据写入 Cold
Hot histogramCounts 实例中，并重置 Cold histogramCounts 实例。

histogram.Write( ) 方法的具体实现如下。

```go
func(h *histogram)Write(out *dto.Metric)error {
    // 省略获取/释放锁的相关代码
    // 修改countAndHotIdx字段的高位，切换Hot histogramCounts和Cold histogramCounts
    n := atomic.AddUint64(&h.countAndHotIdx,1<<63)
    // countAndHotIdx的低63位实际上记录的是Observe()方法的调用次数
    count := n &((1 << 63)- 1)
    hotCounts := h.counts[n>>63] // 获取Hot histogramCounts
    coldCounts := h.counts[(^n)>>63] // 获取Cold histogramCounts

    // 从前面介绍的Observe()方法中可知，它会先递增countAndHotIdx字段，
    // 然后再递增Hot histogramCounts实例的count字段，这里会等待并发的Observe()方法调用结束
    for count != atomic.LoadUint64(&coldCounts.count){
        runtime.Gosched()
    }

    his := &dto.Histogram{ // 创建dto.Histogram实例
        Bucket:      make([]*dto.Bucket,len(h.upperBounds)),
        SampleCount: proto.Uint64(count),// 参与统计的点的个数
        SampleSum:   proto.Float64(math.Float64frombits(
            atomic.LoadUint64(&coldCounts.sumBits))),// 参与统计的点的sum值
    }
    var cumCount uint64
// 遍历分区，创建对应的dto.Bucket实例并记录到dto.Histogram.Bucket集合中
    for i,upperBound := range h.upperBounds {
        cumCount += atomic.LoadUint64(&coldCounts.buckets[i])
        his.Bucket[i] = &dto.Bucket{ // 创建dto.Bucket实例，记录每个分区中点的个数以及分区上限值
            CumulativeCount: proto.Uint64(cumCount),
            UpperBound:      proto.Float64(upperBound),
        }
    }
    out.Histogram = his // 更新dto.Metric实例中的Histogram字段
    out.Label = h.labelPairs // 更新dto.Metric实例中的Label字段

    // 下面会重置Cold histogramCounts实例，将Cold histogramCounts的count字段
    // 以及sumBits写入Hot histogramCounts，同时清空Cold histogramCounts
    atomic.AddUint64(&hotCounts.count,count)
    atomic.StoreUint64(&coldCounts.count,0)
```

```
    for {
        oldBits := atomic.LoadUint64(&hotCounts.sumBits)
        newBits := math.Float64bits(math.Float64frombits(oldBits)+ his.GetSampleSum())
        if atomic.CompareAndSwapUint64(&hotCounts.sumBits,oldBits,newBits){
            atomic.StoreUint64(&coldCounts.sumBits,0)
            break
        }
    }
    // 遍历Cold histogramCounts中的各个分区，并写入Hot histogramCounts的对应字段
    for i := range h.upperBounds {
        atomic.AddUint64(&hotCounts.buckets[i],atomic.LoadUint64(&coldCounts.
buckets[i]))
        atomic.StoreUint64(&coldCounts.buckets[i],0)
    }
    return nil
}
```

11.5.3　Summary

　　Summary 接口与 Histogram 接口一样，都实现了 Observer 接口，但 Summary 是 Prometheus Client 的 4 个数据类型中较复杂的一个。Summary 类型指标的主要功能就是计算分位数（quantile）。

　　summary 结构体是 Summary 接口的实现之一，也是实践中常用的实现之一，它同样也内嵌了 selfCollector 结构体，其核心字段如下。

- sortedObjectives（[]float64 类型）：当前 Summary 指标的分位数（quantile）集合。

- objectives（map[float64]float64 类型）：分位数与其可接受误差之间的映射。

- sum（float64 类型）：当前 Summary 指标所有点的 sum 值。

- cnt（uint64 类型）：当前 Summary 指标所有点的个数。

- streams（[]*quantile.Stream 类型）：Stream 环形队列。summary 结构体对 quantile 的计算是依赖第三方库 perk 实现的，而 perk 库采用的算法来自一篇论文，对该算法感兴趣的读者可以阅读该论文进行学习。

- headStreamIdx（int 类型）：环形队列指针，它指向了当前有效的 Stream 下标。

- headStream（*quantile.Stream 类型）：该指针指向当前有效的 Stream 实例。

- hotBuf、coldBuf（[]float64类型）：两个缓冲区，其中hotBuf用于接收Observe（）方法写入的监控数据，当到达过期时间的时候，会与coldBuf进行切换，然后将coldBuf写入headStream中，其核心思想也是"双Buffer"，这与histogram类似。

- streamDuration（time.Duration类型）：该字段记录了Stream实例的过期时长，也是hotBuf、coldBuf切换的时长。

- headStreamExpTime、hotBufExpTime（time.Time类型）：headStream和hotBuf过期的时间戳。

- desc（*Desc类型）：关联的Desc实例。

- labelPairs（[]*dto.LabelPair类型）：关联的Label集合。

summary结构体的初始化过程比前面介绍的histogram、counter等复杂一点，这里简单介绍一下。

```
func newSummary(desc *Desc,opts SummaryOpts,labelValues ...string)Summary {
    // 对参数的合法性进行检测，若检测失败，则返回错误信息（略）
    // 将SummaryOpts中未设置的字段初始化为默认值（略）
    s := &summary{ // 创建summary实例
        desc: desc,// 指定关联的Desc实例
        objectives:        opts.Objectives,
        sortedObjectives: make([]float64,0,len(opts.Objectives)),
        labelPairs: makeLabelPairs(desc,labelValues),
        // 创建hotBuf和coldBuf
        hotBuf:         make([]float64,0,opts.BufCap),
        coldBuf:        make([]float64,0,opts.BufCap),
        // 计算Stream的过期时长
        streamDuration: opts.MaxAge / time.Duration(opts.AgeBuckets),
    }
    // 初始化headStream和hotBuf的过期时间戳
    s.headStreamExpTime = time.Now().Add(s.streamDuration)
    s.hotBufExpTime = s.headStreamExpTime
    // 初始化Stream环形队列中的每个Stream实例
    for i := uint32(0); i < opts.AgeBuckets;i++ {
        s.streams = append(s.streams,s.newStream())
    }
    s.headStream = s.streams[0] // 初始化headStream指针，指向环形队列中的第一个Stream实例
    for qu := range s.objectives { // 根据objectives初始化sortedObjectives集合
        s.sortedObjectives = append(s.sortedObjectives,qu)
    }
```

```
    sort.Float64s(s.sortedObjectives)// 排序
    s.init(s)
    return s
}
```

在使用 summary.Observe() 方法向 hotBuf 写入监控数据的时候, 会检测 hotBuf 的过期时间及其容量, 当 hotBuf 过期或写满的时候, 会调用 asyncFlush() 方法进行处理。Observe() 方法的具体实现如下。

```
func(s *summary)Observe(v float64){
    // 省略获取/释放锁的相关代码
    now := time.Now()// 获取当前时间
    if now.After(s.hotBufExpTime){ // hotBuf 过期时会调用 asyncFlush() 方法进行处理
        s.asyncFlush(now)
    }
    s.hotBuf = append(s.hotBuf,v)// 将监控值追加到 hotBuf 中
    if len(s.hotBuf)== cap(s.hotBuf){ // 如果 hotBuf 写满, 也会调用 asyncFlush() 方法
        s.asyncFlush(now)
    }
}
```

asyncFlush() 方法首先会进行 coldBuf 和 hotBuf 的切换, 然后更新 hotBuf 的过期时间, 最后启动一个 goroutine 将 coldBuf 中的监控数据写入 headStream 中, 具体实现如下。

```
func(s *summary)asyncFlush(now time.Time){
    s.mtx.Lock()
    // swapBufs() 方法首先会对 coldBuf 和 hotBuf 进行切换, 然后更新 hotBuf 的过期时间 (hotBufExpTime
    // 字段, 默认按照 streamDuration 的步长递增), 具体实现比较简单, 不再展开分析
    s.swapBufs(now)

    go func(){ // 启动一个 goroutine, 将 coldBuf 中的监控数据写入 headStream 中
        s.flushColdBuf()
        s.mtx.Unlock()
    }()
}
```

其中调用的 flushColdBuf() 方法首先会遍历 coldBuf 中记录的监控数据, 将它们写入 streams 环形队列的每个 Stream 实例中, 同时统计时序点的 sum 值和个数 (cnt 字段), 然后清空 coldBuf 缓冲区, 最后检测 headStream 是否过期, 如果过期, 则清空当前 headStream 并后移 headStreamIdx 下标以及 headStream 指针。flushColdBuf() 方法的具体实现如下。

```
func(s *summary)flushColdBuf(){
    for _,v := range s.coldBuf { // 遍历 coldBuf，将其中的监控点写入 stream
        for _,stream := range s.streams {
            stream.Insert(v)
        }
        s.cnt++ // 计算点的 count 值
        s.sum += v // 计算点的 sum 值
    }
    s.coldBuf = s.coldBuf[0:0] // 清空 coldBuf
    s.maybeRotateStreams()
}

func(s *summary)maybeRotateStreams(){
    for !s.hotBufExpTime.Equal(s.headStreamExpTime){ // 检测当前 headStream 是否过期
        s.headStream.Reset()// 若过期，则清空当前 headStream
        s.headStreamIdx++ // 后移 headStreamIdx 指针
        if s.headStreamIdx >= len(s.streams){
            s.headStreamIdx = 0
        }
        s.headStream = s.streams[s.headStreamIdx] // 修改 headStream 指针及其过期时间
        s.headStreamExpTime = s.headStreamExpTime.Add(s.streamDuration)
    }
}
```

将监控数据写入 headStream 的过程到这里就分析完了。下面要介绍的是 summary.Write()
方法。

summary.Write() 首先会进行一次 hotBuf 切换，并将 coldBuf 中缓存的监控数据写入
headStream 中，之后通过 headStream 计算每个分位数的值，并与 sum、count 值一起封装成
dto.Metric 实例返回。Write() 方法的具体实现如下。

```
func(s *summary)Write(out *dto.Metric)error {
    sum := &dto.Summary{} //创建 dto.Summary 实例以及 dto.Quantile 集合
    qs := make([]*dto.Quantile,0,len(s.objectives))
    // 省略获取/释放锁的相关代码
    s.swapBufs(time.Now())// 切换 coldBuf 和 hotBuf，更新 hotBuf 的过期时间

    s.flushColdBuf()// 通过前面介绍的 flushColdBuf() 方法将 coldBuf 中的数据写入 headStream 中
    sum.SampleCount = proto.Uint64(s.cnt)
    sum.SampleSum = proto.Float64(s.sum)
```

```
for _,rank := range s.sortedObjectives { // 计算每个分位数的值
  var q float64
  if s.headStream.Count()== 0 {
    q = math.NaN()
  } else {
    q = s.headStream.Query(rank)
  }
  qs = append(qs,&dto.Quantile{ // 填充前面创建的dto.Quantile集合
    Quantile: proto.Float64(rank),
    Value:   proto.Float64(q),
  })
}
if len(qs)> 0 {
  sort.Sort(quantSort(qs))// 按照分位数进行排序
}
sum.Quantile = qs // 记录dto.Quantile集合
out.Summary = sum // 更新dto.Metric.Summary字段
out.Label = s.labelPairs // 更新dto.Metric.Label字段
return nil
}
```

　　Prometheus Client中4种数据类型的含义以及核心实现、指标的注册逻辑、Client（Golang版本）响应Prometheus Server端抓取的核心逻辑到这里就介绍完毕了。

11.6　Exporter

　　在实际的应用场景中，除使用自己开发的程序之外，还会使用到很多第三方的成熟组件。对于自研的组件，可以直接使用Prometheus Client实现监控需求，但是第三方服务的监控需求，例如监控MySQL数据库的各项指标，监控Memcache、HAProxy以及服务器CPU、内存、磁盘的状态等。如果完全基于Prometheus Client从零开始搭建，就需要开发人员了解各个服务暴露的监控接口，这显然是不现实的。

　　Prometheus生态中提供了多种Exporter来完成监控第三方服务的工作。Exporter的大致行为如下。

● Exporter是一个Agent，启动之后会监听指定地址和端口。

● 当Prometheus Server请求Exporter暴露的URL地址时，Exporter会访问第三方服务提供的监控接口抓取其监控数据。

● Exporter会将监控数据转换成Prometheus的格式并响应Prometheus Server请求。

Prometheus官网提供的Exporter实现有mysqld_exporter、node_exporter、consul_exporter、haproxy_exporter和memcached_exporter等。除官方提供的Exporter实现之外，还有很多第三方提供的Exporter实现。

大多数Exporter组件的核心思想是类似的，由于篇幅限制，本节将以node_exporter为例进行介绍。node_exporter的核心结构体是NodeCollector，它是prometheus.NodeCollector接口的实现，其中的Collectors字段（map[string]Collector类型）记录了node_exporter定义的collector.Collector实例（这里的collector.Collector接口是在node_exporter中定义的，而prometheus.Collector接口是在前面分析的Prometheus Client中定义的，请读者注意区分）。

meminfoCollector结构体就是node_exporter提供的collector.Collector接口的实现之一，它主要获取服务器的内存监控信息。在init()函数中会创建meminfoCollector实例并将其记录到NodeCollector.Collectors集合中，key为"meminfo"。Update()方法是collector.Collector接口中定义的唯一方法，meminfoCollector实现的Update()方法首先会调用meminfoCollector.getMemInfo()方法以获取内存信息，然后这些信息被转换成prometheus.Metric实例并写入指定Channel中，具体实现如下。

```go
func(c *meminfoCollector)Update(ch chan<- prometheus.Metric)error {
  var metricType prometheus.ValueType
  // 通过getMemInfo()方法获取系统的内存信息，返回值为map[string]float64类型。以Linux系统为例，
  // 其实现是通过读取"/proc/meminfo"文件来获取系统内存信息的，其实现比较简单，这里不再展开分析，
  // 感兴趣的读者可以参考其代码进行学习
  memInfo,err := c.getMemInfo()
  for k,v := range memInfo { // 遍历系统信息
    if strings.HasSuffix(k,"_total"){ // 根据key的后缀确定指标类型
      metricType = prometheus.CounterValue
    } else {
      metricType = prometheus.GaugeValue
    }
    ch <- prometheus.MustNewConstMetric(// 创建Metric并写入ch通道
      prometheus.NewDesc(prometheus.BuildFQName(namespace,memInfoSubsystem,k),
        fmt.Sprintf("Memory information field %s.",k),
        nil,nil,
),metricType,v,
)
  }
  return nil
}
```

node_exporter也提供了获取服务器CPU、Disk和TCP等方面的监控信息的Collector实现，其核心逻辑与meminfoCollector类似，这里不再展开描述。若读者对某方面监控感兴趣，可以查找对应的collector.Collector实现进行分析。

继续对NodeCollector结构体进行分析，作为prometheus.Collector接口的实现，其核心逻辑在Collect()方法中实现，其中会为每个collector.Collector实例创建一个goroutine来收集监控指标，具体实现如下。

```
func(n NodeCollector)Collect(ch chan<- prometheus.Metric){
    wg := sync.WaitGroup{}
    wg.Add(len(n.Collectors))
    for name,c := range n.Collectors {
        // 为每个Collector创建单独的goroutine
        go func(name string,c Collector){
            // execute() 函数会调用Collector.Update() 方法，并记录此次收集操作是否成功以及具体耗时，
            // 其实现比较简单，这里不再展开分析
            execute(name,c,ch)
            wg.Done()
        }(name,c)
    }
    wg.Wait()// 等待所有collector.Collector收集完毕
}
```

在node_exporter启动时会读取命令行参数，其中有4个比较重要的参数。

- web.listen-address：node_exporter监听的地址和端口，默认值是"localhost:9100"。

- web.telemetry-path：node_exporter监听的路径，默认值是"/metrics"。

- web.disable-exporter-metrics：是否导出node_exporter自身的监控指标，默认值为false。

- web.max-requests：抓取监控数据的并发请求数，默认值是40。

node_exporter入口函数的大致实现如下。

```
func main(){
    // 读取命令行参数（略）
    // 创建Handler实例
    http.Handle(*metricsPath,newHandler(!*disableExporterMetrics,*maxRequests))
    http.HandleFunc("/",func(w http.ResponseWriter,r *http.Request){
        w.Write([]byte(`...`))
```

```
    })

    if err := http.ListenAndServe(*listenAddress,nil); err != nil ... // 监听指定的地址
}
```

newHandler( ) 函数中会创建处理 HTTP 请求的 http.Handler 实例，并根据参数注册相应的 collector.Collector。这里有两类 collector.Collector 实例，一类是 node_exporter 自身监控相关的 collector.Collector 实例，另一类是服务器监控项的 collector.Collector 实例，它们分别注册在两个不同的 prometheus.Registry 实例上，具体实现如下。

```
func newHandler(includeExporterMetrics bool,maxRequests int)*handler {
  // 创建 Handler 实例，它实现了 http.Handler，其底层依赖 promhttp.HandlerFor( ) 方法
  // 创建的 http.Handler 实例处理请求，最终会通过 NodeCollector 获取服务器监控数据
  h := &handler{
    exporterMetricsRegistry: prometheus.NewRegistry(),// 创建 Registerer 实例
    includeExporterMetrics:  includeExporterMetrics,// 是否导出 node_exporter 自身的监控
    maxRequests:             maxRequests,// 抓取监控数据的并发数量
  }
  if h.includeExporterMetrics {
   h.exporterMetricsRegistry.MustRegister(// 注册 node_exporter 自身监控指标对应的
                                          // Collector
      prometheus.NewProcessCollector(prometheus.ProcessCollectorOpts{}),
      prometheus.NewGoCollector(),
)
  }
  if innerHandler,err := h.innerHandler(); err != nil {
    log.Fatalf("Couldn't create metrics handler: %s",err)// 输出错误日志
  } else { // 记录 innerHandler( ) 函数创建的 Handler，该 Handler 是处理抓取请求的核心
    h.unfilteredHandler = innerHandler
  }
  return h
}

func(h *handler)innerHandler(filters ...string) (http.Handler,error){
  nc,_ := collector.NewNodeCollector(filters...)// 创建前面介绍的 NodeCollector 实例
  if len(filters)== 0 { // filters 集合为空，则所有 collector.Collector 实例都有效
    collectors := []string{}
    for n := range nc.Collectors {
      collectors = append(collectors,n)
    }
    sort.Strings(collectors)
  }
```

```
r := prometheus.NewRegistry()// 创建Registerer实例，并将NodeCollector注册到其中
r.MustRegister(version.NewCollector("node_exporter"))
if err := r.Register(nc); err != nil ... // 省略异常处理代码

// promhttp.HandlerFor() 函数在本章前面已经详细介绍过了，这里不再重复
handler := promhttp.HandlerFor(
    // 将前面创建的两个Registerer进行封装,exporterMetricsRegistry用于注册监控
    // node_exporter自身的Collector
    prometheus.Gatherers{h.exporterMetricsRegistry,r},
    promhttp.HandlerOpts{
        ErrorLog:            log.NewErrorLogger(),
        ErrorHandling:       promhttp.ContinueOnError,
        MaxRequestsInFlight: h.maxRequests,
    },
)
    // 使用InstrumentMetricHandler封装上面的handler实例，将promhttp_metric_handler_
    // requests_total和promhttp_metric_handler_requests_in_flight两个指标注册到
    // exporterMetricsRegistry。InstrumentMetricHandler的实现在前面已经详细介
    // 绍过了，这里不再重复
    return handler,nil
}
```

node_exporter 的核心原理以及关键实现到这里就介绍完了，其他 Exporter 的原理与 node_exporter 类似，核心逻辑是在自定义的 collector.Collector 实现中访问第三方服务接口以获取监控数据，然后将其转换成 prometheus.Metric 并响应 Prometheus Server 的抓取请求。

11.7 本章小结

本章重点介绍了 Prometheus Client(Golang 版本)的核心原理以及相关实现。在本章开始，首先介绍了 Prometheus Client 的 4 种基本数据类型的特点和使用场景。然后以 Gauge 为例，深入分析了 Prometheus Client 记录监控的思想以及涉及的核心组件。接下来详细介绍了 Registerer 接口及其实现，帮助读者梳理了一个指标注册的流程，以及当一个抓取请求到来时，Prometheus Client 如何实时计算相应的指标值。

介绍完 Gauge 指标类型之后，本章又深入介绍了 Counter、Histogram 和 Summary 共 3 种基本类型的核心实现。在本章最后以 node_exporter 为例，介绍了 Export 组件的核心原理。

希望通过本章的介绍，读者可以了解 Prometheus Client(Golang 版本)以及 Export 组件的核心原理，并在实践中更好地完成监控方面的开发。